JN296751

システム制御工学シリーズ　**19**

線形システム解析

工学博士　汐月　哲夫　著

コロナ社

刊行のことば

　わが国において，制御工学が学問として形を現してから，50年近くが経過した．その間，産業界でその有用性が証明されるとともに，学界においてはつねに新たな理論の開発がなされてきた．その意味で，すでに成熟期に入っているとともに，まだ発展期でもある．

　これまで，制御工学は，すべての製造業において，製品の精度の改善や高性能化，製造プロセスにおける生産性の向上などのために大きな貢献をしてきた．また，航空機，自動車，列車，船舶などの高速化と安全性の向上および省エネルギーのためにも不可欠であった．最近は，高層ビルや巨大橋梁(きょうりょう)の建設にも大きな役割を果たしている．将来は，地球温暖化の防止や有害物質の排出規制などの環境問題の解決にも，制御工学はなくてはならないものになるであろう．今後，制御工学は工学のより多くの分野に，いっそう浸透していくと予想される．

　このような時代背景から，制御工学はその専門の技術者だけでなく，専門を問わず多くの技術者が習得すべき学問・技術へと広がりつつある．制御工学，特にその中心をなすシステム制御理論は難解であるという声をよく耳にするが，制御工学が広まるためには，非専門のひとにとっても理解しやすく書かれた教科書が必要である．この考えに基づき企画されたのが，本「システム制御工学シリーズ」である．

　本シリーズは，レベル0（第1巻），レベル1（第2～7巻），レベル2（第8巻以降）の三つのレベルで構成されている．読者対象としては，大学の場合，レベル0は1，2年生程度，レベル1は2，3年生程度，レベル2は制御工学を専門の一つとする学科では3年生から大学院生，制御工学を主要な専門としない学科では4年生から大学院生を想定している．レベル0は，特別な予備知識なしに，制御工学とはなにかが理解できることを意図している．レベル1は，少

し数学的予備知識を必要とし，システム制御理論の基礎の習熟を意図している。レベル2は少し高度な制御理論や各種の制御対象に応じた制御法を述べるもので，専門書的色彩も含んでいるが，平易な説明に努めている。

　1990年代におけるコンピュータ環境の大きな変化，すなわちハードウェアの高速化とソフトウェアの使いやすさは，制御工学の世界にも大きな影響を与えた．だれもが容易に高度な理論を実際に用いることができるようになった．そして，数学の解析的な側面が強かったシステム制御理論が，最近は数値計算を強く意識するようになり，性格を変えつつある．本シリーズは，そのような傾向も反映するように，現在，第一線で活躍されており，今後も発展が期待される方々に執筆を依頼した．その方々の新しい感性で書かれた教科書が制御工学へのニーズに応え，制御工学のよりいっそうの社会的貢献に寄与できれば，幸いである．

　1998年12月

編集委員長　池　田　雅　夫

まえがき

　本書は，制御理論の基本的ツールである状態空間表現について，その作り方，解き方，読み方，使い方の基礎となる概念と手法を解説するものである．状態空間表現は，1960〜80年にかけて盛んに研究された現代制御理論における動的システムの表現手段の一つである．現代制御理論はこのモデルを用いてR. E. Kalmanにより提案され，可制御性，可観測性という重要な概念を軸にして，状態フィードバック，極配置，最適制御，オブザーバ，カルマンフィルタ，内部モデル原理など，制御理論や制御工学の分野に不可欠な概念と有用な問題解決手段を数多く提供した．それらは線形システム理論としてまとめられ，和書，洋書を問わず多くの名著が出版され現在でも広く読まれている．それまでの主たる制御系設計手法であった古典制御が，図形操作や試行錯誤を伴う経験的な設計手法であったのに対して，現代制御理論は，数学的モデル上で数値計算手法を駆使し，より明確な根拠のもとに解決策が提示できた．このため，現代制御理論は産業界に歓迎され，制御系解析設計用CADの普及とも相まって広く利用されるようになった．

　しかし，1980年代に入って，厳密なモデルを前提とする問題点が指摘され，研究の中心はロバスト制御理論に移行した．そのため，状態空間表現の意味付けに多少の変化が見られた．ロバスト制御理論はモデルのあいまいさを許容する問題解決法を数理的手段で提供するための理論であり，古典制御で用いられた伝達関数と現代制御理論の状態空間表現を自在に組み合わせた解析・設計手段を提供する．そこでは，問題の記述には周波数領域の表現である伝達関数が用いられ，時間領域表現である状態空間表現には，解析・設計の計算手法としての位置付けが強調された．例えば，状態空間表現に物理的実体だけではなく，設計仕様や仮想モデルなど抽象的なシステムを組み込むことは，ごく普通に行

われるようになった。また，リカッチ方程式は，最適制御則の計算手段という意味だけではなく，ノルムの評価や繰り返し計算の終了判定などにも使用される。こうして，状態空間表現の位置付けの変化に伴い，線形システム理論のテキストに対しても，ロバスト制御理論以前の内容を見直した新しいものが切望されるようになった。

　浅学非才の著者には重荷であったが，今回の執筆にあたり，線形システム理論のテキストでは従来あまり扱われなかった項目も，いくつか取り上げた。

　1章では，状態空間表現の定義と作り方に続いて，その自然な拡張表現形式であるデスクリプタシステムについて詳述している。2章では，状態方程式の解とその意味について説明している。特に周波数領域の解である伝達関数との関連について丁寧に記述している。3章では，状態方程式による線形システムの解析を，モードの概念を使って統一的に解説している。これにより，4章で取り上げるデスクリプタシステムが，状態空間表現の自然な拡張として容易に理解できる。5章では，可制御性，可観測性など動的システムの重要な諸概念の解説を行い，6章では，制御系設計への足掛かりとして出力零化問題や零点について述べ，さらに7章では，従来の制御系設計問題のデスクリプタシステムによる表現について触れている。

　CADの発達によりシステムの解析や制御系設計が容易に行える今日では，ソフトウェアが提示する種々の回答の理論的根拠をしっかり理解していることは，非常に重要である。本書が理工系の学生諸君のみならず，機械や電気などシステムの解析や設計に携わる多くの方々の一助になれば幸いである。

　最後に，本書をまとめるにあたりご尽力いただいたシステム制御工学シリーズ編集委員，コロナ社の方々，および原稿の校正に協力いただいた熊本大学の学生諸君に感謝いたします。

2011年2月

汐月哲夫

目　次

1. 状態空間表現とモデリング

- 1.1 状態空間表現の定義 ………………………………………… *1*
- 1.2 ブロック線図による表現 …………………………………… *3*
- 1.3 デスクリプタシステム表現 ………………………………… *6*
  - 1.3.1 特異ペンシル型：$\Sigma_{dsys-singular}$ …………………… *6*
  - 1.3.2 状態空間表現型：$\Sigma_{dsys-ss}$ ……………………… *7*
  - 1.3.3 インデックス1型：$\Sigma_{dsys-index1}$ …………………… *7*
  - 1.3.4 インパルス型：$\Sigma_{dsys-impulse}$ …………………… *9*
  - 1.3.5 デスクリプタシステムの分類 ………………………… *9*
- 1.4 物理系のモデリング ………………………………………… *11*
  - 1.4.1 電気系から状態空間表現へ ………………………… *12*
  - 1.4.2 力学系から状態空間表現へ ………………………… *14*
  - 1.4.3 メカトロニクス系の状態空間表現 ………………… *16*
  - 1.4.4 n 階微分方程式から状態空間表現へ ……………… *19*
  - 1.4.5 非線形システムの線形近似 ………………………… *24*
- 1.5 システムの結合と状態空間表現 …………………………… *28*
  - 1.5.1 直 列 結 合 ……………………………………………… *28*
  - 1.5.2 並 列 結 合 ……………………………………………… *29*
  - 1.5.3 出力フィードバック結合 …………………………… *30*
  - 1.5.4 一般的ネットワーク結合 …………………………… *33*
  - 1.5.5 状態フィードバック結合 …………………………… *35*
  - 1.5.6 出力注入結合 ………………………………………… *37*
  - 1.5.7 逆システム …………………………………………… *38*
- 演 習 問 題 …………………………………………………………… *39*

2. 状態方程式の解

- 2.1 状態方程式の解 ·· *43*
  - 2.1.1 行列指数関数 ·· *43*
  - 2.1.2 状態遷移行列 ·· *44*
  - 2.1.3 状態方程式の解 ·· *44*
- 2.2 因果性，線形性，時不変性 ·· *45*
  - 2.2.1 インパルス応答と初期値応答 ·· *46*
  - 2.2.2 因 果 性 ·· *46*
  - 2.2.3 線 形 性 ·· *48*
  - 2.2.4 時 不 変 性 ·· *49*
  - 2.2.5 LTI と FDLTI ·· *49*
  - 2.2.6 プ ロ パ 性 ·· *50*
- 2.3 伝達関数と状態空間表現 ·· *51*
  - 2.3.1 特性多項式とリゾルベント行列 ·· *51*
  - 2.3.2 マルコフパラメータ表現 ·· *54*
- 2.4 システムの基本的な応答波形 ·· *55*
  - 2.4.1 インパルス応答と畳み込み積分表現 ·· *55*
  - 2.4.2 ステップ応答と定常ゲイン ·· *56*
  - 2.4.3 周波数応答（シヌソイド波入力） ·· *56*
  - 2.4.4 周波数応答（複素周波数） ·· *58*
  - 2.4.5 座標変換と等価性 ·· *58*
- 演 習 問 題 ·· *61*

3. モードと振る舞い

- 3.1 行列の固有構造とモード方程式 ·· *62*
- 3.2 固有値・固有ベクトル ·· *65*
  - 3.2.1 単純実固有モード ·· *65*
  - 3.2.2 単純複素固有モード ·· *67*
  - 3.2.3 拡張固有ベクトルとジョルダンブロック ··· *69*

3.2.4	縮退行列とモード方程式	72
3.2.5	一般の場合のモード方程式	75
3.2.6	行列の対角化とジョルダン形式	76

3.3 システムのモード分解と振る舞い …… 77

3.3.1	A 行列の対角化とモード分解	77
3.3.2	特性多項式	78
3.3.3	コンパニオン行列	79
3.3.4	オートノマス系の振る舞いとモード	80
3.3.5	単純実固有モードの振る舞い	82
3.3.6	単純複素固有モードの振る舞い	83
3.3.7	拡張固有モードの振る舞い	85
3.3.8	縮退固有モードの振る舞い	87
3.3.9	安定性	88

3.4 リアプノフの安定定理 …… 90

3.5 安定性の定量的評価 …… 92

3.5.1	固有値の分布に基づく評価	92
3.5.2	リアプノフ方程式の解に基づく評価	94

演習問題 …… 95

4. デスクリプタシステムとインパルスモード

4.1 ワイエルストラス標準形 …… 96

4.1.1	正則変換	96
4.1.2	クロネッカ分解	97
4.1.3	ワイエルストラスの標準形	98

4.2 デスクリプタシステムの解(入力なし) …… 99

4.2.1	有限周波数モード	100
4.2.2	インデックス指数が 1 の無限周波数モード	101
4.2.3	インデックス指数が 2 以上の無限周波数モード	104
4.2.4	V_s, V_f の計算法	107
4.2.5	デスクリプタシステムの状態遷移行列	108
4.2.6	インパルスモードの近似計算	109

4.3 デスクリプタシステムの解（入力あり） 112
　4.3.1 伝達関数と周波数領域の解 112
　4.3.2 時間領域の解 113
演 習 問 題 117

5. 可制御性・可観測性とシステムの構造

5.1 可 制 御 性 118
　5.1.1 可制御性の定義と判別法 118
　5.1.2 可制御モードと可制御部分空間 125
　5.1.3 不可制御モードと可安定性 129
　5.1.4 可制御性と可到達性 131
　5.1.5 可制御性の定量的評価 132
　5.1.6 可制御性判定行列の計算法 134
5.2 可 観 測 性 136
　5.2.1 可観測性の定義と判定法 136
　5.2.2 不可観測モードと不可観測部分空間 143
　5.2.3 不可観測モードと可検出性 146
　5.2.4 可観測性の定量的評価 148
5.3 正準構造定理，平衡実現，モデルの低次元化 151
　5.3.1 カルマンの正準構造定理 151
　5.3.2 平 衡 実 現 153
　5.3.3 モデルの低次元化 154
　5.3.4 モード分解による低次元化 154
　5.3.5 平衡実現による低次元化 155
演 習 問 題 157

6. 零点と出力零化モード

6.1 零 点 の 定 義 158
6.2 出力零化問題と有限零点モード 161
6.3 無限零点モード 164

- 6.4 零点とシステム結合 ··· *165*
  - 6.4.1 フィードバック不変性 ·· *165*
  - 6.4.2 直列結合と極零相殺 ·· *166*
  - 6.4.3 フィードバック結合と零点 ···································· *167*
- 6.5 内部モデル原理 ··· *168*
- 6.6 逆システムとインタラクタ ··· *169*
  - 6.6.1 逆システムのデスクリプタ表現 ································ *169*
  - 6.6.2 逆システムのデスクリプタ表現とプロパ近似 ···················· *171*
  - 6.6.3 バイプロパシステムとインタラクタ ···························· *171*

7. 制御問題のデスクリプタシステムによる表現

- 7.1 拘束条件としての状態フィードバック ································· *173*
- 7.2 インパルス除去問題 ··· *175*
- 7.3 LQR 問題の解析 ··· *176*
  - 7.3.1 LQR 問題とリカッチ微分方程式 ································ *176*
  - 7.3.2 LQR 問題とハミルトン方程式 ·································· *178*
  - 7.3.3 出力零化問題との関係 ·· *180*
  - 7.3.4 E が正則な場合の例題 ······································ *181*

付　　　　録

- 付　　　録 ·· *184*
- A.1 実 数・複 素 数 ·· *184*
  - A.1.1 実　　　数 ·· *184*
  - A.1.2 複　素　数 ·· *184*
  - A.1.3 絶対値と偏角 ·· *185*
  - A.1.4 オイラーの公式 ·· *185*
- A.2 ベクトル・ノルム ··· *186*
- A.3 行　　　　列 ··· *187*
- A.4 線形空間・線形写像 ··· *191*
- A.5 正則ペンシルと一般化固有構造 ······································· *193*
  - A.5.1 $\det E \neq 0$ であるペンシルの固有構造 ····················· *193*

A.5.2	$\det E = 0$ である正則ペンシルの階数	195
A.5.3	$\det E = 0$ であるペンシルの固有構造	196
A.6	特異ペンシルと一般化固有構造	198
A.7	特異値分解・行列のノルム	199
A.8	連立 1 次方程式 $AX = B$ の解法	201

引用・参考文献 ……………………………………………… 203

演習問題の解答 ……………………………………………… 213

索　　　引 …………………………………………………… 223

1

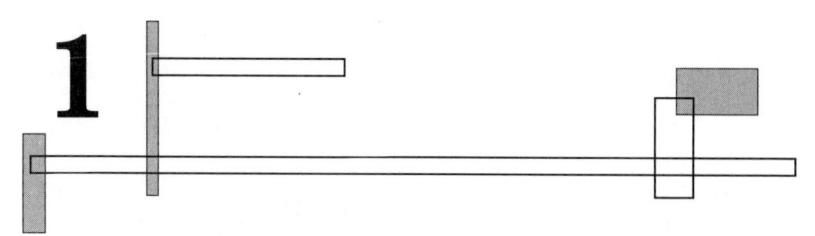

状態空間表現とモデリング

本章では，状態空間表現の定義とその意味を，数式表現，信号の流れ，物理システムのモデリングという観点から解説する。特に，状態空間表現の拡張であるデスクリプタシステムを紹介し，それらの関係から状態空間表現が線形システムの数式表現の中でどのようなクラスを網羅しているかを説明する。

1.1 状態空間表現の定義

本書の主役は，行列を用いた 1 階微分方程式

$\Sigma_{\rm ss}$：状態空間表現
$$\dot{x}(t) = Ax(t) + Bu(t), \quad x(0) = x_0 \tag{1.1}$$
$$y(t) = Cx(t) + Du(t) \tag{1.2}$$

である。

t は時間を表す変数で，実数の値をもつ。このことを，実数の集合を表す $\mathbf{R}$ と，集合の要素であることを意味する $\in$ を用いて，$t \in \mathbf{R}$ で表すこととする。以後，ベクトルのサイズと成分を表すのにこの表現を用いる。

$u(t)$, $y(t)$, $x(t)$ は実数の値をとる関数を成分とする列ベクトルであり，それぞれ**入力変数** (input variable)，**出力変数** (output variable)，**状態変数** (state variable) と呼ばれる。各列ベクトルの次数をそれぞれ m, p, n とすると，その要素による表現はつぎのとおりである。

$$u(t) = \begin{bmatrix} u_1(t) \\ u_2(t) \\ \vdots \\ u_m(t) \end{bmatrix}, \quad y(t) = \begin{bmatrix} y_1(t) \\ y_2(t) \\ \vdots \\ y_p(t) \end{bmatrix}, \quad x(t) = \begin{bmatrix} x_1(t) \\ x_2(t) \\ \vdots \\ x_n(t) \end{bmatrix} \quad (1.3)$$

また，集合の記号を使うと，$u(t) \in \mathbf{R}^m, y(t) \in \mathbf{R}^p, x(t) \in \mathbf{R}^n$ となる。ここで，$\mathbf{R}^n$ は n 次元ベクトルの集合である。

$$\frac{d}{dt}x = \dot{x} = \lim_{h \to 0} \frac{x(t+h) - x(t)}{h} \quad (1.4)$$

は時間 t に関するベクトルの導関数を表す。つまり，記号「･」(dot) は時間 t に関する微分演算を表す。ベクトルの差（スカラ倍）は各成分の差（スカラ倍）のベクトルで定義されるので，ベクトルの導関数はつぎのように導関数のベクトルとなる。

$$\frac{d}{dt} \begin{bmatrix} x_1(t) \\ x_2(t) \\ \vdots \\ x_n(t) \end{bmatrix} = \begin{bmatrix} \dot{x}_1(t) \\ \dot{x}_2(t) \\ \vdots \\ \dot{x}_n(t) \end{bmatrix}, \quad \dot{x}_i(t) = \lim_{h \to 0} \frac{x_i(t+h) - x_i(t)}{h} \quad (1.5)$$

式 (1.1) を**状態方程式** (state equation)，式 (1.2) を**出力方程式** (output equation) と呼ぶ。この方程式の組は**状態空間表現** (state space representation) と呼ばれるが，本書ではこれを Σ_{ss} と表記することにする。

式 (1.1), (1.2) の A, B, C, D はそれぞれ適合するサイズの実定数行列で，システムのパラメータと呼ぶ。A 行列が n 行 n 列の実行列であることを表すのに，$A \in \mathbf{R}^{n \times n}$ の表記を用いる。この表記に従うと，その他のパラメータ定数行列は，$B \in \mathbf{R}^{n \times m}, C \in \mathbf{R}^{p \times n}, D \in \mathbf{R}^{p \times m}$ のように表される。変数が時間の関数であることを明示する必要がない場合には，記号 (t) を省略する。

システム表現の中に現れる微分演算や積分演算の個数を，システムの**動的次数** (order of dynamics) という。状態空間表現 Σ_{ss} の動的次数は，式 (1.5) か

らわかるように，状態変数ベクトルのサイズ n に一致する。x_0 はシステムの**初期状態**（initial state）と呼ばれる。

$m > 1$ または $p > 1$ であるシステム Σ_{ss} を，**多入出力系**または **MIMO** (multi input multi output) 系という。これに対して，$m = p = 1$ の場合には，Σ_{ss} は **1 入力 1 出力系**または **SISO**（single input single output）系と呼ばれる。SISO 系であることに意味がある場合には，特に B, C, D を小文字 b, c^T, d とし，式 (1.6), (1.7) のように表記する[†]。

$\Sigma_{\mathrm{ss-SISO}}$：状態空間表現（1 入力 1 出力系）
$$\dot{x}(t) = Ax(t) + bu(t), \quad x(0) = x_0 \tag{1.6}$$
$$y(t) = c^T x(t) + du(t) \tag{1.7}$$

$m = 0$ の場合，つまり入力をもたないシステム

Σ_{ss0}：状態空間表現（オートノマス系）
$$\dot{x}(t) = Ax(t), \quad x(0) = x_0 \tag{1.8}$$
$$y(t) = Cx(t) \tag{1.9}$$

は，**オートノマス系**（autonomous system）と呼び，Σ_{ss0} と書く。このとき，B, D はそれぞれサイズが $n \times 0$, $p \times 0$ の空行列であると解釈し，$B \in [\ ](n, 0)$, $D \in [\ ](p, 0)$ や，$B \in \mathbf{R}^{n \times 0}$, $D \in \mathbf{R}^{p \times 0}$ と書くこともある。

1.2 ブロック線図による表現

状態空間表現 Σ_{ss} を図 **1.1** のように入力 u から出力 y への信号の流れとして読み取るには，状態方程式 (1.1) の両辺を 0 から t まで積分して
$$x(t) = \int_0^t (Ax(\tau) + Bu(\tau))d\tau + x(0) \tag{1.10}$$

[†] c^T は行列 c の**転置**（transpose）を表す。付録 A.3 節参照。

1. 状態空間表現とモデリング

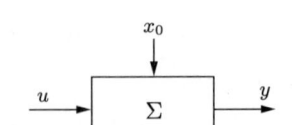

図 1.1 入出力関係とシステム

のように表現すると，理解の助けになる．図 1.2 はブロック線図の基本要素である定数（行列）倍 (a)，積分器 (b) を表すブロックと，加算点 (c) である．これらを用いて Σ_{ss} を表すと図 1.3 となる．すなわち加算点 S_1 が式 (1.1)，加算点 S_2 が式 (1.2) に対応している．

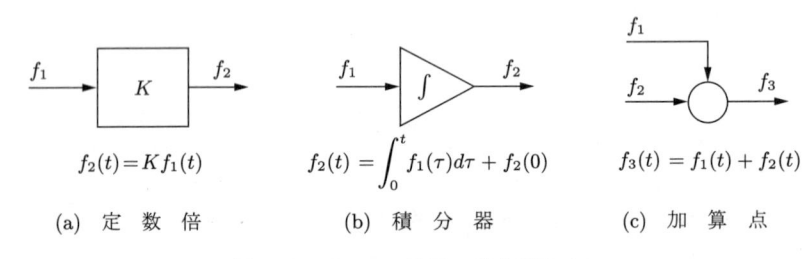

(a) 定 数 倍 $f_2(t) = Kf_1(t)$

(b) 積 分 器 $f_2(t) = \int_0^t f_1(\tau)d\tau + f_2(0)$

(c) 加 算 点 $f_3(t) = f_1(t) + f_2(t)$

図 1.2 ブロック線図の基本要素 (1)

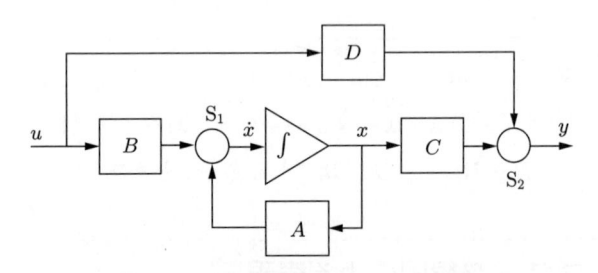

図 1.3 状態空間表現のブロック線図 (1)

これ以外にも多様な表現方法が考えられる．パラメータ行列 $\{A, B, C, D\}$ や変数ベクトル $\{x, y, u\}$ を一つにまとめた**拡大行列**（augmented matrix），**拡大ベクトル**（augmented vector）を用いると

$$\left[\begin{array}{c} \dot{x}(t) \\ y(t) \end{array}\right] = \left[\begin{array}{cc} A & B \\ C & D \end{array}\right] \left[\begin{array}{c} x(t) \\ u(t) \end{array}\right] \tag{1.11}$$

というシステム表現が得られる．信号ベクトルの拡大，分割を図 1.4 のように表現すると，式 (1.11) に対応するブロック線図として図 1.5 が得られる．

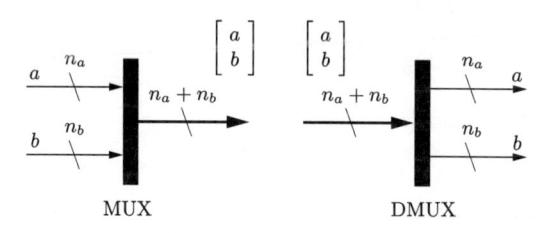

図 1.4 ブロック線図の基本要素 (2)：信号ベクトルの拡大と分割

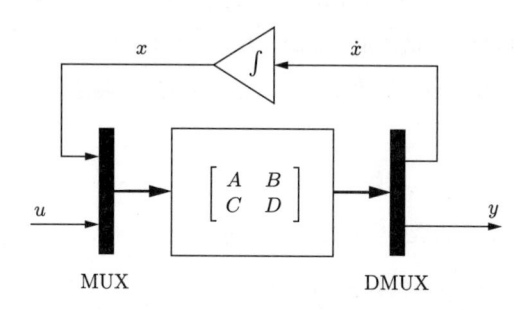

図 1.5 状態空間表現のブロック線図 (2)

また，行列の掛け算を微分・積分演算と同類の線形写像として扱うと

$$\left[\begin{array}{ccc} A - \frac{d}{dt}I & B & 0 \\ C & D & -I \end{array}\right] \left[\begin{array}{c} x(t) \\ u(t) \\ y(t) \end{array}\right] = 0 \tag{1.12}$$

の陰形式の表現が得られる．これは**インプリシットシステム** (implicit system) 表現と呼ばれる．

1.3 デスクリプタシステム表現

状態空間表現を拡張した以下の 1 階微分方程式を，**デスクリプタシステム**（descriptor system）表現という。

Σ_{dsys}：デスクリプタシステム表現

$$E\dot{x}_D(t) = Ax_D(t) + Bu(t), \quad Ex_D(0) = Ex_{D0} \tag{1.13}$$

$$y(t) = Cx_D(t) + Du(t) \tag{1.14}$$

ここで，$x_D \in \mathbf{R}^{n_D}$ はデスクリプタ変数と呼ばれる n_D 次元ベクトルである。$y \in \mathbf{R}^p$, $u \in \mathbf{R}^m$ は，それぞれ出力，入力を表すベクトルである。これにより係数行列 C, D のサイズは確定するが，E, A, B の行サイズは確定しないことに注意されたい。デスクリプタシステムは $\{A, E\}$ の特徴に基づいて四つの型に分類することができる。

1.3.1 特異ペンシル型 ： $\Sigma_{\text{dsys-singular}}$

同じサイズの 2 定数行列 $\{A, E\}$ と複素変数 $s \in \mathbf{C}$ からなる行列 $[sE - A]$ を，ペンシルと呼ぶ（$\mathbf{C}$ は複素数全体の集合を表す）。ほとんどすべての $s \in \mathbf{C}$ に対して $[sE - A]$ が正則であるとき，これを正則ペンシルと呼び，そうでない場合を特異ペンシルと呼ぶ。

Σ_{dsys} の係数行列 A, E からなるペンシルが特異ペンシルであるとき，デスクリプタシステムは一般に微分方程式として可解ではない。すなわち，初期値 Ex_{D0} と入力関数 u を与えても解 x_D が存在しなかったり，一意に定まらないことになる。このように可解でないデスクリプタシステムを特異ペンシル型と呼び，$\Sigma_{\text{dsys-singular}}$ と書くことにする。このクラスのシステム表現はインプリシットシステムなどとも関連して広く議論されているが，本書の範囲を超えるのでここでは取り扱わない。

1.3.2 状態空間表現型 : $\Sigma_{\text{dsys-ss}}$

E が正則,すなわち n_D 次の正方行列で $\text{rank} E = n_D$ の場合には,$PEQ = I$ となる正則行列 $P, Q \in \mathbf{R}^{n_D \times n_D}$ が存在する.このとき

$$(PAQ, PB, CQ, D, Q^{-1}x_D, n_D) \to (A, B, C, D, x, n) \tag{1.15}$$

のように記号を対応させると[†],デスクリプタシステム Σ_{dsys} の式 (1.13) は,状態空間表現 Σ_{ss} の式 (1.1) に帰着することができる.

例えば,$P = E^{-1}$,$Q = I$ の場合には

$$(E^{-1}A, E^{-1}B, x_D, n_D) \to (A, B, x, n) \tag{1.16}$$

のように対応させて,状態方程式

$$\dot{x}_D = E^{-1}Ax_D + E^{-1}Bu, \quad y = Cx_D + Du \tag{1.17}$$

となり,$P = I$,$Q = E^{-1}$ の場合には

$$(AE^{-1}, BE^{-1}, Ex_D, n_D) \to (A, B, x, n) \tag{1.18}$$

のように対応させて

$$\dot{x} = AE^{-1}x + Bu, \quad y = CE^{-1}x + Du \tag{1.19}$$

となる.

このように $\det E \neq 0$ であるデスクリプタシステムは同一次元の状態空間表現に変換できるので,以後,状態空間表現型のデスクリプタシステムと呼び,$\Sigma_{\text{dsys-ss}}$ と書くことにする.

特に $E = I$ の場合には,状態空間表現と同一視し,Σ_{ss} と書く.つまり

$$\Sigma_{\text{dsys-ss}}(I, A, B, C, D, x, y, u) = \Sigma_{\text{ss}}(A, B, C, D, x, y, u) \tag{1.20}$$

である.

1.3.3 インデックス 1 型 : $\Sigma_{\text{dsys-index1}}$

E, A が正方行列で,ペンシル $[sE - A]$ が正則であるとき,システム Σ_{dsys} は可解 (regular) であるという.このときのシステムの動的次数は,$\text{rank} E = r \leq n_D$ である.$E \in \mathbf{R}^{n_D \times n_D}$ が正則でない場合 ($\text{rank} E = r < n_D$) には,E の特異値分解(付録 A.7 節参照)

[†] (記号リスト) → (記号リスト) は,対応する記号の読み換えを意味する.

$$E = U \begin{bmatrix} \Sigma_r & 0 \\ 0 & 0 \end{bmatrix} V^T,$$

$$U^T U = I, \ V^T V = I, \ \Sigma_r は正則 \tag{1.21}$$

を用いて

$$U^T [sE - A] V = \begin{bmatrix} s\Sigma_r - A_1 & -A_2 \\ -A_3 & -A_4 \end{bmatrix} \tag{1.22}$$

とおける。ここで $U, V \in \mathbf{R}^{n_D \times n_D}$ は正規直交行列で, $\Sigma_r \in \mathbf{R}^{r \times r}$ は正の実数要素 (E の特異値) からなる対角行列である。ここで, U, V をそれぞれ r 列と $(n_D - r)$ 列に

$$U = \begin{bmatrix} U_1 & U_2 \end{bmatrix}, \ V = \begin{bmatrix} V_1 & V_2 \end{bmatrix} \tag{1.23}$$

のように分割すると

$$U^T A V = \begin{bmatrix} A_1 & A_2 \\ A_3 & A_4 \end{bmatrix} \tag{1.24}$$

と表され,さらに

$$U^T B = \begin{bmatrix} B_1 \\ B_2 \end{bmatrix}, \ CV = \begin{bmatrix} C_1 & C_2 \end{bmatrix}, \ V^T x = \begin{bmatrix} x_1 \\ x_2 \end{bmatrix} \tag{1.25}$$

とおくと,式 (1.13), (1.14) はつぎのデスクリプタシステムの SVD 標準形となる。

$\Sigma_{\mathrm{dsysSVD}}$:デスクリプタシステム表現(SVD 標準形)

$$\begin{bmatrix} \Sigma_r & 0 \\ 0 & 0 \end{bmatrix} \frac{d}{dt} \begin{bmatrix} x_1 \\ x_2 \end{bmatrix} = \begin{bmatrix} A_1 & A_2 \\ A_3 & A_4 \end{bmatrix} \begin{bmatrix} x_1 \\ x_2 \end{bmatrix} + \begin{bmatrix} B_1 \\ B_2 \end{bmatrix} u$$

$$y = \begin{bmatrix} C_1 & C_2 \end{bmatrix} \begin{bmatrix} x_1 \\ x_2 \end{bmatrix} + Du \tag{1.26}$$

これはつぎの微分方程式と代数方程式の組

$$\Sigma_r \dot{x}_1 = A_1 x_1 + A_2 x_2 + B_1 u \tag{1.27}$$

$$0 = A_3 x_1 + A_4 x_2 + B_2 u \tag{1.28}$$

$$y = C_1 x_1 + C_2 x_2 + D u \tag{1.29}$$

となる．

ここで，$A_4 \in \mathbf{R}^{(n_D-r) \times (n_D-r)}$ が正則であれば，式 (1.28) は x_2 について $x_2 = -A_4^{-1}(A_3 x_1 + B_2 u)$ と解けるので，これを式 (1.27), (1.29) に代入して x_2 を消去すると

$$\dot{x}_1 = \Sigma_r^{-1}(A_1 - A_2 A_4^{-1} A_3) x_1 + \Sigma_r^{-1}(B_1 - A_2 A_4^{-1} B_2) u \tag{1.30}$$

$$y = (C_1 - C_2 A_4^{-1} A_3) x_1 + (D - C_2 A_4^{-1} B_2) u \tag{1.31}$$

の r 次の状態空間表現が得られる．このように，SVD 標準形 Σ_{dsysSVD} において A_4 が正則であるデスクリプタシステムは，$r\,(= \mathrm{rank} E)$ 次の状態空間表現に帰着できるという特徴をもつ．そこで，これを特にインデックス 1 型のデスクリプタシステムと呼び，$\Sigma_{\text{dsys-index1}}$ と書いて区別する．

1.3.4 インパルス型 : $\Sigma_{\text{dsys-impulse}}$

SVD 標準形 Σ_{dsysSVD} において，A_4 が正則でない場合には，デスクリプタシステム特有のインパルスモードや入出力間の微分効果が現れるため，状態空間表現 Σ_{ss} には変換はできない．この性質をもつデスクリプタシステムをインパルス型のデスクリプタシステムと呼び，$\Sigma_{\text{dsys-impulse}}$ と書くことにする．インパルス型のデスクリプタシステムについては，4 章で解説する．

1.3.5 デスクリプタシステムの分類

以上の観点からデスクリプタシステムを分類すると，**表 1.1** のようにまとめることができる．また，たがいの関係は**表 1.2** または**図 1.6** のようにまとめることができる．

図 1.7 は状態空間表現を核とした線形システム表現の包含関係である．本書では，主としてインデックス 1 型のデスクリプタシステム（一部の概念についてはインパルス型まで）を扱う．

表 1.1 デスクリプタシステムの四つの分類

標 記	条 件	特 徴
$\Sigma_{\text{dsys-singular}}$	$[sE - A]$ が特異	非可解
$\Sigma_{\text{dsys-ss}}$	$\text{rank} E = n_D$	n_D 次の Σ_{ss} に変換可能
	特に $E = I$ ならば	n_D 次の Σ_{ss} と同じ
$\Sigma_{\text{dsys-index1}}$	$\det A_4 \neq 0$	r 次の Σ_{ss} に変換可能
$\Sigma_{\text{dsys-impulse}}$	$\det A_4 = 0$	Σ_{ss} に変換不可能

表 1.2 デスクリプタシステムから状態空間表現への変換

$\Sigma_{\text{dsys-ss}}$ $PEQ=I$	$\Sigma_{\text{dsys-ss}}$	$\Sigma_{\text{dsys-ss}}$	$\Sigma_{\text{dsys-index1}}$ $E = U\Sigma V^T$	$\to \Sigma_{\text{ss}}$
PAQ	$E^{-1}A$	AE^{-1}	$\Sigma_r^{-1}(A_1 - A_2 A_4^{-1} A_3)$	$\to A$
PB	$E^{-1}B$	B	$\Sigma_r^{-1}(B_1 - A_2 A_4^{-1} B_2)$	$\to B$
CQ	C	CE^{-1}	$(C_1 - C_2 A_4^{-1} A_3)$	$\to C$
D	D	D	$(D - C_2 A_4^{-1} B_2)$	$\to D$
$Q^{-1} x_D$	x_D	$E x_D$	$V_1^T x$	$\to x$
m	m	m	m	$\to m$
p	p	p	p	$\to p$
n_D	n_D	n_D	r	$\to n$

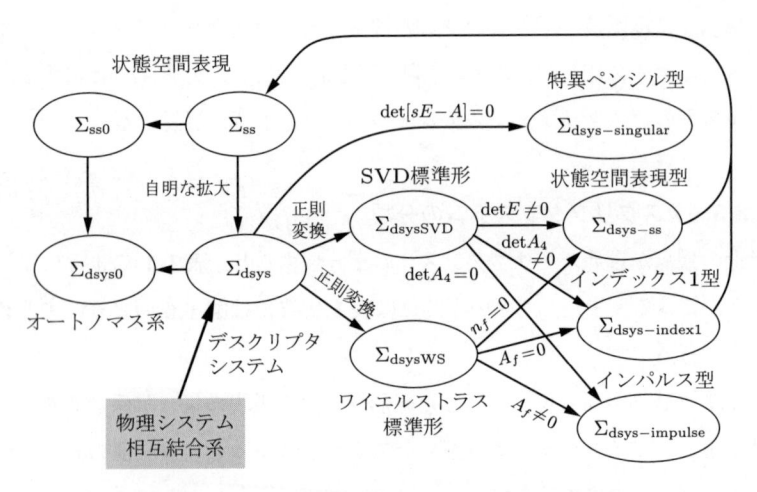

図 1.6 状態空間表現とデスクリプタシステムの関係

1.4 物理系のモデリング

ビヘイビアアプローチ　　　　　　　　　　Σ_{behavior}
インプリシットシステム　　　　　　　　Σ_{implicit}
特異ペンシル型　　　　　　　　　$\Sigma_{\text{dsys-singular}}$
インパルス型　　　　　　　　$\Sigma_{\text{dsys-impulse}}$　$\det[sE-A]=0$
インデックス1型　　　　　　$\Sigma_{\text{dsys-index1}}$　$\det A_4 = 0$
　　　　　　　　　　　　　　　　　　　　$A_f = 0$
状態空間表現型　　　　　　$\Sigma_{\text{dsys-ss}}$　$\det A_4 \neq 0$
　　　　　　　　　　　　　　　　　　　　$A_f \neq 0$
状態空間表現　　　　　　Σ_{ss}　$\det E \neq 0$
　　　　　　　　　　　　　　$n_f = 0$

デスクリプタシステム Σ_{dsys}

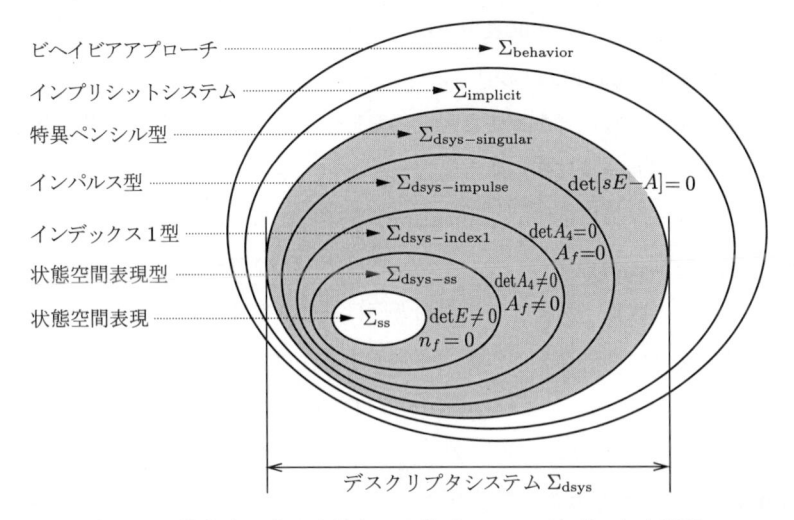

図 1.7 状態空間表現を核とした線形システム表現の包含関係

1.4 物理系のモデリング

物理法則に支配されて振る舞うシステムを，一般に物理系という．システムの振る舞いは，対象とするシステムに関係する信号からとらえることができる．すなわち，システムの**振る舞い**（behavior）とは時間 $t \in \mathbf{R}$ の関数である信号 $f(t), x(t), u(t), y(t), \cdots$（の集合）であり，その関係を表す数学的記述がシステムのモデルである．実験や考察を通してモデルを導出することを**モデリング**（modeling）という．以下はモデリングの基本的手順の一つである．

1. **信号の記述**（description）
　システムの振る舞いを特徴付ける物理量を列挙し，時間 t の関数として記述する．この変数群を**記述変数**（descriptor variable）と呼ぶ．

2. **信号間の関係付け**（physical law）
　記述変数の間に成立する**保存則**（conservation law），物理法則・原理を列挙する．微分方程式，積分方程式，代数方程式，確率方程式，論理式

など，あらゆる数学的表現が用いられる．

3. **式の変形**（modification）

   集められた数式群を適切な形式に変形する．ここでは微分方程式表現から状態空間表現に変形する．

4. **パラメータの特定**（identification）

   状態空間表現の中のパラメータ A, B, C, D の値やあいまいさを，実験データの収集，解析等の処理や考察に基づき特定する．

モデリングという言葉をどのように定義するかは目的に応じて異なるが，ここでは 1～3 について，いくつかの例を挙げて解説する．

1.4.1 電気系から状態空間表現へ

物理系のモデリングの例として，簡単な電気系を取り上げる．

例題 1.1　（RLC 回路の状態空間表現）

図 1.8 で表される簡単な電気回路において，印加電圧 v を入力とし，回路電流 i を出力とする状態空間表現 Σ_{ss} を導く．この電気回路は，抵抗 (R)，コイル (L)，コンデンサ (C) を要素とする直列結合系である．各素子に加わる電圧と流れる電流をそれぞれ $v_R, i_R, v_L, i_L, v_C, i_C$，図中の端子間電圧を v とおくと，**キルヒホッフの法則**（Kirchhoff's law）より

$$v_R + v_L + v_C = v \quad \text{(電圧則)} \tag{1.32}$$

$$i_R = i_L = i_C = i \quad \text{(電流則)} \tag{1.33}$$

が得られる．また，各素子の物理的特性から

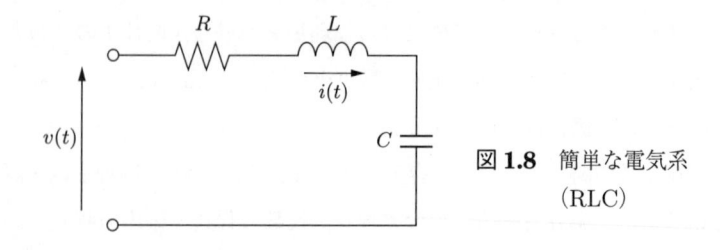

図 1.8　簡単な電気系（RLC）

$$v_R = R\, i_R \qquad (\text{抵抗}) \tag{1.34}$$

$$v_L = L\frac{d}{dt}i_L \qquad (\text{コイル}) \tag{1.35}$$

$$Cv_C = \int i_c dt = q(t) \qquad (\text{コンデンサ}) \tag{1.36}$$

を得る。ここで $q(t)$ はコンデンサに蓄積された電荷である。

電流はみな等しいので回路電流 i に統一し，v_R, v_L, v_C を消去して q, i, v だけの表現にすると，微分方程式

$$LC\frac{d}{dt}i(t) + RCi(t) + q(t) = Cv(t) \tag{1.37}$$

を得る。ここで，$q(t), i(t)$ には

$$\frac{d}{dt}q(t) = i(t) \tag{1.38}$$

の関係があることに注意し，式 (1.37), (1.38) をまとめると

$$\begin{bmatrix} 1 & 0 \\ 0 & LC \end{bmatrix}\frac{d}{dt}\begin{bmatrix} q(t) \\ i(t) \end{bmatrix} = \begin{bmatrix} 0 & 1 \\ -1 & -RC \end{bmatrix}\begin{bmatrix} q(t) \\ i(t) \end{bmatrix} + \begin{bmatrix} 0 \\ C \end{bmatrix}v(t) \tag{1.39}$$

$$y(t) = \begin{bmatrix} 0 & 1 \end{bmatrix}\begin{bmatrix} q(t) \\ i(t) \end{bmatrix} \tag{1.40}$$

のデスクリプタシステム Σ_{dsys} を得る。

[1]　$LC \neq 0$ の場合

ここで $LC \neq 0$ であれば，この式は状態空間表現型のデスクリプタシステム $\Sigma_{\text{dsys-ss}}$ となるので，左辺の係数行列の逆行列を左から掛けることにより，2 次の状態空間表現 Σ_{ss} が得られる（式 (1.17) 参照）。

$$\frac{d}{dt}\begin{bmatrix} q(t) \\ i(t) \end{bmatrix} = \begin{bmatrix} 0 & 1 \\ -\frac{1}{LC} & -\frac{R}{L} \end{bmatrix}\begin{bmatrix} q(t) \\ i(t) \end{bmatrix} + \begin{bmatrix} 0 \\ \frac{1}{L} \end{bmatrix}v(t) \tag{1.41}$$

$$i(t) = \begin{bmatrix} 0 & 1 \end{bmatrix}\begin{bmatrix} q(t) \\ i(t) \end{bmatrix} \tag{1.42}$$

[2] $L=0,\ RC\neq 0$ の場合

これに対して $L=0,\ RC\neq 0$ の場合には，インデックス１型のデスクリプタシステム $\Sigma_{\mathrm{dsys-index1}}$ となるので，式 (1.39) を式 (1.26) に対応させると，**表 1.2** または式 (1.30), (1.31) から１次の状態空間表現

$$\frac{d}{dt}q(t) = -\frac{1}{RC}q(t) + \frac{1}{R}v(t)$$
$$i(t) = -\frac{1}{RC}q(t) + \frac{1}{R}v(t) \tag{1.43}$$

が得られる．

[3] $R=L=0$ の場合

$R=L=0$ の場合には，式 (1.39) は

$$\begin{bmatrix} 1 & 0 \\ 0 & 0 \end{bmatrix}\frac{d}{dt}\begin{bmatrix} q(t) \\ i(t) \end{bmatrix} = \begin{bmatrix} 0 & 1 \\ -1 & 0 \end{bmatrix}\begin{bmatrix} q(t) \\ i(t) \end{bmatrix} + \begin{bmatrix} 0 \\ C \end{bmatrix}v \tag{1.44}$$

となるが，これは 1.3.4 項で述べたようにインパルス型のデスクリプタシステム $\Sigma_{\mathrm{dsys-impulse}}$ となるので，状態空間表現 Σ_{ss} には帰着できないことがわかる．

1.4.2　力学系から状態空間表現へ

前項の電気系と同様の手順で力学系の状態空間表現も導くことができる．

例題 1.2　（ばね・質量・ダンパ系の状態空間表現）

図 1.9 の力学系を，外力 f を入力，変位 x を出力とするシステムとしてとらえ，その状態空間表現 Σ_{ss} を導出する．

この力学系は，質量 (M)，ダンパ (D)，ばね (K) を要素とした結合系である．各要素の変位を x_M, x_D, x_K とおくと，結合の状況から

$$x_K = x_D = x_M = x \tag{1.45}$$

とおける．また，各要素に働く力をそれぞれ f_M, f_D, f_K とおくと

$$f_M + f_D + f_K = f \tag{1.46}$$

図 1.9 簡単な力学系（MDK）

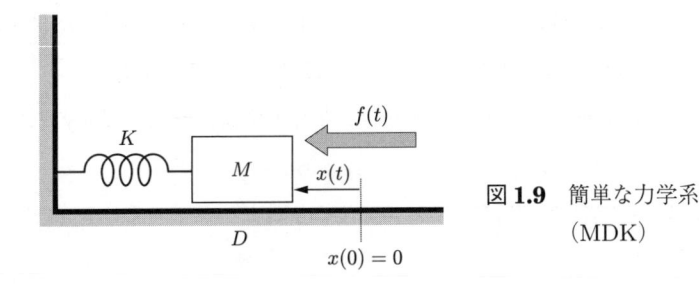

である。ところで，各要素の物理的特性から

$$f_M = M\ddot{x}_M \quad (慣性力) \tag{1.47}$$

$$f_D = D\dot{x}_D \quad (摩擦力) \tag{1.48}$$

$$f_K = Kx_K \quad (弾性力) \tag{1.49}$$

が成り立つ。これらを一つにまとめて x, f だけで表現すると，微分方程式（ニュートンの運動方程式）

$$M\ddot{x}(t) + D\dot{x}(t) + Kx(t) = f(t) \tag{1.50}$$

を得る。ここで，速度 $v(t)$ を

$$v(t) = \dot{x}(t)$$

のように定義するとデスクリプタシステム表現 Σ_{dsys}

$$\begin{bmatrix} 1 & 0 \\ 0 & M \end{bmatrix} \frac{d}{dt} \begin{bmatrix} x(t) \\ v(t) \end{bmatrix} = \begin{bmatrix} 0 & 1 \\ -K & -D \end{bmatrix} \begin{bmatrix} x(t) \\ v(t) \end{bmatrix} + \begin{bmatrix} 0 \\ 1 \end{bmatrix} f(t) \tag{1.51}$$

を得る。

ここで $M \neq 0$ であれば，左辺の係数行列の逆行列を左から掛けることにより，2 次の状態空間表現 Σ_{ss} が得られる（式 (1.17) 参照）。

$$\frac{d}{dt} \begin{bmatrix} x(t) \\ v(t) \end{bmatrix} = \begin{bmatrix} 0 & 1 \\ -\dfrac{K}{M} & -\dfrac{D}{M} \end{bmatrix} \begin{bmatrix} x(t) \\ v(t) \end{bmatrix} + \begin{bmatrix} 0 \\ \dfrac{1}{M} \end{bmatrix} f(t) \tag{1.52}$$

$$x(t) = \begin{bmatrix} 1 & 0 \end{bmatrix} \begin{bmatrix} x(t) \\ v(t) \end{bmatrix} \tag{1.53}$$

式 (1.51) と式 (1.39) を比較すると，**表 1.3** や**表 1.4** のように対応付けることで電気系と力学系は共通の数学モデルで表現できることがわかる．一般に，異なる物理系が共通の数学モデルをもつことを**アナロジー**（analogy）という．

表 1.3 電気系と力学系のアナロジー

電気系 （力-電圧）	電気系 （力-電流）	力学系 （並進運動）	力学系 （回転運動）
電圧 v 〔V〕	電流 i 〔A〕	力 f 〔N〕	トルク τ 〔Nm〕
電流 i 〔A〕	電圧 v 〔V〕	速度 v 〔m/s〕	角速度 ω 〔rad/s〕
電荷 q 〔As〕		変位 x 〔m〕	角変位 θ 〔rad〕
リアクタンス L 〔H〕	キャパシタンス C 〔F〕	質量 M 〔kg〕	慣性モーメント J 〔kgm^2〕
逆キャパシタンス $\frac{1}{C}$ 〔F〕	逆リアクタンス $\frac{1}{L}$ 〔1/H〕	弾性 K 〔N/m〕	弾性 K 〔Nm/rad〕
抵抗 R 〔Ω〕	逆抵抗 $\frac{1}{R}$ 〔Ω〕	粘性摩擦 D 〔Ns/m〕	粘性摩擦 D 〔Nms/rad〕

表 1.4 パラメータとデスクリプタシステムのクラス

電気系	力学系	Σ_{dsys}
$LC \neq 0$	$M \neq 0$	状態空間表現型 $\Sigma_{\mathrm{dsys-ss}}$
$L = 0,\ RC \neq 0$	$M = 0,\ D \neq 0$	インデックス 1 型 $\Sigma_{\mathrm{dsys-index1}}$
$R = 0,\ LC \neq 0$	$D = 0,\ MK \neq 0$	状態空間表現：持続振動型
$R = L = 0,\ C \neq 0$	$M = D = 0$	インパルス型 $\Sigma_{\mathrm{dsys-impulse}}$

1.4.3 メカトロニクス系の状態空間表現

前項までの結果を利用して，力学系と電気系の結合系である**図 1.10** のメカトロニクス系を状態空間表現 Σ_{ss} で数式モデル化する．

例題 1.3　（簡単なメカトロニクス系の状態空間表現）

図 1.10 は永久磁石型 DC サーボモータを電圧源で駆動するメカトロニクス系である．まず，システムを記述するための変数を**表 1.5** に定義する．

さらに，**表 1.6** のように物理パラメータを定義すると，電気系部分と力学系部分について

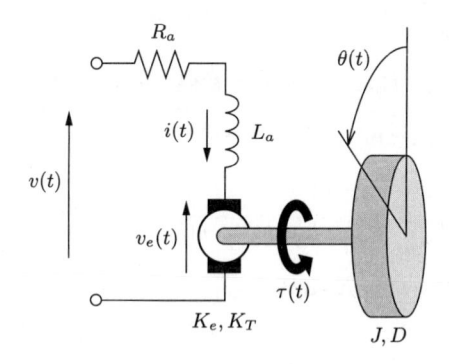

図 **1.10** 簡単なメカトロニクス系（DC サーボモータ）

表 **1.5** DC サーボモータの記述変数（図 **1.10**）

記号	説　明
$v(t)$	印加電圧〔V〕
$i(t)$	電機子電流〔A〕
$\tau(t)$	発生トルク〔Nm〕
$v_e(t)$	逆起電力〔V〕
$\theta(t)$	モータ軸の回転角〔rad〕
$\omega(t)\,(=\dot{\theta}(t))$	モータ軸の回転角速度〔rad/s〕

表 **1.6** DC サーボモータの電気・力学パラメータ

記号	説　明
R_a	電機子の直流抵抗分〔Ω〕
L_a	電機子のインダクタンス〔H〕
K_T	トルク係数〔Nm/A〕
K_e	逆起電力係数〔Vs/rad〕
J	負荷の慣性モーメント〔kgm^2〕
D	モータ軸の粘性摩擦係数〔Nms/rad〕

$$R_a i(t) + L_a \frac{d}{dt} i(t) + v_e(t) = v(t) \quad \text{（電気系）} \tag{1.54}$$

と

$$\tau(t) = J\dot{\omega}(t) + D\omega(t) \quad \text{（力学系）} \tag{1.55}$$

の 2 式が成り立つ．これに，DC サーボモータの電気エネルギーと力学エ

ネルギーの変換式

$$\tau(t) = K_T i(t) \quad (\text{エネルギー変換：電気} \to \text{力学}) \tag{1.56}$$

$$v_e(t) = K_e \omega(t) \quad (\text{エネルギー変換：力学} \to \text{電気}) \tag{1.57}$$

を代入すると

$$R_a i(t) + L_a \frac{d}{dt} i(t) + K_e \omega(t) = v(t) \tag{1.58}$$

$$J\dot{\omega}(t) + D\omega(t) = K_T i(t) \tag{1.59}$$

となる．$\omega(t) = \frac{d}{dt}\theta(t)$ を考慮してこれをまとめると，以下のデスクリプタシステム表現 Σ_{dsys} が得られる．

$$\begin{bmatrix} 1 & 0 & 0 \\ 0 & J & 0 \\ 0 & 0 & L_a \end{bmatrix} \frac{d}{dt} \begin{bmatrix} \theta(t) \\ \omega(t) \\ i(t) \end{bmatrix}$$
$$= \begin{bmatrix} 0 & 1 & 0 \\ 0 & -D & K_T \\ 0 & -K_e & -R_a \end{bmatrix} \begin{bmatrix} \theta(t) \\ \omega(t) \\ i(t) \end{bmatrix} + \begin{bmatrix} 0 \\ 0 \\ 1 \end{bmatrix} v(t) \tag{1.60}$$

ここで，$JL_a \neq 0$ の場合には，左辺の正方行列の逆行列を左から掛けて

$$\frac{d}{dt} \begin{bmatrix} \theta(t) \\ \omega(t) \\ i(t) \end{bmatrix} = \begin{bmatrix} 0 & 1 & 0 \\ 0 & -\frac{D}{J} & \frac{K_T}{J} \\ 0 & -\frac{K_e}{L_a} & -\frac{R_a}{L_a} \end{bmatrix} \begin{bmatrix} \theta(t) \\ \omega(t) \\ i(t) \end{bmatrix} + \begin{bmatrix} 0 \\ 0 \\ \frac{1}{L_a} \end{bmatrix} v(t) \tag{1.61}$$

$$y(t) = \begin{bmatrix} 1 & 0 & 0 \end{bmatrix} \begin{bmatrix} \theta(t) \\ \omega(t) \\ i(t) \end{bmatrix} \tag{1.62}$$

の3次の状態空間表現 Σ_{ss} が得られる．

ここで $L_a \approx 0$ の場合について考える．図 **1.10** のメカトロニクス系において，電機子のインダクタンス L_a が非常に小さく無視できる場合には，上記の状態空間表現 (1.61) では $L_a = 0$ とおくことができないが，式 (1.60) に $L_a = 0$ を代入すると，つぎの SVD 形式のデスクリプタシステ

ム Σ_{dsysSVD} が得られる。

$$\begin{bmatrix} 1 & 0 & 0 \\ 0 & J & 0 \\ 0 & 0 & 0 \end{bmatrix} \frac{d}{dt} \begin{bmatrix} \theta(t) \\ \omega(t) \\ i(t) \end{bmatrix}$$

$$= \begin{bmatrix} 0 & 1 & 0 \\ 0 & -D & K_T \\ 0 & -K_e & -R_a \end{bmatrix} \begin{bmatrix} \theta(t) \\ \omega(t) \\ i(t) \end{bmatrix} + \begin{bmatrix} 0 \\ 0 \\ 1 \end{bmatrix} v(t) \quad (1.63)$$

$-R_a \neq 0$ の場合には，このシステムはインデックス 1 型 $\Sigma_{\text{dsys-index1}}$ となるので，式 (1.30), (1.31) に従って，つぎのように 2 次の状態空間表現に変換できる。

$$\frac{d}{dt} \begin{bmatrix} \theta(t) \\ \omega(t) \end{bmatrix} = \begin{bmatrix} 0 & 1 \\ 0 & -\dfrac{DR_a + K_T K_e}{JR_a} \end{bmatrix} \begin{bmatrix} \theta(t) \\ \omega(t) \end{bmatrix} + \begin{bmatrix} 0 \\ \dfrac{K_T}{JR_a} \end{bmatrix} v(t) \quad (1.64)$$

$$y(t) = \begin{bmatrix} 1 & 0 \end{bmatrix} \begin{bmatrix} \theta(t) \\ \omega(t) \end{bmatrix} \quad (1.65)$$

$R_a = 0$ の場合には，式 (1.60) はインパルス型 $\Sigma_{\text{dsys-impulse}}$ となり，デスクリプタシステム特有のインパルス的振る舞いが起こるので，状態空間表現 Σ_{ss} には変換できない。

1.4.4 n 階微分方程式から状態空間表現へ

$u(t), y(t)$ をそれぞれ入力，出力とする 1 入出力系を考える。簡単のため (t) は以後省略する。一般性をもたせるため，y の最高次の係数 a_n は 0 の場合もありうるものとする（すなわち，伝達関数のプロパ性[†] を仮定しない）。

n 階微分方程式が以下のように与えられたとする。

---

† プロパ性については 2.2.6 項参照。

$$a_n \frac{d^n y}{dt^n} + a_{n-1}\frac{d^{n-1}y}{dt^{n-1}} + a_{n-2}\frac{d^{n-2}y}{dt^{n-2}} + \cdots + a_1 \frac{dy}{dt} + a_0 y$$
$$= b_n \frac{d^n u}{dt^n} + b_{n-1}\frac{d^{n-1}u}{dt^{n-1}} + b_{n-2}\frac{d^{n-2}u}{dt^{n-2}} + \cdots + b_1 \frac{du}{dt} + b_0 u \tag{1.66}$$

ここで多項式 $A(s)$, $B(s)$ を

$$A(s) = a_n s^n + a_{n-1}s^{n-1} + a_{n-2}s^{n-2} + \cdots + a_1 s + a_0$$
$$B(s) = b_n s^n + b_{n-1}s^{n-1} + b_{n-2}s^{n-2} + \cdots + b_1 s + b_0 \tag{1.67}$$

とおくと，式 (1.66) は

$$A\left(\frac{d}{dt}\right)y(t) = B\left(\frac{d}{dt}\right)u(t) \tag{1.68}$$

と表現することができる。

[1] 制御器正準系

新たな変数 $\eta(t) \in \mathbf{R}$ を用いて，式 (1.68) を

$$\begin{bmatrix} u(t) \\ y(t) \end{bmatrix} = \begin{bmatrix} A\left(\frac{d}{dt}\right) \\ B\left(\frac{d}{dt}\right) \end{bmatrix} \eta(t) \tag{1.69}$$

のように記述する。これを**像空間表現**（image representation）という。

ここで，$x_0(t) = \eta(t)$ とおき，$x_1(t), x_2(t), \cdots, x_n(t)$ を

$$x_1 = \dot{x}_0$$
$$x_2 = \dot{x}_1 = x_0^{(2)}$$
$$\vdots$$
$$x_{n-1} = \dot{x}_{n-2} = x_0^{(n-1)}$$
$$x_n = \dot{x}_{n-1} = x_0^{(n)} \tag{1.70}$$

で定義すると（ここで $f^{(n)} = d^n f/dt^n$），式 (1.69) は

$$u(t) = a_n x_n + a_{n-1}x_{n-1} + \cdots + a_2 x_2 + a_1 x_1 + a_0 x_0 \tag{1.71}$$
$$y(t) = b_n x_n + b_{n-1}x_{n-1} + \cdots + b_2 x_2 + b_1 x_1 + b_0 x_0 \tag{1.72}$$

と書ける。ここで $n_D = n+1$ 次元のデスクリプタ変数を

$$x_D = \begin{bmatrix} x_0 & x_1 & \cdots & x_n \end{bmatrix}^T \in \mathbf{R}^{n+1} \tag{1.73}$$

のように定義して，式 (1.70), (1.71), (1.72) をまとめると，デスクリプタシステム Σ_dsys

$$\begin{bmatrix} 1 & 0 & \cdots & 0 & 0 \\ 0 & 1 & \ddots & 0 & 0 \\ \vdots & \vdots & \ddots & \ddots & \vdots \\ 0 & 0 & \cdots & 1 & 0 \\ 0 & 0 & \cdots & 0 & 0 \end{bmatrix} \frac{d}{dt} \begin{bmatrix} x_0 \\ x_1 \\ \vdots \\ x_{n-1} \\ x_n \end{bmatrix}$$

$$= \begin{bmatrix} 0 & 1 & \cdots & 0 & 0 \\ 0 & 0 & \ddots & 0 & 0 \\ \vdots & \vdots & \ddots & \ddots & \vdots \\ 0 & 0 & \cdots & 0 & 1 \\ a_0 & a_1 & \cdots & a_{n-1} & a_n \end{bmatrix} \begin{bmatrix} x_0 \\ x_1 \\ \vdots \\ x_{n-1} \\ x_n \end{bmatrix} + \begin{bmatrix} 0 \\ 0 \\ \vdots \\ 0 \\ -1 \end{bmatrix} u(t) \quad (1.74)$$

$$y(t) = \begin{bmatrix} b_0 & b_1 & \cdots & b_{n-1} & b_n \end{bmatrix} \begin{bmatrix} x_0 \\ x_1 \\ \vdots \\ x_{n-1} \\ x_n \end{bmatrix} \quad (1.75)$$

を得る。ここで $a_n \neq 0$ であれば $\Sigma_\text{dsys-index1}$ なので，式 (1.30), (1.31) に従って，n 次の状態空間表現 Σ_ss に帰着できる。特に $a_n = 1$, $b_n = 0$ の場合には

$$\frac{d}{dt} \begin{bmatrix} x_0 \\ x_1 \\ \vdots \\ x_{n-1} \end{bmatrix} = \begin{bmatrix} 0 & 1 & \cdots & 0 \\ \vdots & \vdots & \ddots & \vdots \\ 0 & 0 & \cdots & 1 \\ -a_0 & -a_1 & \cdots & -a_{n-1} \end{bmatrix} \begin{bmatrix} x_0 \\ x_1 \\ \vdots \\ x_{n-1} \end{bmatrix} + \begin{bmatrix} 0 \\ 0 \\ \vdots \\ 1 \end{bmatrix} u(t) \quad (1.76)$$

$$y(t) = \begin{bmatrix} b_0 & b_1 & \cdots & b_{n-1} \end{bmatrix} \begin{bmatrix} x_0 \\ x_1 \\ \vdots \\ x_{n-1} \end{bmatrix} \quad (1.77)$$

となる。この構造をもつ系を**制御器正準系**（controller canonical form）という。これをブロック線図で表すと，図 1.11 のようになる。

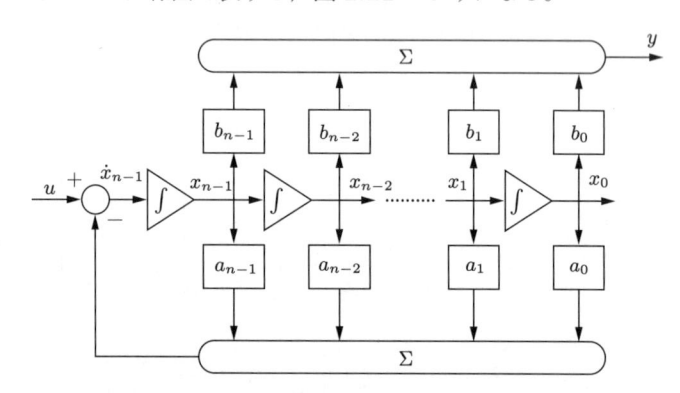

図 1.11　像空間表現から制御器正準系へ

[2] 観測器正準系

式 (1.68) は式 (1.67) の記号を用いて，つぎのように表現することも可能である。これを**零化空間表現**（kernel representation）という。

$$\begin{bmatrix} A\left(\dfrac{d}{dt}\right) & -B\left(\dfrac{d}{dt}\right) \end{bmatrix} \begin{bmatrix} y(t) \\ u(t) \end{bmatrix} = 0 \quad (1.78)$$

ここで，簡単のために

$$\eta_i = a_i y(t) - b_i u(t), \ \ i = 0, 1, \cdots, n \quad (1.79)$$

とおくと，上式は

$$\eta_n^{(n)} + \eta_{n-1}^{(n-1)} + \cdots + \eta_1^{(1)} + \eta_0 = 0 \quad (1.80)$$

と書ける。さらに，つぎのように $\{\xi_i(t)\}_{i=0}^{n-1}$ を定義することにより，連立 1 階微分方程式に変形できる。

$$\dfrac{d}{dt}\xi_0 + \eta_0 = 0$$

$$\frac{d}{dt}\xi_1 + \eta_1 = \xi_0$$
$$\vdots$$
$$\frac{d}{dt}\xi_{n-1} + \eta_{n-1} = \xi_{n-2}$$
$$\eta_n = \xi_{n-1} \tag{1.81}$$

よって，$n_D = n+1$ 次元デスクリプタ変数ベクトルを
$$x_D = \begin{bmatrix} \xi_0 & \xi_1 & \cdots & \xi_{n-1} & -y \end{bmatrix}^T \in \mathbf{R}^{n+1} \tag{1.82}$$
とおくと，つぎのデスクリプタシステム Σ_{dsys} が得られる．

$$\begin{bmatrix} 1 & 0 & \cdots & 0 & 0 \\ 0 & 1 & \cdots & 0 & 0 \\ \vdots & \vdots & \ddots & \vdots & \vdots \\ 0 & 0 & \cdots & 1 & 0 \\ 0 & 0 & \cdots & 0 & 0 \end{bmatrix} \frac{d}{dt} \begin{bmatrix} \xi_0 \\ \xi_1 \\ \vdots \\ \xi_{n-1} \\ -y \end{bmatrix}$$
$$= \begin{bmatrix} 0 & 0 & \cdots & 0 & a_0 \\ 1 & 0 & \cdots & 0 & a_1 \\ \vdots & \ddots & \ddots & \vdots & \vdots \\ 0 & 0 & \ddots & 0 & a_{n-1} \\ 0 & 0 & \cdots & 1 & a_n \end{bmatrix} \begin{bmatrix} \xi_0 \\ \xi_1 \\ \vdots \\ \xi_{n-1} \\ -y \end{bmatrix} + \begin{bmatrix} b_0 \\ b_1 \\ \vdots \\ b_{n-1} \\ b_n \end{bmatrix} u(t) \tag{1.83}$$

$$y(t) = \begin{bmatrix} 0 & 0 & \cdots & 0 & -1 \end{bmatrix} \begin{bmatrix} \xi_0 \\ \xi_1 \\ \vdots \\ \xi_{n-1} \\ -y \end{bmatrix} \tag{1.84}$$

ここで，$a_n \neq 0$ であれば式 (1.83) は $\Sigma_{\mathrm{dsys-index1}}$ なので，式 (1.30), (1.31) に従って，n 次の状態空間表現 Σ_{ss} に帰着できる．特に $a_n = 1$, $b_n = 0$ の場合には

$$\frac{d}{dt}\begin{bmatrix} \xi_0 \\ \vdots \\ \xi_{n-2} \\ \xi_{n-1} \end{bmatrix} = \begin{bmatrix} 0 & \cdots & 0 & -a_0 \\ 1 & \cdots & 0 & -a_1 \\ \vdots & \ddots & \vdots & \vdots \\ 0 & \cdots & 1 & -a_{n-1} \end{bmatrix} \begin{bmatrix} \xi_0 \\ \vdots \\ \xi_{n-2} \\ \xi_{n-1} \end{bmatrix} + \begin{bmatrix} b_0 \\ b_1 \\ \vdots \\ b_{n-1} \end{bmatrix} u(t) \tag{1.85}$$

$$y(t) = \begin{bmatrix} 0 & \cdots & 0 & 1 \end{bmatrix} \begin{bmatrix} \xi_0 \\ \vdots \\ \xi_{n-2} \\ \xi_{n-1} \end{bmatrix} \tag{1.86}$$

となる．この構造の状態空間表現 Σ_{ss} を**観測器正準系**（observer canonical form）という．これをブロック線図で表すと，図 **1.12** のようになる．

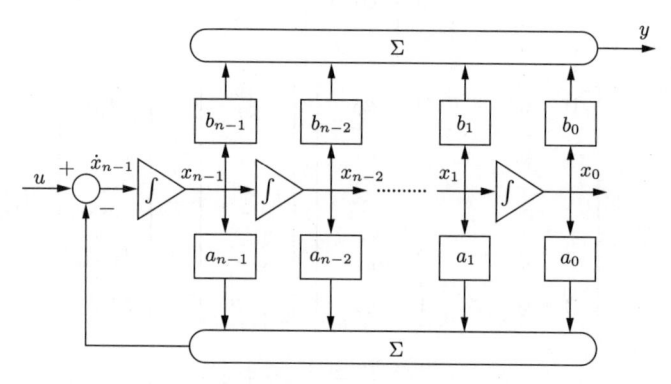

図 1.12 零化空間表現から観測器正準系へ

1.4.5 非線形システムの線形近似

入出力関係が非線形微分方程式で表現されるシステムを，**非線形システム**（nonlinear system）という．このシステムのある動作点近傍での線形近似モデルは，つぎの手順で導出できる．

$$f(y(t), \dot{y}(t), \cdots, y^{(n)}(t), u(t), \dot{u}(t), \cdots, u^{(m)}(t)) = 0 \tag{1.87}$$

いま，このシステムは平衡点 (y_0, u_0) をもつものとする．つまり

$$f(y_0, 0, \cdots, 0, u_0, 0, \cdots, 0) = 0 \tag{1.88}$$

が成り立つ。f が各変数について 1 階微分可能であるとすると

$$\begin{aligned}df &= \frac{\partial f}{\partial y}dy + \frac{\partial f}{\partial \dot{y}}d\dot{y} + \cdots + \frac{\partial f}{\partial y^{(n)}}dy^{(n)} \\ &\quad + \frac{\partial f}{\partial u}du + \frac{\partial f}{\partial \dot{u}}d\dot{u} + \cdots + \frac{\partial f}{\partial u^{(m)}}du^{(m)}\end{aligned} \tag{1.89}$$

となるが，式 (1.87) より $\frac{df}{dt} = 0$ なので，各変数の平衡点からの偏差を新しい変数として改めて定義すると，式 (1.66) に帰着することができる。

例題 1.4 図 1.13 の単振子を考える。ただし，l は紐の長さ，m はおもりの質量を表し，紐が重力方向となす角を θ とする。支点に摩擦がないとすると，運動方程式は

$$ml\ddot{\theta} = -mg\sin(\theta) \tag{1.90}$$

となる。これを

$$f(\theta, \dot{\theta}, \ddot{\theta}) = ml\ddot{\theta} + mg\sin(\theta) = 0 \tag{1.91}$$

とおくと

$$f(\theta, 0, 0) = mg\sin(\theta) = 0 \tag{1.92}$$

から平衡点 $\theta_0 = 0$ を得る。さらに

$$\left.\frac{\partial f}{\partial \theta}\right|_{\theta=0} = \left.mg\cos(\theta)\right|_{\theta=0} = mg$$

$$\left.\frac{\partial f}{\partial \dot{\theta}}\right|_{\theta=0} = 0$$

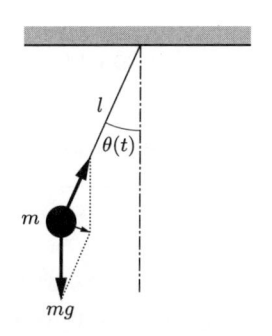

図 1.13　単振子

$$\left.\frac{\partial f}{\partial \ddot{\theta}}\right|_{\theta=0} = ml$$

となるので，式 (1.89) より平衡点近傍での微分方程式

$$ml\ddot{\theta} + mg\theta = 0 \tag{1.93}$$

を得，さらに 1.4.4 項より

$$\begin{bmatrix} 1 & 0 \\ 0 & ml \end{bmatrix} \frac{d}{dt} \begin{bmatrix} \theta \\ \dot{\theta} \end{bmatrix} = \begin{bmatrix} 0 & 1 \\ -mg & 0 \end{bmatrix} \begin{bmatrix} \theta \\ \dot{\theta} \end{bmatrix} \tag{1.94}$$

となる。$ml \neq 0$ ならば，下記のオートノマス系の状態方程式になる。

$$\frac{d}{dt} \begin{bmatrix} \theta \\ \dot{\theta} \end{bmatrix} = \begin{bmatrix} 0 & 1 \\ -\frac{g}{l} & 0 \end{bmatrix} \begin{bmatrix} \theta \\ \dot{\theta} \end{bmatrix} \tag{1.95}$$

例題 1.5 図 1.14 の磁気浮上系を考える。このシステムは，電流 $i(t)$ により発生する磁界の中に質量 m の鉄球を置き，電磁石の吸引力 $f(t)$ と重力 mg を平衡させて，鉄球を $x = x_0$ の位置に浮遊停止させるシステムである。システムを記述するための変数と物理パラメータは表 1.7 のとおりである。

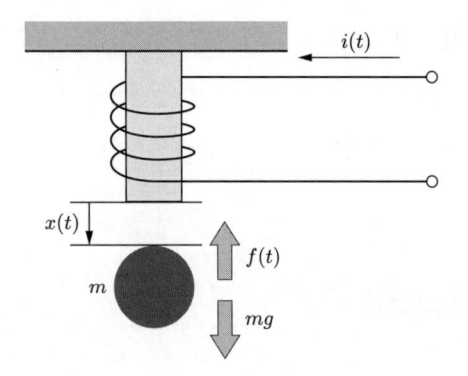

図 1.14 磁気浮上系

表 1.7 磁気浮上系（図 1.14）の記述変数と物理パラメータ

記号	説明	記号	説明
$i(t)$	電流〔A〕	K	電磁石の係数〔Nm^2/A^2〕
$f(t)$	吸引力（上向き）〔N〕	m	鉄球の質量〔kg〕
$x(t)$	磁石と鉄球とのギャップ〔m〕	g	重力定数（9.806）〔m/s^2〕

電磁気学の知識（ビオ・サバールの法則など）より
$$f(t) = K \frac{i^2(t)}{x^2(t)} \quad \text{（電磁気学）} \tag{1.96}$$
が成り立つ．また，ニュートンの運動方程式より
$$m\ddot{x}(t) = mg - f(t) \quad \text{（動力学）} \tag{1.97}$$
が成り立つ．これより，非線形微分方程式
$$f(x,\dot{x},\ddot{x},i) = m\ddot{x} + K\frac{i^2}{x^2} - mg = 0 \tag{1.98}$$
を得る．平衡点を (x_0, i_0) とおくと，平衡点に関する関係式
$$f(x_0,0,0,i_0) = K\frac{i_0^2}{x_0^2} - mg = 0 \tag{1.99}$$
を得る．これより，重力と平衡するために $i_0 = \sqrt{\frac{mg}{K}}x_0$ のバイアス電流が必要であることがわかる．この関係式は磁気浮上系の静特性を表している．

つぎに，各変数の偏導関数に平衡点の値 (x_0, i_0) の代入すると
$$\left.\frac{\partial f}{\partial x}\right|_{\text{equiv}} = -2K\frac{i_0^2}{x_0^3} = -\frac{2mg}{x_0}$$
$$\left.\frac{\partial f}{\partial \dot{x}}\right|_{\text{equiv}} = 0$$
$$\left.\frac{\partial f}{\partial \ddot{x}}\right|_{\text{equiv}} = m$$
$$\left.\frac{\partial f}{\partial i}\right|_{\text{equiv}} = 2K\frac{i_0}{x_0^2} = \frac{2mg}{i_0}$$
を得る．これらを用いると，平衡点からの偏差を改めて
$$(x - x_0, i - i_0) \overset{\text{書き換え}}{\Longrightarrow} (x, i) \tag{1.100}$$
と標記することにより，2階の線形微分方程式
$$m\ddot{x} - 2mg\frac{x}{x_0} + 2mg\frac{i}{i_0} = 0 \tag{1.101}$$
が得られる．したがって，状態変数ベクトルを $[x,\dot{x}]^T$ とおくことにより，$m \neq 0$ の仮定のもとで2次の状態方程式
$$\frac{d}{dt}\begin{bmatrix} x \\ \dot{x} \end{bmatrix} = \begin{bmatrix} 0 & 1 \\ \frac{2g}{x_0} & 0 \end{bmatrix}\begin{bmatrix} x \\ \dot{x} \end{bmatrix} + \begin{bmatrix} 0 \\ -\frac{2g}{i_0} \end{bmatrix} i \tag{1.102}$$
を得る．

1.5 システムの結合と状態空間表現

複数のシステムの結合により合成される拡大システムの状態空間表現を導出する。つぎの，二つのシステムの結合について考える。

$$\Sigma_1 : \dot{x}_1 = A_1 x_1 + B_1 u_1, \quad y_1 = C_1 x_1 + D_1 u_1 \tag{1.103}$$

$$\Sigma_2 : \dot{x}_2 = A_2 x_2 + B_2 u_2, \quad y_2 = C_2 x_2 + D_2 u_2 \tag{1.104}$$

ここで，各システムの状態，入力，出力のサイズをそれぞれ n_i, m_i, p_i $(i=1,2)$ とする。

1.5.1 直 列 結 合

上記のシステムに対して $p_2 = m_1$ のとき

$$u_1 = y_2 \ (= C_2 x_2 + D_2 u_2) \quad \text{(結合規則)} \tag{1.105}$$

$$y = y_1 \ (= C_1 x_1 + D_1 u_1) \quad \text{(出力定義)} \tag{1.106}$$

$$u = u_2 \quad \text{(入力定義)} \tag{1.107}$$

の関係によるシステムの合成を，**直列結合** (series connection) という (図 **1.15**)。

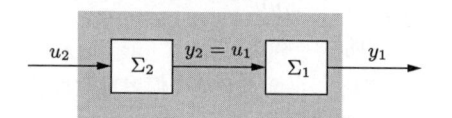

図 **1.15** システムの直列結合

拡大系のデスクリプタ変数を

$$x_a = \begin{bmatrix} x_1^T & x_2^T & u_1^T \end{bmatrix}^T \in \mathbf{R}^{n_1+n_2+m_1} \tag{1.108}$$

とおくと，サイズ $n_D = n_1 + n_2 + m_1$ のデスクリプタシステム

$$\begin{bmatrix} I & 0 & 0 \\ 0 & I & 0 \\ 0 & 0 & 0 \end{bmatrix} \frac{d}{dt} \begin{bmatrix} x_1 \\ x_2 \\ u_1 \end{bmatrix} = \begin{bmatrix} A_1 & 0 & B_1 \\ 0 & A_2 & 0 \\ 0 & C_2 & -I \end{bmatrix} \begin{bmatrix} x_1 \\ x_2 \\ u_1 \end{bmatrix} + \begin{bmatrix} 0 \\ B_2 \\ D_2 \end{bmatrix} u \tag{1.109}$$

$$y = \begin{bmatrix} C_1 & 0 & D_1 \end{bmatrix} \begin{bmatrix} x_1 \\ x_2 \\ u_1 \end{bmatrix} \quad (1.110)$$

を得る。これは $\Sigma_{\text{dsys-index1}}$ なので，式 (1.30), (1.31) を用いて u_1 を消去すると，$n\ (= n_1 + n_2)$ 次の状態空間表現

$\Sigma_1 \cdot \Sigma_2$：直列結合の状態空間表現

$$\frac{d}{dt} \begin{bmatrix} x_1 \\ x_2 \end{bmatrix} = \begin{bmatrix} A_1 & B_1 C_2 \\ 0 & A_2 \end{bmatrix} \begin{bmatrix} x_1 \\ x_2 \end{bmatrix} + \begin{bmatrix} B_1 D_2 \\ B_2 \end{bmatrix} u \quad (1.111)$$

$$y = \begin{bmatrix} C_1 & D_1 C_2 \end{bmatrix} \begin{bmatrix} x_1 \\ x_2 \end{bmatrix} + D_1 D_2 u \quad (1.112)$$

が得られる。

1.5.2 並列結合

$p_1 = p_2$, $m_1 = m_2$ のとき

$$y = y_1 + y_2 \quad \text{(結合規則1：出力定義)} \quad (1.113)$$

$$u = u_1 = u_2 \quad \text{(結合規則2：入力定義)} \quad (1.114)$$

の関係によるシステムの合成を，**並列結合**（parallel connection）という（図 **1.16**）。

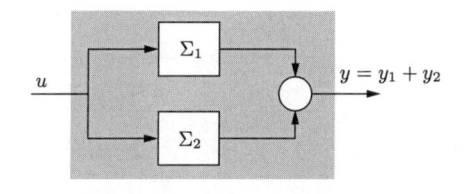

図 **1.16** システムの並列結合

拡大系の状態変数を
$$x_a = \begin{bmatrix} x_1^T & x_2^T \end{bmatrix}^T \tag{1.115}$$
で定義すると，拡大系の状態空間表現

$\Sigma_1 + \Sigma_2$：並列結合の状態空間表現
$$\frac{d}{dt}\begin{bmatrix} x_1 \\ x_2 \end{bmatrix} = \begin{bmatrix} A_1 & 0 \\ 0 & A_2 \end{bmatrix} \begin{bmatrix} x_1 \\ x_2 \end{bmatrix} + \begin{bmatrix} B_1 \\ B_2 \end{bmatrix} u \tag{1.116}$$
$$y = \begin{bmatrix} C_1 & C_2 \end{bmatrix} \begin{bmatrix} x_1 \\ x_2 \end{bmatrix} + (D_1 + D_2)u \tag{1.117}$$

が得られる。

1.5.3 出力フィードバック結合

$p_1 = m_2$，$p_2 = m_1$ のとき，新しい変数 $v \in \mathbf{R}^{m_2}$ を導入して
$$u_2 = v - y_1 \; (= v - C_1 x_1 - D_1 u_1) \quad （結合規則 1） \tag{1.118}$$
$$u_1 = y_2 \; (= C_2 x_2 + D_2 u_2) \quad （結合規則 2） \tag{1.119}$$
$$y = y_1 \; (= C_1 x_1 + D_1 u_1) \quad （出力定義） \tag{1.120}$$
$$u = v \quad （入力定義） \tag{1.121}$$

の関係によるシステムの合成を**出力フィードバック結合** (output feedback connection) という（図 **1.17**）。

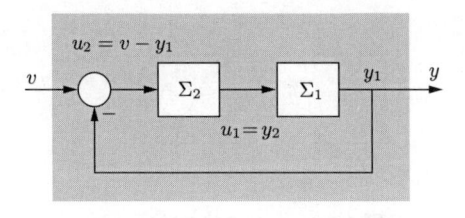

図 **1.17** 出力フィードバック結合

1.5 システムの結合と状態空間表現

拡大系のデスクリプタ変数を

$$x_a = \begin{bmatrix} x_1^T & x_2^T & u_1^T & u_2^T \end{bmatrix}^T \tag{1.122}$$

とおくと，デスクリプタシステム

$$\begin{bmatrix} I & 0 & 0 & 0 \\ 0 & I & 0 & 0 \\ 0 & 0 & 0 & 0 \\ 0 & 0 & 0 & 0 \end{bmatrix} \frac{d}{dt} \begin{bmatrix} x_1 \\ x_2 \\ u_1 \\ u_2 \end{bmatrix}$$

$$= \begin{bmatrix} A_1 & 0 & B_1 & 0 \\ 0 & A_2 & 0 & B_2 \\ 0 & C_2 & -I & D_2 \\ C_1 & 0 & D_1 & I \end{bmatrix} \begin{bmatrix} x_1 \\ x_2 \\ u_1 \\ u_2 \end{bmatrix} + \begin{bmatrix} 0 \\ 0 \\ 0 \\ -I \end{bmatrix} v \tag{1.123}$$

$$y = \begin{bmatrix} C_1 & 0 & D_1 & 0 \end{bmatrix} \begin{bmatrix} x_1 \\ x_2 \\ u_1 \\ u_2 \end{bmatrix} \tag{1.124}$$

を得る。これは SVD 標準形 (1.26) であることに注意する。

$$\det \begin{bmatrix} -I & D_2 \\ D_1 & I \end{bmatrix} \neq 0 \tag{1.125}$$

つまり

$$\det [I + D_1 D_2] \neq 0 \quad \text{かつ} \quad \det [I + D_2 D_1] \neq 0 \tag{1.126}$$

であるときには，このシステムは $\Sigma_{\mathrm{dsys-index1}}$ なので，式 (1.30), (1.31) を用いて u_1, u_2 を消去することにより，$n(= n_1 + n_2)$ 次の状態空間表現が得られる。

$\Sigma_{\mathrm{outputFB}}$：フィードバック結合の状態空間表現 (1)

$$\frac{d}{dt}\begin{bmatrix} x_1 \\ x_2 \end{bmatrix} = \begin{bmatrix} A_1 - B_1 X_{12} D_2 C_1 & B_1 X_{12} C_2 \\ -B_2 X_{21} C_1 & A_2 - B_2 X_{21} D_1 C_2 \end{bmatrix} \begin{bmatrix} x_1 \\ x_2 \end{bmatrix}$$
$$+ \begin{bmatrix} B_1 X_{12} D_2 \\ B_2 X_{21} \end{bmatrix} v \qquad (1.127)$$

$$y = \begin{bmatrix} C_1 - D_1 X_{12} D_2 C_1 & D_1 X_{12} C_2 \end{bmatrix} \begin{bmatrix} x_1 \\ x_2 \end{bmatrix} + D_1 X_{12} D_2 v \qquad (1.128)$$

ただし

$$X_{12} = (I + D_2 D_1)^{-1}, \quad X_{21} = (I + D_1 D_2)^{-1} \qquad (1.129)$$

特に $D_1 = 0$ の場合には，$X_{12} = X_{21} = I$ なので

$\Sigma_{\mathrm{outputFB}}$：フィードバック結合の状態空間表現 (2)

$$\frac{d}{dt}\begin{bmatrix} x_1 \\ x_2 \end{bmatrix} = \begin{bmatrix} A_1 - B_1 D_2 C_1 & B_1 C_2 \\ -B_2 C_1 & A_2 \end{bmatrix} \begin{bmatrix} x_1 \\ x_2 \end{bmatrix}$$
$$+ \begin{bmatrix} B_1 D_2 \\ B_2 \end{bmatrix} v \qquad (1.130)$$

$$y = \begin{bmatrix} C_1 & 0 \end{bmatrix} \begin{bmatrix} x_1 \\ x_2 \end{bmatrix} \qquad (1.131)$$

となる．

1.5.4 一般的ネットワーク結合

状態空間表現された q 個の線形システム

$$\Sigma_1: \quad \dot{x}_1 = A_1 x_1 + B_1 u_1, \quad y_1 = C_1 x_1 + D_1 u_1$$
$$\Sigma_2: \quad \dot{x}_2 = A_2 x_2 + B_2 u_2, \quad y_2 = C_2 x_2 + D_2 u_2$$
$$\vdots \qquad \vdots \qquad \vdots$$
$$\Sigma_q: \quad \dot{x}_q = A_q x_q + B_q u_q, \quad y_q = C_q x_q + D_q u_q$$

を考える.ここで,各システムの状態,入力,出力の次元はそれぞれ n_i, m_i, p_i とする.ここで,新たに入力 $v \in \mathbf{R}^m$ と出力 $y \in \mathbf{R}^p$ を定義し,各入出力信号を下記の関係でネットワーク結合して得られるシステムを考える.

$$u_1 = L_{11} y_1 + \cdots + L_{1q} y_q + L_{1v} v \quad (結合規則 1)$$
$$u_2 = L_{21} y_1 + \cdots + L_{2q} y_q + L_{2v} v \quad (結合規則 2)$$
$$\vdots$$
$$u_q = L_{q1} y_1 + \cdots + L_{qq} y_q + L_{qv} v \quad (結合規則 q)$$
$$y = L_{y1} y_1 + \cdots + L_{yq} y_q + L_{yv} v \quad (出力定義)$$

ここで,$n_a = \sum n_i$, $m_a = \sum m_i$, $p_a = \sum p_i$ とおき

$$A_a = \begin{bmatrix} A_1 & & & \\ & A_2 & & \\ & & \ddots & \\ & & & A_q \end{bmatrix}, \quad B_a = \begin{bmatrix} B_1 & & & \\ & B_2 & & \\ & & \ddots & \\ & & & B_q \end{bmatrix},$$

$$C_a = \begin{bmatrix} C_1 & & & \\ & C_2 & & \\ & & \ddots & \\ & & & C_q \end{bmatrix}, \quad D_a = \begin{bmatrix} D_1 & & & \\ & D_2 & & \\ & & \ddots & \\ & & & D_q \end{bmatrix},$$

$$L_{uy} = \begin{bmatrix} L_{11} & L_{12} & \cdots & L_{1q} \\ L_{21} & L_{22} & \cdots & L_{2q} \\ \vdots & \vdots & \vdots & \vdots \\ L_{q1} & L_{q2} & \cdots & L_{qq} \end{bmatrix}, \quad L_{uv} = \begin{bmatrix} L_{1v} \\ L_{2v} \\ \vdots \\ L_{qv} \end{bmatrix},$$

$$L_{yy} = \begin{bmatrix} L_{y1} & L_{y2} & \cdots & L_{yq} \end{bmatrix},$$

$$x_a = \begin{bmatrix} x_1 \\ x_2 \\ \vdots \\ x_q \end{bmatrix}, \quad u_a = \begin{bmatrix} u_1 \\ u_2 \\ \vdots \\ u_q \end{bmatrix}, \quad y_a = \begin{bmatrix} y_1 \\ y_2 \\ \vdots \\ y_q \end{bmatrix} \tag{1.132}$$

とおくと，v を入力，y を出力とし
$$x_D = \begin{bmatrix} x_a^T & u_a^T & y_a^T \end{bmatrix}^T \in \mathbf{R}^{n_a+m_a+p_a} \tag{1.133}$$
をデスクリプタ変数とするデスクリプタシステム

$$\begin{bmatrix} I & 0 & 0 \\ 0 & 0 & 0 \\ 0 & 0 & 0 \end{bmatrix} \frac{d}{dt} \begin{bmatrix} x_a \\ u_a \\ y_a \end{bmatrix}$$

$$= \begin{bmatrix} A_a & B_a & 0 \\ C_a & D_a & -I \\ 0 & -I & L_{uy} \end{bmatrix} \begin{bmatrix} x_a \\ u_a \\ y_a \end{bmatrix} + \begin{bmatrix} 0 \\ 0 \\ L_{uv} \end{bmatrix} v \tag{1.134}$$

$$y = \begin{bmatrix} 0 & 0 & L_{yy} \end{bmatrix} \begin{bmatrix} x_a \\ u_a \\ y_a \end{bmatrix} + L_{yv} v \tag{1.135}$$

が得られる。**図 1.18** はこれをブロック線図で表現したものである。

$$\det \begin{bmatrix} D_a & -I \\ -I & L_{uy} \end{bmatrix} \neq 0 \tag{1.136}$$

つまり
$$\det [I - L_{uy} D_a] \neq 0 \quad \text{または} \quad \det [I - D_a L_{uy}] \neq 0 \tag{1.137}$$
であれば，これは $\Sigma_{\mathrm{dsys-index1}}$ なので

$$\begin{bmatrix} D_a & -I \\ -I & L_{uy} \end{bmatrix}^{-1} = \begin{bmatrix} -(I - L_{uy} D_a)^{-1} L_{uy} & -(I - L_{uy} D_a)^{-1} \\ -(I - D_a L_{uy})^{-1} & -(I - D_a L_{uy})^{-1} D_a \end{bmatrix} \tag{1.138}$$

に注意して，つぎの m 入力，p 出力，n_a 次の状態空間表現を得る。

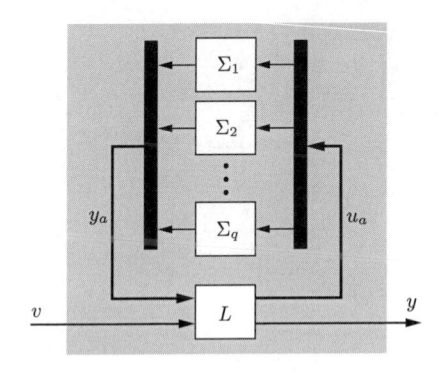

図 1.18 一般的ネットワーク結合

Σ_{NET}：ネットワーク結合の状態空間表現
$$\dot{x}_a = (A_a + B_a X_u L_{uy} C_a) x_a + (B_a X_u L_{uv}) v \tag{1.139}$$
$$y = (L_{yy} X_y C_a) x_a + (L_{yv} + L_{yy} X_y D_a L_{uv}) v \tag{1.140}$$
ここで
$$X_u = (I - L_{uy} D_a)^{-1}, \quad X_y = (I - D_a L_{uy})^{-1}$$
である。

ランク条件 (1.137) が満たされない場合には，デスクリプタシステムは特異ペンシル型 $\Sigma_{\text{dsys-singular}}$ またはインパルス型 $\Sigma_{\text{dsys-impulse}}$ となるので，式 (1.135) が可解でないか，あるいはデスクリプタシステム特有のインパルスモードをもつことになり，状態空間表現 Σ_{ss} には帰着できない。

1.5.5 状態フィードバック結合

入力と出力の結合以外にも，状態変数と入力，状態変数と出力の結合を考えることができる。前者を**状態フィードバック**（state feedback）結合（図 1.19），後者を**出力注入**（output injection）結合（図 1.20）という。

状態空間表現 Σ_{ss} に対して，新しい変数 $v \in \mathbf{R}^m$ と定数行列 $F \in \mathbf{R}^{m \times n}$ を用いて

$$u = v + Fx \quad \text{（結合規則）} \tag{1.141}$$

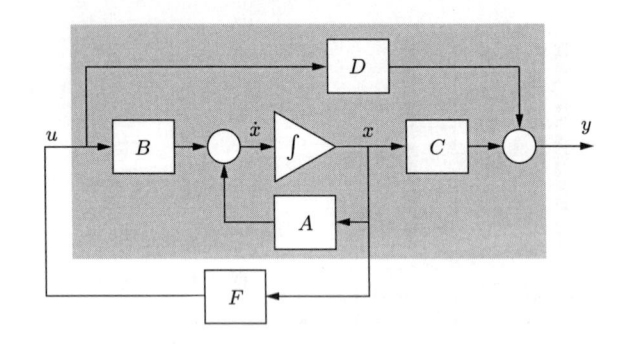

図 1.19 状態フィードバック結合

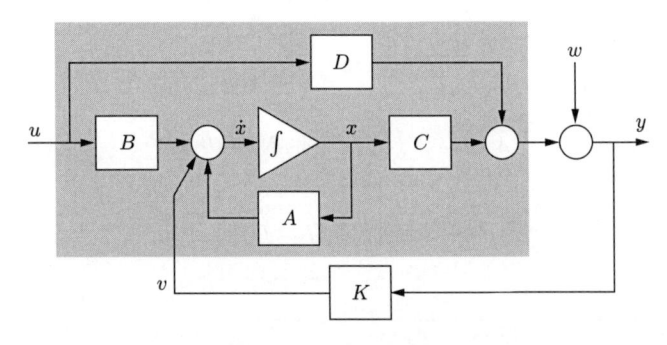

図 1.20 出力注入結合

$$y = y \quad (\text{出力定義}) \tag{1.142}$$

の状態フィードバック結合を考える（**図 1.19**）。

拡大系のデスクリプタ変数を

$$x_a = \begin{bmatrix} x^T & u^T \end{bmatrix}^T \in \mathbf{R}^{(n+m)} \tag{1.143}$$

とおくと，デスクリプタシステム

$$\begin{bmatrix} I & 0 \\ 0 & 0 \end{bmatrix} \frac{d}{dt} \begin{bmatrix} x \\ u \end{bmatrix} = \begin{bmatrix} A & B \\ F & -I \end{bmatrix} \begin{bmatrix} x \\ u \end{bmatrix} + \begin{bmatrix} 0 \\ I \end{bmatrix} v \tag{1.144}$$

$$y = \begin{bmatrix} C & D \end{bmatrix} \begin{bmatrix} x \\ u \end{bmatrix} \tag{1.145}$$

を得る。これが $\Sigma_{\text{dsys-index1}}$ であることに着目すると，結合後の状態空間表現は

Σ_{stateFB}：(状態フィードバック結合)
$$\frac{d}{dt}x = (A+BF)x + Bv \tag{1.146}$$
$$y = (C+DF)x + Dv \tag{1.147}$$

となる．

1.5.6 出力注入結合

$$\frac{d}{dt}x = Ax + Bu + v \tag{1.148}$$
$$y = Cx + Du + w \tag{1.149}$$

のように拡張入力信号 $v \in \mathbf{R}^n$, $w \in \mathbf{R}^p$ をもつシステムに対して定数行列 $K \in \mathbf{R}^{n \times p}$ を用いて

$$v = Kw(= K(y - Cx - Du)) \quad \text{(結合規則)} \tag{1.150}$$

のように関係付ける結合を，出力注入結合という（**図 1.20**）．

ここで，y, u を新たにシステムの入力と考え，x を出力，拡大系のデスクリプタ変数を

$$x_a = \begin{bmatrix} x^T & v^T & w^T \end{bmatrix}^T \tag{1.151}$$

とおくと，デスクリプタシステム

$$\begin{bmatrix} I & 0 & 0 \\ 0 & 0 & 0 \\ 0 & 0 & 0 \end{bmatrix} \frac{d}{dt} \begin{bmatrix} x \\ v \\ w \end{bmatrix} = \begin{bmatrix} A & I & 0 \\ C & 0 & I \\ 0 & -I & K \end{bmatrix} \begin{bmatrix} x \\ v \\ w \end{bmatrix} + \begin{bmatrix} 0 & B \\ -I & D \\ 0 & 0 \end{bmatrix} \begin{bmatrix} y \\ u \end{bmatrix} \tag{1.152}$$

$$x = \begin{bmatrix} I & 0 & 0 \end{bmatrix} \begin{bmatrix} x \\ v \\ w \end{bmatrix} \tag{1.153}$$

を得る．これが $\Sigma_{\text{dsys-index1}}$ であることに着目して v, w を消去すると，n 次の状態空間表現

Σ_{outputIJ}：（出力注入結合）
$$\frac{d}{dt}x = (A - KC)x + (B - KD)u + Ky \tag{1.154}$$

が得られる．$A - KC$ が安定ならば**同一次元オブザーバ**（full state observer）として機能する．

1.5.7 逆システム

状態空間表現 Σ_{ss} に対して
$$x_D = \begin{bmatrix} x^T & u^T \end{bmatrix}^T \in \mathbf{R}^{(n+m)} \tag{1.155}$$
をデスクリプタ変数として，つぎのように逆の入出力関係をもつデスクリプタシステム表現が可能である．

$$\begin{bmatrix} I & 0 \\ 0 & 0 \end{bmatrix} \frac{d}{dt} \begin{bmatrix} x \\ u \end{bmatrix} = \begin{bmatrix} A & B \\ C & D \end{bmatrix} \begin{bmatrix} x \\ u \end{bmatrix} + \begin{bmatrix} 0 \\ -I \end{bmatrix} y \tag{1.156}$$

$$u = \begin{bmatrix} 0 & I \end{bmatrix} \begin{bmatrix} x \\ u \end{bmatrix} \tag{1.157}$$

入出力のサイズが一致しない（$p \neq m$）場合には，係数行列が正方でないので，特異ペンシル型のデスクリプタシステム $\Sigma_{\text{dsys-singular}}$，つまり**条件不足**（under determined）あるいは**過条件**（over determined）という意味で可解ではない．

しかし，$m = p$ かつ $\det D \neq 0$ の場合には $\Sigma_{\text{dsys-index1}}$ となるので，逆システムを表す n 次の状態空間表現

Σ_{INV}：（逆システム）
$$\frac{d}{dt}x = (A - BD^{-1}C)x + (BD^{-1})y \tag{1.158}$$
$$u = -D^{-1}Cx + D^{-1}y \tag{1.159}$$

が得られる．

$m = p$ であっても $\det D = 0$ の場合には，$\Sigma_{\text{dsys-impulse}}$ となるので，逆システムを状態空間表現で表すことはできない．一般に，インパルスモードや微分特性をもつ**プロパ**（proper）でないシステムになる．

********** 演 習 問 題 **********

【1】 図 1.21 は制御理論の研究題材として用いられるレール型倒立振子である．台車の位置を x〔m〕，振子の鉛直となす角度 θ〔rad〕を出力，台車に加える外力 u〔N〕を入力とおいたときのシステムの状態空間表現を求めよ．

ヒント： 図 1.22 のように二つの剛体間の力とトルク（内力 $f, k, D_\theta \dot{\theta}$）を仮定し，各剛体ごとの運動方程式を検討せよ．

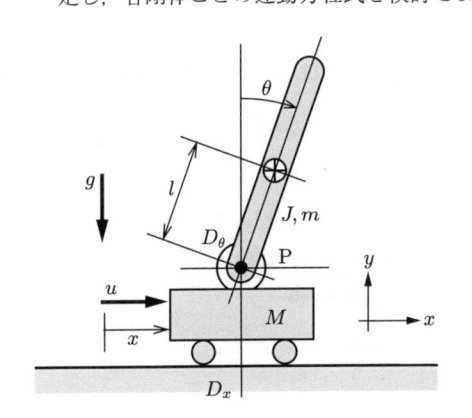

図 1.21 レール型倒立振子の物理パラメータ

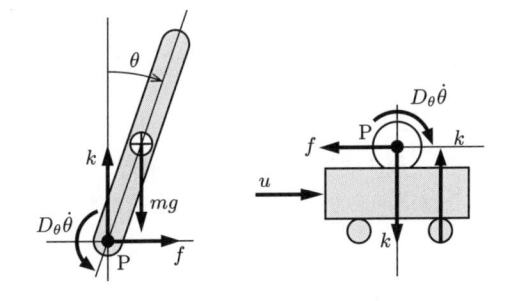

図 1.22 レール型倒立振子を二つの剛体の結合としてとらえる

【2】 図 1.23 は固定台の上に構成された 2 リンク・ロボットアームである．各リンクの角度 θ_1〔rad〕，θ_2〔rad〕を出力とし，第 1 リンクと台の間のトルク τ_1

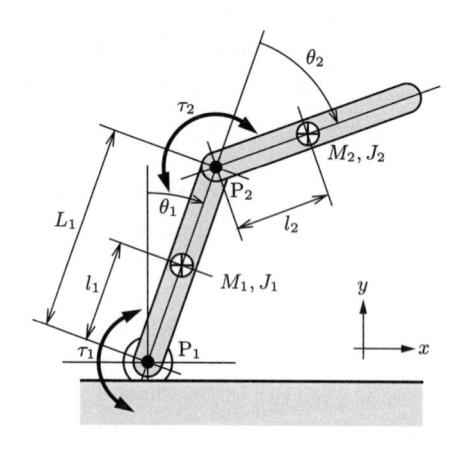

図 1.23 2リンク・ロボットアームの物理パラメータ

〔Nm〕およびリンク間のトルク τ_2 〔Nm〕を入力とするシステムの状態空間表現を求めよ．

ヒント： 図 1.24 のように二つの剛体間の力，トルク（内力 f, k, τ_1, τ_2）を仮定し，各剛体の運動方程式を検討せよ．

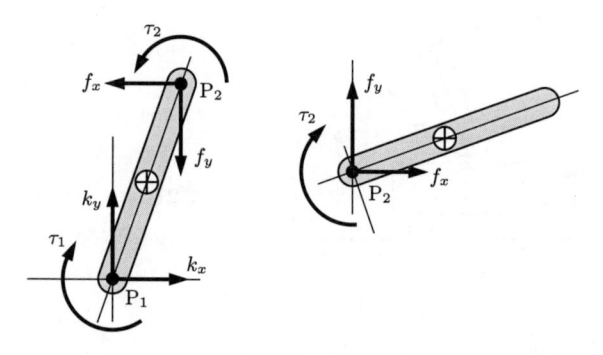

図 1.24 2リンク・ロボットアームを二つの剛体の結合としてとらえる

【3】 図 1.25 の合成システムの状態空間表現を求めよ．

【4】 電気系と力学系のアナロジーには，表 1.3 に示す「力－電圧対応」のほかに，力と電流を対応させるアナロジーが考えられる．このときの各系の物理量の対応関係を表 1.8 に完成せよ．

【5】 式 (1.60), (1.63), (1.64), (1.65) を導出せよ．

【6】 $y(t), u(t)$ に関する以下の微分方程式に対して，(a) 像空間表現 (1.69) を求め，(b) 対応するデスクリプタシステム表現 (1.75) を導出せよ．さらに，(c) デス

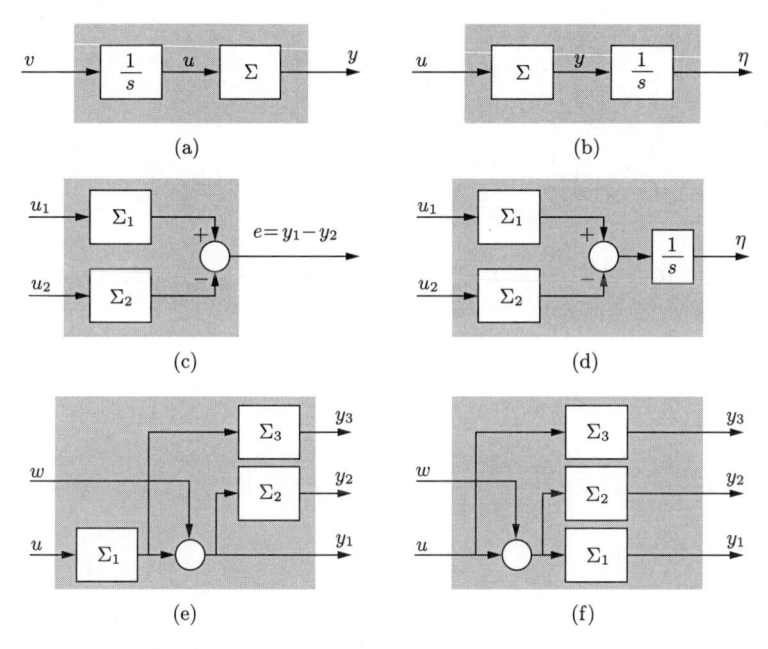

図 1.25 制御系設計に使用されるシステムの結合例

表 1.8 電気系と力学系のアナロジー（電流 - 力対応）

電気系	力学系
電流 i 〔A〕	力 f 〔N〕
電圧 v 〔V〕	速度 v 〔m/s〕
誘導性 L 〔H〕	
容量性 C 〔F〕	
抵抗 R 〔Ω〕	

クリプタシステムの型（状態空間表現型，インデックス1型，インパルス型）を判定し，状態空間表現に変換できる場合にはそれを導出せよ．ここで上付き添え字 (1), (2), (3) はそれぞれ t に関する $1, 2, 3$ 階導関数を表す．

1) $y^{(2)} + 3y^{(1)} + 2y = u^{(1)} + u$
2) $y^{(2)} + 3y^{(1)} + 2y = u^{(2)} + u^{(1)} + u$
3) $y^{(2)} + 3y^{(1)} + 2y = u^{(3)} + u^{(2)} + u^{(1)} + u$

【7】 式 (1.132) において $q=2$
$$L_{uy} = \begin{bmatrix} 0 & 1 \\ -1 & 0 \end{bmatrix}, \quad L_{uv} = \begin{bmatrix} 0 \\ 1 \end{bmatrix},$$
$$L_{yy} = \begin{bmatrix} 1 & 0 \end{bmatrix}, \quad L_{yv} = 0 \tag{1.160}$$
とおくと，図 **1.17** と一致することを，$n=2$ および 3 の場合について確かめよ．

【8】 式 (1.76)〜(1.77) と図 **1.11** の対応関係を確かめよ．また，式 (1.85)〜(1.86) と図 **1.12** も同様に確かめよ．

2

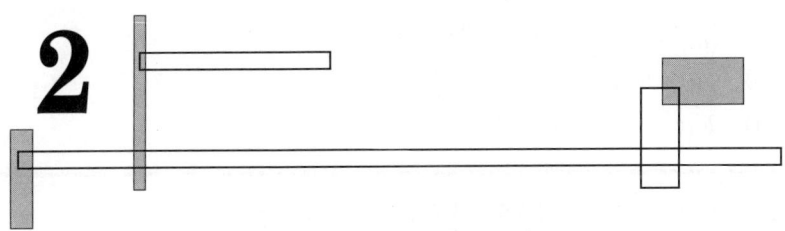

状態方程式の解

本章の目的は，状態方程式の時間領域での解を導出することと，そこから線形性，因果性，時不変性等のシステムの基本的性質を読み取ることである．また，ラプラス変換による周波数領域の解と伝達関数についても触れる．

2.1 状態方程式の解

2.1.1 行列指数関数

正方行列 $X \in \mathbf{R}^{n \times n}$ を用いてつぎのように定義される n 次正方行列 e^X を，行列指数関数という．

$$e^X = I + X + \frac{1}{2}X^2 + \frac{1}{3!}X^3 + \cdots + \frac{1}{n!}X^n + \cdots$$

定義から明らかに $e^X X = X e^X$ である．

ここで，正方行列 $A \in \mathbf{R}^{n \times n}$ と実数 $t \in \mathbf{R}$ を用いて，$X = At$ とおいて得られる t の関数

$$\varPhi_A(t) = e^{At} = I + At + \frac{1}{2}A^2 t^2 + \frac{1}{3!}A^3 t^3 + \cdots + \frac{1}{n!}A^n t^n + \cdots \tag{2.1}$$

がつぎの性質をもっていることは，容易に確かめることができる．

【補題 2.1】

(1) $\varPhi_A(0) = I$

(2) $\dfrac{d}{dt}\Phi_A(t) = A\Phi_A(t) = \Phi_A(t)A$

(3) $\Phi_A(t_1)\Phi_A(t_2) = \Phi_A(t_1 + t_2)$

(4) $\Phi_A(-t) = (\Phi_A(t))^{-1}$

---

(1)(2) は式 (2.1) より明らかである。(4) は (3) において $t_1 = t$, $t_2 = -t$ とおくことにより導かれる。(3) の証明は読者の演習問題とする（章末の演習問題【1】）。

2.1.2 状態遷移行列

オートノマス系 Σ_{ss0} (1.8), (1.9) の解を求める。式 (1.8) の右辺を移項し，左から e^{-At} を掛けると

$$e^{-At}\dot{x}(t) - e^{-At}Ax(t) = 0 \tag{2.2}$$

となるが，補題 2.1 の性質 (4) に注意すると

$$\frac{d}{dt}(e^{-At}x(t)) = 0 \tag{2.3}$$

と書くことができる。この式の両辺を 0 から t まで定積分し，$t = 0$ の初期条件と補題 2.1 の性質 (1) を考慮すると，Σ_{ss0} (1.8), (1.9) の解

Σ_{ss0} の解
$$x(t) = e^{At}x(0), \quad y(t) = Ce^{At}x(0) \tag{2.4}$$

が導かれる。この第 1 式は $x(0)$ から $x(t)$ への状態の遷移の様子を表しているので，$\Phi_A(t) = e^{At}$ は**状態遷移行列**（state transition matrix）と呼ばれる。

2.1.3 状態方程式の解

一般の状態空間表現 Σ_{ss} (1.1), (1.2) について，同様の手順で解を導出する。式 (1.1) の右辺第 1 項を移項し，左から e^{-At} を掛けると

$$\frac{d}{dt}(e^{-At}x(t)) = e^{-At}Bu(t) \tag{2.5}$$

を得る。この式の両辺を積分すると

$$e^{-At}x(t) - x(0) = \int_0^t e^{-A\tau}Bu(\tau)d\tau \tag{2.6}$$

となることより，状態方程式 (1.1) の解として

Σ_{ss} の解 (1)
$$x(t) = e^{At}x(0) + \int_0^t e^{A(t-\tau)}Bu(\tau)d\tau \tag{2.7}$$

を得る．これを出力方程式 (1.2) に代入すると，u と y の関係式として

Σ_{ss} の解 (2)
$$y(t) = Ce^{At}x(0) + C\int_0^t e^{A(t-\tau)}Bu(\tau)d\tau + Du(t) \tag{2.8}$$

を得る．式 (2.8) の最後の項（直達項，direct term）$Du(t)$ を，ディラックのデルタ関数[†] を用いて

$$y(t) = Ce^{At}x(0) + \int_0^t (Ce^{A(t-\tau)}B + D\delta(t-\tau))u(\tau)d\tau \tag{2.9}$$

と記述することも可能である．式 (2.8) の第 1 項は**自由応答**（free response）や**自然応答**（natural response），**零入力応答**（zero input response）と呼ばれる．これは，オートノマス系 (1.8), (1.9) の応答と同じである．これに対して，第 2 項は初期状態が零の場合の入力 u に対する出力の応答であり，**強制応答**（forced response）や**零初期値応答**（zero initial condition response）と呼ばれる．線形システムの出力は，自由応答と強制応答の和となる．

2.2　因果性，線形性，時不変性

関数 $f(t)$ の定義域 $t \in [t_1, t_2]$ を明示する場合には，$f[t_1, t_2]$ のように表すことにする．前節の式 (2.7), (2.8) は，時刻 t における状態 $x(t)$ と出力 $y(t)$ が初期状態 $x(0)$ と入力信号 $u[0,t]$ により決定されることを意味している．このことを明示するために，以下のように記述することとする．

[†] $\int_{-\infty}^{\infty} f(t)\delta(t)dt = f(0)$

$$x(t) = \mathcal{X}(t; x(0), u[0,t]) \\ y(t) = \mathcal{Y}(t; x(0), u[0,t])\Big\} \quad (2.10)$$

2.2.1 インパルス応答と初期値応答

$D = 0$ の場合を考える。式 (2.8) において

$$B = \begin{bmatrix} b_1 & b_2 & \cdots & b_m \end{bmatrix}, \ b_i \in \mathbf{R}^n$$

$$e_i = \begin{bmatrix} 0 & \cdots & 0 & \overset{i\,行目}{\underset{\downarrow}{1}} & 0 & \cdots & 0 \end{bmatrix}^T \in \mathbf{R}^m$$

とおくと, $D = 0$ なので, $x(0) = b_i$, $u(t) = 0$ の応答と $x(0) = 0$, $u(t) = e_i \delta(t)$ の応答は, いずれも

$$\mathcal{Y}(t; b_i, 0) = \mathcal{Y}(t; 0, e_i \delta(t)) = Ce^{At} b_i \quad (2.11)$$

のように等しくなる。すなわち, インパルス入力に対する強制応答と等価な自由応答を生成する適当な初期状態が存在する。

2.2.2 因 果 性

式 (2.10) の中の各時刻 t の関係について考える。

$$y(t_1) = \mathcal{Y}(t_1; x(t_3), u[t_3, t_2]) \quad (2.12)$$

と書いた場合, 一般に

$$t_1 \geqq t_2 \geqq t_3 \quad (2.13)$$

でなければならない。第 1 の不等式 $t_1 \geqq t_2$ は**因果性**(causality)と呼ばれる。式 (2.7), (2.8) に示した解では $t_1 = t_2$ である。

不等式 $t_1 > t_3$ は出力 $y(t_1)$ が過去の入力の履歴で決まることを意味している。この性質をもつシステムを**動的システム**(dynamical system)という。これに対して, $t_1 = t_2 = t_3$ であるシステムは**静的システム**(static system)と呼ばれる。この場合, 状態空間表現 Σ_{ss} の次数が $n = 0$ となり, $A = B = C = [\ ]$(空行列)となるので, 入出力関係は代数的関係

$$y(t) = Du(t) \quad (2.14)$$

となる．

出力方程式 (1.2) は x, y, u の静的な関係を表しており，動的システムの本質は状態方程式 (1.1) あるいはその解 (2.7) にある．その意味で，状態変数とは時刻 t における出力 $y(t)$ を表現するのに必要十分な過去の入力 u の圧縮された履歴情報，あるいは過去の入力 u と未来の出力 y をつなぐために必要十分な情報である．

$t_1 - t_2 = L > 0$ の場合，システムを**むだ時間系**（delay system），L を**むだ時間**（dead time）あるいは**時間遅延**（time delay）と呼ぶ．図 **2.1** はその様子を時間軸上の信号の関係として表した図である．この場合には，初期状態を $x(t_3 + L)$ ととるか，あるいは区間 $[t_3, t_3 + L]$ の入力を初期状態に加える必要がある．つまり

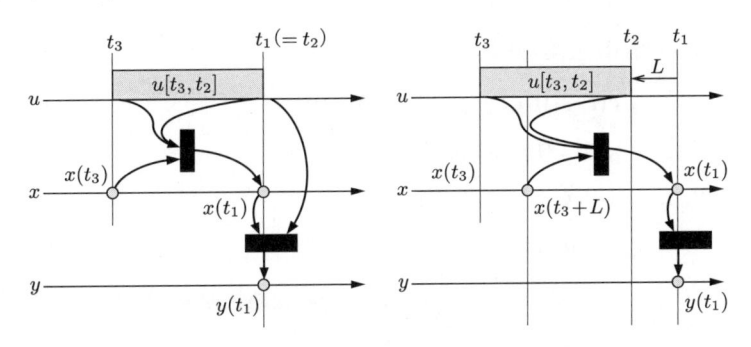

図 **2.1** むだ時間を含むシステムの入出力関係

__ コーヒーブレイク __

ディジタル計算機の基本原理であるオートマトンは，**状態機械**（state machine）とも呼ばれる．ディジタル計算機は入力装置（キーボード，マウスなど）から送られるデータと記憶装置（メモリ，レジスタ，ディスクなど）の内容から，内部クロックと同期して記憶装置の内容（状態）を変化（遷移）させるとともに，出力装置（ディスプレイやプリンタ）にデータを送る装置である．このように，計算機の仕組みと状態方程式は共通するところが多い．その意味で，動的であることをメモリ付き，静的であることを**メモリレス**（memoryless）ということがある．

$$y(t) = \mathcal{Y}(t; x(t_0+L), u[t_0, t-L])$$
$$= \mathcal{Y}(t; x(t_0) \cup u[t_0, t_0+L], u[t_0+L, t-L]), \quad t > t_0 + 2L \tag{2.15}$$

となり,したがって,初期状態の自由度は無限となる.

2.2.3 線 形 性

出力 $y(t)$ が自由応答 $\mathcal{Y}(t; x(0), 0)$ と強制応答 $\mathcal{Y}(t; 0, u[0, t])$ との和

$$y(t) = \mathcal{Y}(t; x(0), u[0, t]) \tag{2.16}$$
$$= \mathcal{Y}(t; x(0), 0) + \mathcal{Y}(t; 0, u[0, t]) \tag{2.17}$$

であることはすでに述べた.ここで,c_1, c_2 を任意の定数とするとき,式 (2.8) から自由応答の初期状態に対する線形性

$$\mathcal{Y}(t; c_1 x_1(0) + c_2 x_2(0), 0)$$
$$= c_1 \mathcal{Y}(t; x_1(0), 0) + c_2 \mathcal{Y}(x_2(0), 0) \tag{2.18}$$

と,強制応答の入力に対する線形性

$$\mathcal{Y}(t; 0, c_1 u_1[0, t] + c_2 u_2[0, t])$$
$$= c_1 \mathcal{Y}(t; 0, u_1[0, t]) + c_2 \mathcal{Y}(t; 0, u_2[0, t]) \tag{2.19}$$

は明らかである.一般に線形システムは,その初期状態 $x(0)$ や入力 $u[0, t]$ を

$$x(0) = \alpha_1 x_1 + \alpha_2 x_2 + \cdots = \sum \alpha_i x_i$$
$$u(t) = \beta_1 u_1 + \beta_2 u_2 + \cdots = \sum \beta_i u_i$$

としたときに,その応答は

$$\mathcal{Y}(t; x(0), u[0, t]) = \sum \alpha_i \mathcal{Y}(t; x_i, 0) + \sum \beta_i \mathcal{Y}(t; 0, u_i[0, t]) \tag{2.20}$$

となる.線形システムの本質は,このような**線形性** (linearity)(または**重ね合わせの理** (principle of superposition))が成立することである.

例題 2.1 区間 $[0, T]$ で定義される L_2 関数[†] $u(t)$ は

[†] $L_{2[0,T]} = \left\{ f \mid \int_0^T |f(t)|^2 dt < \infty \right\}$

$$u(t) = \sum_{n=-\infty}^{\infty} c_n e^{jn\omega t} \tag{2.21}$$

のようにフーリエ級数展開できる.ここで,$\omega = 2\pi/T$ である.この入力を Σ_{ss} に加えたときの出力は重ね合わせの理より

$$y(t) = \sum_{n=-\infty}^{\infty} c_n \mathcal{Y}(t; 0, e^{jn\omega t}) + \mathcal{Y}(t; x_0, 0) \tag{2.22}$$

となる.

2.2.4 時 不 変 性

信号 f を時間 $L > 0$ だけ遅らせる操作を

$$\sigma_L(f(t)) = f(t - L) \tag{2.23}$$

で表すことにする.式 (2.8) は

$$\begin{aligned}
\sigma_L y(t) &= y(t - L) \\
&= \mathcal{Y}(t - L; x(-L), u[-L, t - L]) \\
&= \mathcal{Y}(t - L; \sigma_L x(0), \sigma_L(u[0, t]))
\end{aligned} \tag{2.24}$$

が成り立つことを意味している.これは**時不変性**(time invariant)あるいは**シフト不変性**(shift invariant)と呼ばれる.これは,状態空間表現 Σ_{ss} の係数行列 (A, B, C, D) の時不変性と関連している.これに対して,**時変型**(time varying)の状態空間表現

$\Sigma_{\mathrm{ss-tv}}$:時変型状態空間表現

$$\dot{x}(t) = A(t)x(t) + B(t)u(t), \quad x(0) = x_0 \tag{2.25}$$

$$y(t) = C(t)x(t) + D(t)u(t) \tag{2.26}$$

の解は,時間シフトに対して不変ではない.

2.2.5 LTI と FDLTI

線形性と時不変性をもつシステムを**線形時不変システム**(linear time-invariant system)と呼び,以後 LTI システムと略す.また,初期状態の次数が $0 < n < \infty$

であることを**有限次元性**（finite dimensionality）と呼び，明記する場合にはFDLTIと表記する．

2.2.6 プ ロ パ 性

各要素が ν 回微分可能である入力 $u \in \mathbf{R}^m$ を印加したときの，システムの出力 y のすべての要素が ν 回微分可能なとき，システムはプロパであるという．特に $\nu+1$ 回微分可能なとき，システムは**厳密にプロパ**（strictly proper）であるという．

これ以外の場合は**非プロパ**（non-proper）であるという．時間領域におけるプロパ性の意味は入出力信号間の滑らかさに関する性質である．システムがプロパであるとは，入出力間の滑らかさは保存され，厳密にプロパならば出力信号は入力信号よりも滑らかになることを意味している．

状態空間表現においては，その解 (2.7), (2.8) からわかるように

$D \neq 0 \Leftrightarrow$ プロパ

$D = 0 \Leftrightarrow$ 厳密にプロパ

であり，非プロパなシステムは表現できない．

―――――| コーヒーブレイク |―――――――――――――――

"proper"を英和辞典で調べると，「適当な」「正確な」などの訳が対応するが，それでは"nonproper"は不適切なのだろうか？ 多くの物理現象は滑らかな関数の上で記述されるので，滑らかさを保存しない入出力関係は自然現象に反するという意味とでもいえようか．しかし，今日のように高周波のスイッチング機構をもつディジタル機器に囲まれた社会では，必ずしも適切な用語ではないかもしれない．「nonproper＝物理的に実現不可能」と決めてかかるのもいかがなものだろう．

なお，昔は因果性とプロパ性を混同している学生諸君もいたようだが，これはまったく異なった概念である．

2.3 伝達関数と状態空間表現

2.3.1 特性多項式とリゾルベント行列

実数 $t \in \mathbf{R}$ の実関数 $f \in \mathbf{R}$ から複素数 $s \in \mathbf{C}$ の複素関数 $F \in \mathbf{C}$ へのラプラス変換（Laplece transform）を

$$\mathcal{L}(f(t)) = F(s) = \int_0^\infty f(t)e^{-st}dt \qquad (2.27)$$

で定義する。線形システム理論では，実数 t は**時間**（time）に，複素数 s は複素周波数に対応するので，$f(t)$ を**時間領域**（time-domain）での表現，$F(s)$ を**周波数領域**（frequency domain）での表現と呼ぶ。

時間領域での導関数に関するラプラス変換の公式

$$\mathcal{L}(\dot{f}(t)) = sF(s) - f(0) \qquad (2.28)$$

に注意して状態空間表現 (1.1), (1.2) をラプラス変換すると

$$\begin{bmatrix} -x(0) \\ Y(s) \end{bmatrix} = \begin{bmatrix} A - sI & B \\ C & D \end{bmatrix} \begin{bmatrix} X(s) \\ U(s) \end{bmatrix} \qquad (2.29)$$

を得る。ここで，$X(s), Y(s), U(s)$ はそれぞれ状態 x，出力 y，入力 u のラプラス変換である。これを $X(s)$ について解くと

$$X(s) = (sI - A)^{-1}BU(s) + (sI - A)^{-1}x(0) \qquad (2.30)$$

となるが，これを 2 行目に代入して $Y(s)$ について解くと

$$Y(s) = (C(sI - A)^{-1}B + D)U(s) + C(sI - A)^{-1}x(0) \qquad (2.31)$$

となる。これが状態方程式の解 (2.9) のラプラス変換になっていることは**表 2.1**を用いると容易に確かめられる。初期状態の影響を無視した入出力関係

$$Y(s) = (C(sI - A)^{-1}B + D)U(s) = G(s)U(s) \qquad (2.32)$$

における $G(s)$ は**伝達関数行列**（transfer function matrix）と呼ばれ，状態方程式との関係

表 2.1 ラプラス変換の主な公式

	$f(t)$	$F(s)$
ディラックデルタ (インパルス関数)	$\delta(t)$	1
ステップ関数 (インデシャル関数)	$\mathbf{1}(t)$	$\dfrac{1}{s}$
ランプ関数	t	$\dfrac{1}{s^2}$
多項式関数	$\dfrac{1}{n!}t^n$	$\dfrac{1}{s^{n+1}}$
指数関数	e^{-at}	$\dfrac{1}{s+a}$
	$\dfrac{1}{n!}t^n e^{-at}$	$\dfrac{1}{(s+a)^{n+1}}$
シヌソイド関数	$\sin(\omega t)$	$\dfrac{\omega}{s^2+\omega^2}$
	$\cos(\omega t)$	$\dfrac{s}{s^2+\omega^2}$
指数減衰関数	$e^{-at}\sin(\omega t)$	$\dfrac{\omega}{(s+a)^2+\omega^2}$
	$e^{-at}\cos(\omega t)$	$\dfrac{s+a}{(s+a)^2+\omega^2}$
線形性	$af(t)+bg(t)$	$aF(s)+bG(s)$
導関数	$\dot{f}(t)$	$sF(s)-f(0)$
2階導関数	$\ddot{f}(t)$	$s^2F(s)-sf(0)-\dot{f}(0)$
n 階導関数	$f^{(n)}(t)$	$s^nF(s)-\displaystyle\sum_{k=0}^{n-1}s^k f^{(n-k-1)}(0)$
初期値定理	$\displaystyle\lim_{t\to 0}f(t)$	$\displaystyle\lim_{s\to\infty}sF(s)$
最終値定理	$\displaystyle\lim_{t\to\infty}f(t)$	$\displaystyle\lim_{s\to 0}sF(s)$
時間シフト	$f(t-L)$	$e^{-Ls}F(s)$
指数因子	$e^{-at}f(t)$	$F(s+a)$
畳み込み積分	$(f*g)(t)$ *1	$F(s)G(s)$
状態遷移行列	e^{At}	$(sI-A)^{-1}$
状態方程式	$\displaystyle\int_0^t e^{A(t-\tau)}Bu(\tau)d\tau$	$(sI-A)^{-1}BU(s)$

*1 $(f*g)(t) = \int_0^t f(t-\tau)g(\tau)d\tau$

2.3 伝達関数と状態空間表現

Σ_{ss} の伝達関数
$$G(s) = C(sI - A)^{-1}B + D = \left[\begin{array}{c|c} A & B \\ \hline C & D \end{array}\right] \qquad (2.33)$$

が導かれる。この式の右辺は簡略化のための記号で，**ドイルの記号**（Doyle notation）と呼ばれる。

$(sI - A)^{-1}$ は**リゾルベント行列**（resolvent matrix）と呼ばれるが，これは状態遷移行列 $\Phi_A(t) = e^{At}$ のラプラス変換，すなわち
$$(sI - A)^{-1} = \mathcal{L}(e^{At}) \qquad (2.34)$$
であり，$X(s) = (sI - A)^{-1}x(0)$ は式 (2.4) のラプラス変換である。

正方行列 A の**特性多項式**（characteristic polynomial）と**余因子行列**（adjoint matrix）をそれぞれ

特性多項式と余因子行列
$$\det(sI - A) = s^n + a_{n-1}s^{n-1} + a_{n-2}s^{n-2} + \cdots + a_0 \qquad (2.35)$$
$$\mathrm{adj}(sI - A) = \Gamma_{n-1}s^{n-1} + \Gamma_{n-2}s^{n-2} + \cdots + \Gamma_1 s + \Gamma_0 \qquad (2.36)$$

とおく。余因子行列の基本的性質 $((\mathrm{adj}X) \cdot X = \det X \cdot I)$ に注意すると，$X = (sI - A)$ とおいて，リゾルベント行列は
$$\begin{aligned} (sI - A)^{-1} &= \frac{\mathrm{adj}(sI - A)}{\det(sI - A)} \\ &= \frac{1}{\phi(s)}(\Gamma_{n-1}s^{n-1} + \Gamma_{n-2}s^{n-2} + \cdots + \Gamma_1 s + \Gamma_0) \end{aligned}$$
$$(2.37)$$

と表すことができる。ここで，$\phi(s) = \det(sI - A)$ である。これらの係数を求めるアルゴリズムとして，**ファディーブ**（Fadeev）のアルゴリズム（または Le Verrier's method）は有用である。

Proc: Fadeev's algorithm
begin

$\Gamma_n = 0$; $a_n = 1$;

for $i := 1$ **to** n **do begin**

$\Gamma_{n-i} = A\Gamma_{n-i+1} + a_{n-i+1}I$;

$a_{n-i} = -\mathrm{trace}(A\Gamma_{n-i})/i$;

end;

end.

この繰り返し計算の最後に

$$A\Gamma_0 + a_0 I = 0 \tag{2.38}$$

が得られるが，この式に Γ_0 , Γ_1 , $\cdots$ を順に代入すると，つぎの**ケーリーハミルトンの公式**（Cayley Hamilton's formula）を得る。

ケーリーハミルトンの公式
$$A^n + a_{n-1}A^{n-1} + a_{n-2}A^{n-2} + \cdots + a_0 I = \phi(A) = 0 \tag{2.39}$$

これは状態方程式の有限次元性と関連した重要な公式である。

2.3.2 マルコフパラメータ表現

$G(s)$ を $s = 0$ のまわりで**ローラン級数展開**（Laurent series expansion）すると

$$G(s) = D + s^{-1}CB + s^{-2}CAB + \cdots + s^{-k}CA^{k-1}B + \cdots \tag{2.40}$$

となる。この表現をマルコフパラメータ表現，各係数を**マルコフパラメータ**（Markov parameter）という。

システムのプロパ性は，伝達関数ではつぎのように定義される。

$(\lim_{s \to \infty} |G(s)| = 0) \Leftrightarrow$ 厳密にプロパ $\tag{2.41}$

$(\lim_{s \to \infty} |G(s)| < \infty) \Leftrightarrow$ プロパ $\tag{2.42}$

$(\lim_{s \to \infty} |G(s)| = \infty) \Leftrightarrow$ 非プロパ $\tag{2.43}$

式 (2.36) や式 (2.40) から，状態空間表現は必ずプロパであり，特に $D = 0$ のとき厳密にプロパであることがわかる。

2.4 システムの基本的な応答波形

2.4.1 インパルス応答と畳み込み積分表現

時刻 $t=0$ にインパルス入力 $u(t)=\delta(t)$ を加えたときの強制応答は，**インパルス応答**（impulse response）と呼ばれ（図 2.2），式 (2.8) から以下のように表される。

> Σ_{ss} のインパルス応答
> $$H(t) = \int_0^t Ce^{A(t-\tau)}B\delta(\tau)d\tau + D\delta(t)$$
> $$= Ce^{At}B + D\delta(t) \qquad (2.44)$$

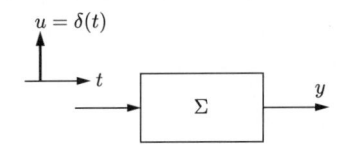

図 2.2 システムのインパルス応答

インパルス応答 $H(t)$ を用いると，一般的な強制応答 (2.9) の右辺第 2 項は，つぎのようにインパルス応答による**畳み込み積分表現**（convolution representation）で表すことができる。

> Σ_{ss} の解（畳み込み積分表現）
> $$y(t) = \int_0^t H(t-\tau)u(\tau)d\tau \qquad (2.45)$$

また，伝達関数 $G(s)$ はインパルス応答 (2.44) のラプラス変換

$$G(s) = \mathcal{L}(H(t)) \qquad (2.46)$$

であることに注意されたい。

2.4.2 ステップ応答と定常ゲイン

大きさ u_0 のステップ入力

$$u(t) = \begin{cases} u_0 (\text{定数}) & t > 0 \\ 0 & \text{その他} \end{cases} \tag{2.47}$$

を加えたときの強制応答を**ステップ応答**（step response）といい，A が正則の場合には式 (2.8) および式 (2.1) より

Σ_{ss} の解（ステップ応答）

$$y(t) = (CA^{-1}(e^{At} - I)B + D)u_0 \tag{2.48}$$

$$= \left(D + tCB + \frac{t^2}{2}CAB + \cdots + \frac{t^n}{n!}CA^{n-1}B + \cdots \right) u_0 \tag{2.49}$$

となる（**図 2.3**）。A が安定であれば $t \to \infty$ で $e^{At} \to 0$ となるので式 (2.48) より $y(t)$ は収束し

$$\lim_{t \to \infty} y(t) = (D - CA^{-1}B)u_0 \tag{2.50}$$

となる。このとき $(D - CA^{-1}B)$ を定常ゲインという（「安定」の定義および $y(t)$ の収束性については 3 章で説明する）。

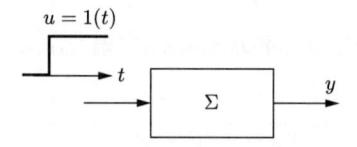

図 2.3 システムのステップ応答

2.4.3 周波数応答（シヌソイド波入力）

角周波数 ω のシヌソイド波入力

$$u(t) = u_0 e^{j\omega t} (= u_0(\cos(\omega t) + j\sin(\omega t))) \tag{2.51}$$

を印加した場合の出力は，以下のような過渡応答と定常応答の和になる。

2.4 システムの基本的な応答波形

Σ_{ss} の解（周波数応答）

$$y(t) = Ce^{At}x_0 + (C(j\omega I - A)^{-1}B + D)u(t)$$
$$= Ce^{At}x_0 + G(j\omega)u(t) \tag{2.52}$$

この式は，式 (2.7) または式 (2.8) に式 (2.51) を代入して以下のように変形すれば導かれる。

$$\begin{aligned}
y(t) &= Ce^{At}x_0 + C\int_0^t e^{A(t-\tau)}Bu_0 e^{j\omega\tau}d\tau + Du_0 e^{j\omega t} \\
&= Ce^{At}x_0 + Ce^{At}\int_0^t e^{-(A-j\omega I)\tau}Bu_0 d\tau + Du_0 e^{j\omega t} \\
&= Ce^{At}x_0 + Ce^{At}(j\omega I - A)^{-1}\left[e^{-(A-j\omega I)\tau}Bu_0\right]_0^t + Du_0 e^{j\omega t} \\
&= Ce^{At}x_0 + C(j\omega I - A)^{-1}e^{At}(e^{-(A-j\omega I)t} - I)Bu_0 + Du_0 e^{j\omega t} \\
&= Ce^{At}x_0' + C(j\omega I - A)^{-1}Bu_0 e^{j\omega t} + Du_0 e^{j\omega t} \\
&= Ce^{At}x_0' + (C(j\omega I - A)^{-1}B + D)u_0 e^{j\omega t} \\
&= Ce^{At}x_0' + (C(j\omega I - A)^{-1}B + D)u(t) \\
&= Ce^{At}x_0' + G(j\omega)u(t) \tag{2.53}
\end{aligned}$$

ここで，システムの第 1 項（ただし $x_0' = x_0 - (j\omega I - A)^{-1}Bu_0$ とおいている）で示す**過渡応答**（transient response）は，十分な時間がたった後は 0 に収束して無視できるものとする。このとき，第 2 項を**周波数応答**（frequency response）あるいはシヌソイド波に対する**定常応答**（steady state response）と呼び，$G(j\omega)$ を周波数応答関数という（**図 2.4**）。

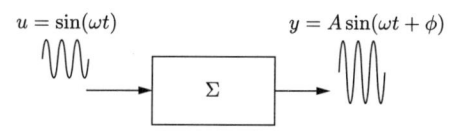

図 **2.4** システムの周波数応答

線形システムのシヌソイド波入力に対する応答には，以下の特徴がある。

(1) 入出力信号の周波数 ω は不変である。
(2) u_j から y_i へのゲインは $|G_{ij}(j\omega)|$ である。
(3) u_j から y_i への位相は $\arg(G_{ij}(j\omega))$ だけ変化する。
(4) 各周波数ごとに u から y への干渉（coupling）の強さが変化する。

2.4.4 周波数応答（複素周波数）

複素周波数 $\lambda = \sigma + j\omega$ をもつ下記の入力信号

$$u(t) = u_0 e^{\lambda t} (= u_0 e^{\sigma t}(\cos(\omega t) + j\sin(\omega t))) \tag{2.54}$$

を印加した場合の出力は，上と同様の手順により

Σ_{ss} の解（複素周波数応答）

$$\begin{aligned} y(t) &= Ce^{At}x_0 + C\int_0^t e^{A(t-\tau)}Bu_0 e^{\lambda\tau}d\tau + Du_0 e^{\lambda t} \\ &= Ce^{At}x_0' + (C(\lambda I - A)^{-1}B + D)u(t) \\ &= Ce^{At}x_0' + G(\lambda)u(t) \end{aligned} \tag{2.55}$$

ただし

$$x_0' = x_0 - (\lambda I - A)^{-1}Bu_0 \tag{2.56}$$

となる。

2.4.5 座標変換と等価性

状態空間表現 Σ_{ss} (1.1), (1.2) の状態変数を，正則行列 $T \in \mathbf{R}^{n \times n}$ を用いて

$$\bar{x} = Tx = \begin{bmatrix} t_1^T \\ t_2^T \\ \vdots \\ t_n^T \end{bmatrix} x \tag{2.57}$$

のように座標変換した場合を考える。

式 (2.57) を微分した式に式 (1.1) を代入し
$$\dot{\overline{x}}(t) = T\dot{x}(t)$$
$$= TAx(t) + TBu(t) \tag{2.58}$$
を得て、さらに $x = T^{-1}\overline{x}$ に注意すると、状態変数を $\overline{x}$ とおいた状態空間表現が導かれる。

Σ_{ssTx}：座標変換 $\overline{x} = Tx$
$$\dot{\overline{x}}(t) = \overline{A}\overline{x}(t) + \overline{B}u(t), \quad \overline{x}(0) = Tx_0 \tag{2.59}$$
$$y(t) = \overline{C}\overline{x}(t) + \overline{D}u(t) \tag{2.60}$$
ここで
$$\overline{A} = TAT^{-1}, \ \overline{B} = TB, \ \overline{C} = CT^{-1}, \ \overline{D} = D \tag{2.61}$$
である。

この座標変換に対して、$v_1, v_2, \cdots, v_n \in \mathbf{R}^n$ を独立な列ベクトル、$\overline{x}_1, \overline{x}_2, \cdots, \overline{x}_n \in \mathbf{R}$ をスカラとしたとき

$$x = v_1\overline{x}_1 + v_2\overline{x}_2 + \cdots + v_n\overline{x}_n$$
$$= \begin{bmatrix} v_1 & v_2 & \cdots & v_n \end{bmatrix} \begin{bmatrix} \overline{x}_1 \\ \overline{x}_2 \\ \vdots \\ \overline{x}_n \end{bmatrix} = V\overline{x} \tag{2.62}$$

で定義される x から $\overline{x}$ への座標変換も考えられる。

$V = T^{-1}$ とおけば式 (2.57) と等価になるので、座標変換された状態空間表現の係数を
$$\overline{A} = V^{-1}AV, \ \overline{B} = V^{-1}B, \ \overline{C} = CV, \ \overline{D} = D \tag{2.63}$$
とおくと、式 (2.59), (2.60) が得られる。

座標変換された状態空間表現 (2.59), (2.60) の解は，式 (2.9) より

$$y(t) = \overline{C}e^{\overline{A}t}\overline{x}(0) + \int_0^t (\overline{C}e^{\overline{A}(t-\tau)}\overline{B} + D\delta(t-\tau))u(\tau)d\tau \qquad (2.64)$$

となるが，$\overline{A}^n = (TAT^{-1})^n = TA^nT^{-1}$ より $e^{TAT^{-1}} = Te^AT^{-1}$ だから

$$\overline{C}e^{\overline{A}t}\overline{x}(0) = CT^{-1}e^{TAT^{-1}t}Tx(0) = Ce^{At}x(0) \qquad (2.65)$$

$$\overline{C}e^{\overline{A}t}\overline{B} = CT^{-1}e^{TAT^{-1}t}TB = Ce^{At}B \qquad (2.66)$$

であることは容易に確かめられるので，式 (2.7), (2.8) で示した自由応答および強制応答は，座標変換 (2.57) に対して不変である．したがって，伝達関数も

$$\overline{G}(s) = \overline{C}(sI - \overline{A})^{-1}\overline{B} + \overline{D} \qquad (2.67)$$

$$= CT^{-1}(sI - TAT^{-1})^{-1}TB + D \qquad (2.68)$$

$$= C(sI - A)^{-1}B + D = G(s) \qquad (2.69)$$

のように不変である．入出力関係の等価性は，ドイルの記号を用いると

$$\left[\begin{array}{c|c} TAT^{-1} & TB \\ \hline CT^{-1} & D \end{array}\right] = \left[\begin{array}{c|c} V^{-1}AV & V^{-1}B \\ \hline CV & D \end{array}\right] = \left[\begin{array}{c|c} A & B \\ \hline C & D \end{array}\right] \qquad (2.70)$$

と表すことができる．

ここまでに述べた状態空間表現における各種変換操作を**表 2.2** にまとめる．

表 2.2 状態空間表現における各種変換操作

	形式的双対	座標変換 1	座標変換 2	双対	低次元化	逆システム
A	A^T	TAT^{-1}	$V^{-1}AV$	$-A^T$	$T_r A V_r$	$A - BD^{-1}C$
B	C^T	TB	$V^{-1}B$	$-C^T$	$T_r B$	$-BD^{-1}C$
C	B^T	CT^{-1}	CV	B^T	CV_r	$-D^{-1}C$
D	D^T	D	D	D^T	D	D^{-1}
x	z	Tx	$V^{-1}x$	z	$T_r x$	x
m	p	m	m	p	p	m
p	m	p	p	m	m	p
n	n	n	n	n	n_r	n
$G(s)$	$G^T(s)$	$G(s)$	$G(s)$	$G^T(-s)$	$G_r(s)$	$G^{-1}(s)$

********** 演 習 問 題 **********

[1] n 次正方行列 X, Y に対して $XY = YX$ が成り立つ場合には $e^{X+Y} = e^X e^Y$ が成り立つことを，式 (2.1) から説明せよ．つぎに，これを用いて補題 2.1 の性質 (3) を証明せよ．さらに (1)(2)(4) を証明し，補題 2.1 の証明を完成せよ．

[2] 式 (2.29) から式 (2.30) を導出せよ．

[3] 式 (2.8) に $u(t) = \delta(t)$ を代入して式 (2.44) を求めよ．さらに，これをラプラス変換して式 (2.46) を導出せよ．

[4] 式 (2.8) に $u(t) = u_0$（定数）を代入して，式 (2.48), (2.49) を導出せよ．

[5] 式 (2.8) に $u(t) = u_0 e^{j\omega t}$ を代入して，式 (2.52) を導出せよ．

[6] 式 (2.8) に $u(t) = u_0 e^{\lambda t}$ を代入して，式 (2.55) を導出せよ．

[7] インパルス応答波形式 (2.44) の計算プログラム例を示せ（MATLAB）．

[8] ステップ応答波形式 (2.48) の計算プログラム例を示せ（MATLAB）．

3

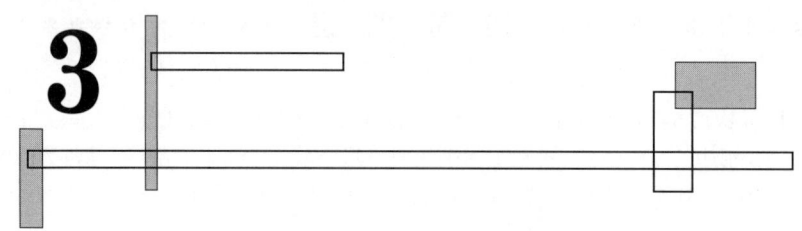

モードと振る舞い

本章では正方行列のモード方程式を定義し，固有値，固有ベクトルとの関係を明らかにするとともに，これらを用いてシステムの振る舞い，特に安定性について議論する。

3.1 行列の固有構造とモード方程式

正方実行列 $A \in \mathbf{R}^{n \times n}$ に対して

$$Av = v\lambda \tag{3.1}$$

を満たす複素数 $\lambda \in \mathbf{C}$ と複素ベクトル $v \in \mathbf{C}^n$ を，それぞれ行列 A の**固有値**（eigenvalue），**固有ベクトル**（eigenvector）と呼ぶ。

ここでは，式 (3.1) を拡張した以下の方程式を用いて諸概念を説明する。正方実行列 $A \in \mathbf{R}^{n \times n}$ に対して

$$AV = V\Lambda \tag{3.2}$$

を満たす列フルランク行列 $V \in \mathbf{R}^{n \times r}$ と正方行列 $\Lambda \in \mathbf{R}^{r \times r}$ が存在するとき，行列組 (V, Λ) を A の**モード**（mode），整数 r をモードのサイズ，式 (3.2) をモード方程式と呼ぶことにする（ここで，r は V のランク（$r := \mathrm{rank} V$）で $0 < r \leqq n$ とする）。

固有値・固有ベクトルは概念としては簡潔明瞭であるが，一般に複素数を要素とし複雑な構造をもつため，数値解を得ることが困難である（数値的不安定性）．これに対し，モードは実数行列を用いて数値的に安定に解析できるため，実用性が高い．モードに関するつぎの性質は重要である．

性質1：式 (3.2) の両辺をスカラ $c \neq 0$ 倍すると

$$A(cV) = (cV)\Lambda \tag{3.3}$$

を得る．これより，(V, Λ) が A のモードであれば，(cV, Λ) も A のモードである．

性質2：正則行列 $T \in \mathbf{R}^{r \times r}$ に対して $T\Lambda = \Lambda T$ が成り立つときには

$$A(VT) = VTT^{-1}\Lambda T = VTT^{-1}T\Lambda = (VT)\Lambda \tag{3.4}$$

が成り立つので，(VT, Λ) も A のモードである．

性質3：(V_1, Λ_1)，(V_2, Λ_2) がともに A のモードであり

$$\begin{bmatrix} V_1 & V_2 \end{bmatrix}$$

が列フルランク（V_1, V_2 は線形独立）であれば

$$\left(\begin{bmatrix} V_1 & V_2 \end{bmatrix}, \begin{bmatrix} \Lambda_1 & 0 \\ 0 & \Lambda_2 \end{bmatrix} \right)$$

もまた A のモードである．

モードについてはつぎの補題が成り立つ．

【補題3.1】 （モードの完備性）

任意の実正方行列 $A \in \mathbf{R}^{n \times n}$ に対して

$$AV_1 = V_1 \Lambda_1$$
$$AV_2 = V_2 \Lambda_2$$
$$\vdots$$
$$AV_\mu = V_\mu \Lambda_\mu$$
$$\operatorname{rank} \begin{bmatrix} V_1 & V_2 & \cdots & V_\mu \end{bmatrix} = n \tag{3.5}$$

を満たす行列の組 $\{(V_i, \Lambda_i)\}_{i=1}^{\mu}$ が必ず存在する．

証明 ここでは $\mu = 2$ の場合について証明する．$\mu \geq 3$ の場合は同様に考えることができる．

実正方行列 $A \in \mathbf{R}^{n \times n}$ に対して式 (3.2) を満たす実行列 $V_1 \in \mathbf{R}^{n \times r} (r < n)$, $\Lambda_1 \in \mathbf{R}^{r \times r}$ が存在したときに，式 (3.5) を満たす $V_2 \in \mathbf{R}^{n \times (n-r)}$ が存在することを証明する．すなわち

$$AV_1 = V_1 \Lambda_1 \tag{3.6}$$

が成り立つとする．V_1 は列フルランクなので，$\begin{bmatrix} V_1 & V_2' \end{bmatrix}$ を正則にする実行列 $V_2' \in \mathbf{R}^{n \times (n-r)}$ が必ず存在し，さらに

$$A \begin{bmatrix} V_1 & V_2' \end{bmatrix} = \begin{bmatrix} V_1 & V_2' \end{bmatrix} \begin{bmatrix} \Lambda_1 & X \\ 0 & \Lambda_2 \end{bmatrix} \tag{3.7}$$

を満たす Λ_2, X を定めることができる．

この式の第 2 列は

$$AV_2' = V_2' \Lambda_2 + V_1 X \tag{3.8}$$

と書くことができるが，ここで

$$V_1 X = Y \Lambda_2 - AY \tag{3.9}$$

を満たす実行列 $Y \in \mathbf{R}^{n \times (n-r)}$ を定めると

$$A(V_2' + Y) = (V_2' + Y) \Lambda_2 \tag{3.10}$$

を得る．さらに $V_2 = V_2' + Y$ とおくと，式 (3.10) はモード方程式

$$AV_2 = V_2 \Lambda_2 \tag{3.11}$$

となる．

$\begin{bmatrix} V_1 & V_2 \end{bmatrix}$ が正則であることは $\begin{bmatrix} V_1 & V_2' \end{bmatrix}$ の正則性と簡単な考察から同様に確かめることができる．これより，式 (3.6) と式 (3.11) を合わせることからサイズ n のモード方程式

$$A \begin{bmatrix} V_1 & V_2 \end{bmatrix} = \begin{bmatrix} V_1 & V_2 \end{bmatrix} \begin{bmatrix} \Lambda_1 & \\ & \Lambda_2 \end{bmatrix} \tag{3.12}$$

を得る．よって補題は証明された． △

これより，正方行列 A はモードの集まりと考えることができる．行列 A からある特定の性質をもったモード (V, Λ) を求めることを，モードの抽出と呼ぶことにする．

まず，固有値・固有ベクトルに基づくモード方程式の計算法とその性質について解説する．

3.2 固有値・固有ベクトル

正方行列 $A \in \mathbf{R}^{n\times n}$ のモード行列を

$$M(\lambda) = A - \lambda I \tag{3.13}$$

で定義する。式 (3.1) より固有値は

$$\mathrm{rank}(A - \lambda I) < n \tag{3.14}$$

となる複素数 $\lambda \in \mathbf{C}$ であり，固有ベクトルは

$$(A - \lambda I)v = 0 \tag{3.15}$$

を満たす複素ベクトル $v \in \mathbf{C}^n$ と定義することができる。

式 (3.14) と特性多項式の定義式 (2.35) より，固有値は特性多項式の零点（特性方程式の根）と一致する。

$$\det(sI - A) = \phi(s) = 0 \tag{3.16}$$

ここで，つぎの三つの性質に着目してモードを分類する。

- (C1) $\lambda \in \mathbf{R}$ か $\lambda \in \mathbf{C}$ か（実固有値/複素固有値）
- (C2) $v \notin \mathrm{im}\, M(\lambda)$ か否か（単純/拡張）
- (C3) $\mathrm{rank}\, M(\lambda) = n - 1$ か否か（非縮退/縮退）

3.2.1 単純実固有モード

- (C1) $\lambda \in \mathbf{R}$
- (C2) $v \notin \mathrm{im}\, M(\lambda)$
- (C3) $\mathrm{rank}\, M(\lambda) = n - 1$

の場合には，式 (3.15) は式 (3.2) に合わせて

$$Av = v\lambda \tag{3.17}$$

と書くことができるので，(v, λ) は A のサイズ 1 ($m = 1$) の固有モードを構成している。これを単純な**実固有モード**と呼ぶことにする。

例題3.1 (単純実固有モード)

つぎの正方行列を考える ($n=2$)。
$$A = \begin{bmatrix} 0 & 1 \\ -2 & -3 \end{bmatrix} \tag{3.18}$$
この場合，特性方程式は
$$\phi(s) = s^2 + 3s + 2 = (s+1)(s+2) = 0$$
となるので，二つの実固有値 $\{-2, -1\}$ をもつ。

モード行列を $M(\lambda) = A - \lambda I$, $\lambda_1 = -2$ とおくと
$$M(-2) = \begin{bmatrix} 2 & 1 \\ -2 & -1 \end{bmatrix}$$
であるから
$$v_1 = \begin{bmatrix} 1 \\ -2 \end{bmatrix}$$
は $M(-2)v_1 = 0$ を満たす。よって v_1 は λ_1 に対応する固有ベクトルである。

明らかに
$$v_1 \notin \mathbf{im} M(-2)$$
なので，単純実固有値 $\lambda_1 = -2$ に対応するモード方程式
$$\begin{bmatrix} 0 & 1 \\ -2 & -3 \end{bmatrix} \begin{bmatrix} 1 \\ -2 \end{bmatrix} = \begin{bmatrix} 1 \\ -2 \end{bmatrix} \times (-2) \tag{3.19}$$
が得られる。

同様に，単純実固有値 $\lambda_2 = -1$ に対しても，1次のモード方程式
$$\begin{bmatrix} 0 & 1 \\ -2 & -3 \end{bmatrix} \begin{bmatrix} 1 \\ -1 \end{bmatrix} = \begin{bmatrix} 1 \\ -1 \end{bmatrix} \times (-1) \tag{3.20}$$
が得られる。

3.2.2 単純複素固有モード

前項の条件のうち (C1) が複素数に変わった場合，つまり

(C1)　　$\lambda \in \mathbf{C}$
(C2)　　$v \notin \mathbf{im}M(\lambda)$
(C3)　　$\mathrm{rank}M(\lambda) = n - 1$

の場合の固有値，固有ベクトルは

$$\lambda = \sigma + j\omega \in \mathbf{C}, \quad \omega \neq 0 \tag{3.21}$$

$$v = v_R + jv_I \in \mathbf{C}^n, \quad v_I \neq 0 \tag{3.22}$$

のように，複素数および複素数を要素とするベクトルであるが，式 (3.1) の複素共役

$$A\overline{v} = \overline{\lambda}\overline{v} \tag{3.23}$$

から，(v, λ) の共役複素数 $(\overline{v}, \overline{\lambda})$

$$\overline{\lambda} = \sigma - j\omega \in \mathbf{C} \tag{3.24}$$

$$\overline{v} = v_R - jv_I \in \mathbf{C}^n \tag{3.25}$$

もまた A の固有値，固有ベクトルである。式 (3.1) と式 (3.23) を合わせて

$$A \begin{bmatrix} v & \overline{v} \end{bmatrix} = \begin{bmatrix} v & \overline{v} \end{bmatrix} \begin{bmatrix} \lambda & 0 \\ 0 & \overline{\lambda} \end{bmatrix} \tag{3.26}$$

と書くことができる。これに右から 2 次の正則行列

$$T := \frac{1}{2}\begin{bmatrix} 1 & -j \\ 1 & j \end{bmatrix} \quad \left(T^{-1} = \begin{bmatrix} 1 & 1 \\ j & -j \end{bmatrix}\right) \tag{3.27}$$

を掛けると

$$A \begin{bmatrix} v & \overline{v} \end{bmatrix} T = \begin{bmatrix} v & \overline{v} \end{bmatrix} TT^{-1} \begin{bmatrix} \lambda & 0 \\ 0 & \overline{\lambda} \end{bmatrix} T \tag{3.28}$$

となるが，$V \in \mathbf{R}^{n \times 2}$, $\Lambda \in \mathbf{R}^{2 \times 2}$ を

$$V = \begin{bmatrix} v & \overline{v} \end{bmatrix} T = \begin{bmatrix} v_R & v_I \end{bmatrix} \tag{3.29}$$

$$\Lambda = T^{-1} \begin{bmatrix} \lambda & 0 \\ 0 & \overline{\lambda} \end{bmatrix} T = \begin{bmatrix} \sigma & \omega \\ -\omega & \sigma \end{bmatrix} \tag{3.30}$$

とおくと，式 (3.28) は

$$A \begin{bmatrix} v_R & v_I \end{bmatrix} = \begin{bmatrix} v_R & v_I \end{bmatrix} \begin{bmatrix} \sigma & \omega \\ -\omega & \sigma \end{bmatrix} \quad (3.31)$$

$$\overset{A}{} \quad \overset{V}{} \quad \overset{V}{} \quad \overset{\Lambda}{}$$

となり，実数のみのモード方程式が得られる．(V, Λ) は A のサイズ 2 ($m=2$) の単純な複素固有モードを構成している．

例題 3.2 (単純複素固有モード)

$$A = \begin{bmatrix} 0 & 1 \\ -2 & -2 \end{bmatrix} \quad (3.32)$$

の場合，その特性多項式は

$$\phi(s) = s^2 + 2s + 2 = (s+1)^2 + 1 = 0$$

となるので，二つの共役な固有値 $\{-1+j, -1-j\}$ をもつ．

$\lambda_1 = -1 + j$ に対してモード行列の値は

$$M(\lambda_1) = \begin{bmatrix} 1-j & 1 \\ -2 & -1-j \end{bmatrix}$$

であるから

$$v_1 = \begin{bmatrix} 1 \\ -1+j \end{bmatrix}$$

に対して $M(\lambda_1)v_1 = 0$ が成り立つ．よって，v_1 は λ_1 に対応する固有ベクトルである．

明らかに

$$v_1 \notin \mathbf{im}M(\lambda_1)$$

なので，単純固有値 $\lambda_1 = -1 + j$ に対応するモード方程式

$$\begin{bmatrix} 0 & 1 \\ -2 & -2 \end{bmatrix} \begin{bmatrix} 1 \\ -1+j \end{bmatrix} = \begin{bmatrix} 1 \\ -1+j \end{bmatrix} \times (-1+j) \quad (3.33)$$

が得られる．

$\lambda_2 = \overline{\lambda_1} = -1 - j$ についても同様の手順でモード方程式

$$\underset{A}{\begin{bmatrix} 0 & 1 \\ -2 & -2 \end{bmatrix}} \underset{v_2}{\begin{bmatrix} 1 \\ -1-j \end{bmatrix}} = \underset{v_2}{\begin{bmatrix} 1 \\ -1-j \end{bmatrix}} \underset{\lambda_2}{\times (-1-j)} \quad (3.34)$$

が得られるが，これらを合わせると

$$\begin{bmatrix} 0 & 1 \\ -2 & -2 \end{bmatrix} \begin{bmatrix} 1 & 1 \\ -1+j & -1-j \end{bmatrix}$$

$$= \begin{bmatrix} 1 & 1 \\ -1+j & -1-j \end{bmatrix} \begin{bmatrix} -1+j & 0 \\ 0 & -1-j \end{bmatrix} \quad (3.35)$$

となる．さらに，これを式 (3.26)〜(3.31) に従って座標変換すると

$$\underset{A}{\begin{bmatrix} 0 & 1 \\ -2 & -2 \end{bmatrix}} \underset{V}{\begin{bmatrix} 1 & 0 \\ -1 & 1 \end{bmatrix}} = \underset{V}{\begin{bmatrix} 1 & 0 \\ -1 & 1 \end{bmatrix}} \underset{\Lambda}{\begin{bmatrix} -1 & 1 \\ -1 & -1 \end{bmatrix}} \quad (3.36)$$

となり，2次の単純固有モード方程式の実数表現が得られる．

標準的な 2 次系のダンピング係数を ζ，自然角周波数を ω_n とするとき，その特性多項式は

$$\phi(s) = s^2 + 2\zeta\omega_n s + \omega_n^2$$

となる（(ζ, ω_n) 表現）．また，単純複素固有モード式 (3.79) の特性多項式は

$$\phi(s) = s^2 - 2\sigma s + (\sigma^2 + \omega^2)$$

となる（(σ, ω) 表現）．これより，これらの表現の間には以下の対応関係がある．

$$\left.\begin{array}{l} \sigma = -\zeta\omega_n \\ \omega = \omega_n\sqrt{1-\zeta^2} \end{array}\right\} \Leftrightarrow \left\{\begin{array}{l} \omega_n = \sqrt{\sigma^2 + \omega^2} \\ \zeta = -\dfrac{\sigma}{\sqrt{\sigma^2 + \omega^2}} \end{array}\right.$$

3.2.3 拡張固有ベクトルとジョルダンブロック

3.2.1 項の条件のうち (C2) が異なる場合を考える．

(C1)　$\lambda \in \mathbf{R}$

(C2)　$\underline{v \in \mathbf{im} M(\lambda)}$

(C3)　$\mathrm{rank} M(\lambda) = n - 1$

この場合には，以下の手順でサイズ $\nu \geq 2$ のモード方程式が導出される．

Proc: evaluate extended eigenstructure
begin
　$Av^1 = \lambda v^1$; $i = 1$;
　while $v^i \in \mathrm{im} M(\lambda)$ **do begin**
　　find $v^{i+1} \neq 0$ **such that** $M(\lambda) v^{i+1} = v^i$;
　　$i = i + 1$;
　end
　$\nu = i$;
end.

このアルゴリズムにより得られる独立なベクトル列 $v^1, v^2, \cdots, v^\nu$ は，固有値 λ に対応する**拡張固有ベクトル**（extended eigenvector）と呼ばれる．このアルゴリズムを展開すると

$$A \begin{bmatrix} v^1 & v^2 & \cdots & v^\nu \end{bmatrix} = \begin{bmatrix} v^1 & v^2 & \cdots & v^\nu \end{bmatrix} \begin{bmatrix} \lambda & 1 & & \\ & \lambda & \ddots & \\ & & \ddots & 1 \\ & & & \lambda \end{bmatrix} \tag{3.37}$$

と表現できるが，これは

$$\Lambda = \begin{bmatrix} \lambda & 1 & & \\ & \lambda & \ddots & \\ & & \ddots & 1 \\ & & & \lambda \end{bmatrix} \in \mathbf{R}^{\nu \times \nu} \tag{3.38}$$

$$V = \begin{bmatrix} v^1, & v^2, & \cdots, & v^\nu \end{bmatrix} \in \mathbf{R}^{n \times \nu} \tag{3.39}$$

とおいたモード方程式 (3.2) となる．このとき，Λ をジョルダンブロック（Jordan block）と呼ぶ．一般に A 行列の固有値の数はジョルダンブロックの数であり，

固有構造が単純であるということは，ジョルダンブロックのサイズが 1 であることを意味する．

例題 3.3 （ジョルダンブロック）
$$A = \begin{bmatrix} 0 & 1 \\ -4 & -4 \end{bmatrix} \tag{3.40}$$
の場合，その特性方程式は
$$\phi(s) = s^2 + 4s + 4 = (s+2)^2 = 0$$
となるので，-2 に重根をもつことがわかる．$\lambda = -2$ におけるモード行列の値は
$$M(\lambda) = \begin{bmatrix} 2 & 1 \\ -4 & -2 \end{bmatrix}$$
であり，そのランクは
$$\mathrm{rank} M(\lambda) = 1 = n - 1$$
のように 1 だけ下がっている．したがって，-2 は固有値であり
$$M(\lambda) \begin{bmatrix} 1 \\ -2 \end{bmatrix} = 0$$
から
$$v = \begin{bmatrix} 1 \\ -2 \end{bmatrix}$$
は -2 に対応する固有ベクトルである．

ここで
$$v \in \mathbf{im} M(\lambda)$$
であることに注意する．つまり，$v^1 = v$ とおくと，拡張固有ベクトル v^2 が
$$M(\lambda) \begin{bmatrix} 0 \\ 1 \end{bmatrix} = v^1$$
より

と求まる。これより2次のモード方程式

$$\underset{A}{\begin{bmatrix} 0 & 1 \\ -4 & -4 \end{bmatrix}} \underset{V}{\begin{bmatrix} 1 & 0 \\ -2 & 1 \end{bmatrix}} = \underset{V}{\begin{bmatrix} 1 & 0 \\ -2 & 1 \end{bmatrix}} \underset{\Lambda}{\begin{bmatrix} -2 & 1 \\ 0 & -2 \end{bmatrix}} \quad (3.41)$$

が得られる。

以上より，この例題の A 行列は2次であるが，固有値は一つしかもたないことがわかる。

3.2.4 縮退行列とモード方程式

3.2.1 項の条件のうち (C3) が異なる場合を考える。

(C1) $\lambda \in \mathbf{R}$

(C2) $v \notin \mathbf{im} M(\lambda)$

(C3) $\mathrm{rank} M(\lambda) < n - 1$

このように，モード行列のランクが二つ以上下がる場合には，A の固有値 λ に対して式 (3.15) を満たす固有ベクトル v は一意に定まらない。そこで，式 (3.3)，(3.4) の意味で一意に定まるモード方程式を用い，以下，構成的にこれを説明する。

$$\mathrm{rank} M(\lambda) = n - r, \quad r \geqq 2 \quad (3.42)$$

とする。式 (3.1) を満たす r 本の線形独立なベクトルを $\{v_1, v_2, \cdots, v_r\}$ とすると

$$A \begin{bmatrix} v_1 & v_2 & \cdots & v_r \end{bmatrix} = \begin{bmatrix} v_1 & v_2 & \cdots & v_r \end{bmatrix} \begin{bmatrix} \lambda & & & \\ & \lambda & & \\ & & \ddots & \\ & & & \lambda \end{bmatrix} \quad (3.43)$$

と表すことができる。ここで $\Lambda = \mathrm{diag}\begin{bmatrix} \lambda, \lambda, \cdots, \lambda \end{bmatrix}$ とおくと,任意の正則行列 $T \in \mathbf{R}^{r \times r}$ に対して

$$\Lambda T = \lambda T = T\Lambda$$

が成り立つ。これより r 次のモード (V, Λ) が求まる。ただし

$$V = \begin{bmatrix} v_1 & v_2 & \cdots & v_r \end{bmatrix} T \tag{3.44}$$

$$\Lambda = \begin{bmatrix} \lambda & & & \\ & \lambda & & \\ & & \ddots & \\ & & & \lambda \end{bmatrix} \tag{3.45}$$

であり,T は r 次の任意の正則行列である。

例題 3.4 (縮退行列とモード)

$n = 3$ である以下の例を考える。

$$A = \begin{bmatrix} 0 & 1 & 0 \\ -2 & -3 & 0 \\ 0 & 0 & -2 \end{bmatrix} \tag{3.46}$$

の特性方程式は

$$\phi(s) = (s+1)(s+2)^2 = 0$$

なので,固有値は $\{-1, -2\}$ である。$\lambda_1 = -2$ のときモード行列の値は

$$M(\lambda_1) = \begin{bmatrix} 2 & 1 & 0 \\ -2 & -1 & 0 \\ 0 & 0 & 0 \end{bmatrix}$$

であるから

$$\mathrm{rank} M(\lambda_1) = 1 = n - 2 < n - 1$$

であり,ここで縮退していることがわかる。任意の数 a, b に対して

$$M(\lambda_1) \begin{bmatrix} a \\ -2a \\ b \end{bmatrix} = 0$$

が成り立つので，a, b が同時に 0 にならないならば

$$v_1 = a \begin{bmatrix} 1 \\ -2 \\ 0 \end{bmatrix} + b \begin{bmatrix} 0 \\ 0 \\ 1 \end{bmatrix} = \begin{bmatrix} 1 & 0 \\ -2 & 0 \\ 0 & 1 \end{bmatrix} \begin{bmatrix} a \\ b \end{bmatrix}$$

は，つねに λ_1 に対応する固有ベクトルである．さらに，どのような a, b を選択しても，明らかに

$$v_1 \notin \mathbf{im} M(\lambda_1)$$

なので拡張固有ベクトルはない（単純である）．よって 2 次のモード方程式

$$\overset{A}{\begin{bmatrix} 0 & 1 & 0 \\ -2 & -3 & 0 \\ 0 & 0 & -2 \end{bmatrix}} \overset{V}{\begin{bmatrix} 1 & 0 \\ -2 & 0 \\ 0 & 1 \end{bmatrix}} T = \overset{V}{\begin{bmatrix} 1 & 0 \\ -2 & 0 \\ 0 & 1 \end{bmatrix}} T \overset{\Lambda}{\begin{bmatrix} -2 & 0 \\ 0 & -2 \end{bmatrix}} \tag{3.47}$$

が得られる．ここで，$T \in \mathbf{R}^{2 \times 2}$ は任意の正則行列である．

さらに，$\lambda_2 = -1$ に対する固有ベクトルは，同様の手順で

$$v_2 = \begin{bmatrix} 1 \\ -1 \\ 0 \end{bmatrix}$$

と求まる．よって，全体のモード方程式は，2 次のモード方程式

$$\overset{A}{\begin{bmatrix} 0 & 1 & 0 \\ -2 & -3 & 0 \\ 0 & 0 & -2 \end{bmatrix}} \overset{V}{\begin{bmatrix} 1 & 0 & 1 \\ -2 & 0 & -1 \\ 0 & 1 & 0 \end{bmatrix}} \begin{bmatrix} T & 0 \\ 0 & I \end{bmatrix}$$

$$= \overset{V}{\begin{bmatrix} 1 & 0 & 1 \\ -2 & 0 & -1 \\ 0 & 1 & 0 \end{bmatrix}} \begin{bmatrix} T & 0 \\ 0 & I \end{bmatrix} \overset{\Lambda}{\begin{bmatrix} -2 & 0 & 0 \\ 0 & -2 & 0 \\ 0 & 0 & -1 \end{bmatrix}} \tag{3.48}$$

と表すことができる．

3.2.5 一般の場合のモード方程式

一般の場合には，モードは条件 (C1)(C2)(C3) を組み合わせた性質をもつ．これを図式的に表したのが図 3.1 である．いずれの場合においても，ここでの手順を組み合わせることによって，同様にモード方程式 (3.2) を導出することができる．

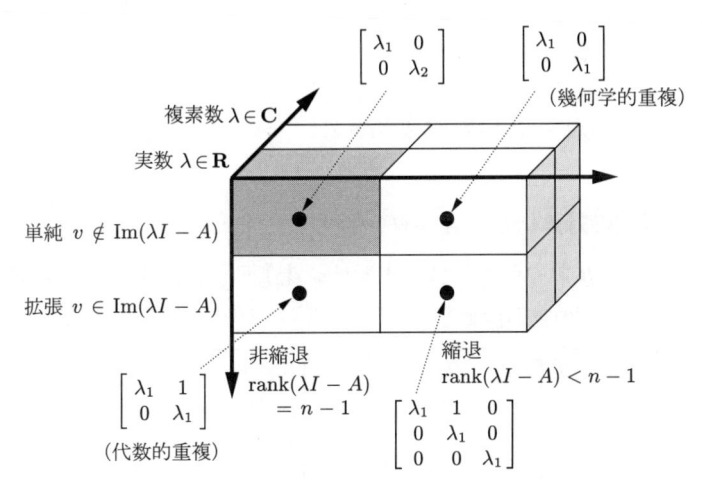

図 3.1 固有構造に基づくモードの分類

例えば

(C1) $\lambda \in \mathbf{C}$

(C2) $v \in \mathbf{im} M(\lambda)$

(C3) $\mathrm{rank} M(\lambda) < n - 1$

の場合，つまり，複素固有値 $\lambda = \sigma + j\omega$ に対して拡張固有ベクトルが定義できる場合には，複素固有値からなる $\Lambda \in \mathbf{C}^{2\nu \times 2\nu}$ と拡張複素固有ベクトルからなる $V \in \mathbf{C}^{n \times 2\nu}$ を用いて，モード方程式

$$AV = V\Lambda \tag{3.49}$$

が成り立つ．

ここで

とおくと，式 (3.49) は

$$V = V_R + jV_I \brace \Lambda = \Sigma + j\Omega \tag{3.50}$$

$$A(V_R + jV_I) = (V_R + jV_I) \cdot (\Sigma + j\Omega) \tag{3.51}$$

となり，実数部と虚数部に分けて整理すると

$$A \begin{bmatrix} V_R & V_I \end{bmatrix} = \begin{bmatrix} V_R & V_I \end{bmatrix} \begin{bmatrix} \Sigma & \Omega \\ -\Omega & \Sigma \end{bmatrix} \tag{3.52}$$

という実数のみのモード方程式が得られる。

3.2.6 行列の対角化とジョルダン形式

$A \in \mathbf{R}^{n \times n}$ が μ 個のモード $(V_1, \Lambda_1), (V_2, \Lambda_2), \cdots, (V_\mu, \Lambda_\mu)$ からなるものとする。ここで，V の正則性より

$$V^{-1}AV = \begin{bmatrix} \Lambda_1 & & & \\ & \Lambda_2 & & \\ & & \ddots & \\ & & & \Lambda_\mu \end{bmatrix} \tag{3.53}$$

と書くことができる。この相似変換は行列 A の**ブロック対角化**（block diagonalization）と呼ばれる。

特に，$A \in \mathbf{R}^{n \times n}$ が n 個の単純固有モード $(v_1, \lambda_1), (v_2, \lambda_2), \cdots, (v_n, \lambda_n)$ をもつ場合には

$$V = \begin{bmatrix} v_1 & v_2 & \cdots & v_n \end{bmatrix} \tag{3.54}$$

であり

$$V^{-1}AV = \Lambda = \begin{bmatrix} \lambda_1 & & & \\ & \lambda_2 & & \\ & & \ddots & \\ & & & \lambda_n \end{bmatrix} \tag{3.55}$$

となる.これを行列の**対角化**(diagonalization)と呼ぶ.

3.3 システムのモード分解と振る舞い

3.3.1 A 行列の対角化とモード分解

前節では正方行列 A のモード分解について述べた.この節ではモード分解と状態空間表現 Σ_{ss} のシステムの振る舞いについて述べる.

$\mathrm{rank}V = n$ とする.座標変換行列を
$$T = V^{-1} = \begin{bmatrix} T_1 & T_2 & \cdots & T_\mu \end{bmatrix}^T$$
とすると
$$TAT^{-1} = V^{-1}AV$$
$$= \begin{bmatrix} \Lambda_1 & & & \\ & \Lambda_2 & & \\ & & \ddots & \\ & & & \Lambda_\mu \end{bmatrix} \tag{3.56}$$

とブロック対角化できる.さらに
$$TB = \begin{bmatrix} B_1 \\ B_2 \\ \vdots \\ B_\mu \end{bmatrix}, \quad Tx = z = \begin{bmatrix} z_1 \\ z_2 \\ \vdots \\ z_\mu \end{bmatrix} \tag{3.57}$$

$$CT^{-1} = \begin{bmatrix} C_1 & C_2 & \cdots & C_\mu \end{bmatrix} \tag{3.58}$$

とおくと,状態方程式 (1.1), (1.2) は
$$\left.\begin{aligned}
\dot{z}_1(t) &= \Lambda_1 z_1(t) + B_1 u(t), \quad z_1(0) = T_1^T x_0 \\
\dot{z}_2(t) &= \Lambda_2 z_2(t) + B_2 u(t), \quad z_2(0) = T_2^T x_0 \\
&\vdots \\
\dot{z}_\mu(t) &= \Lambda_\mu z_\mu(t) + B_\mu u(t), \quad z_\mu(0) = T_\mu^T x_0 \\
y(t) &= C_1 z_1(t) + C_2 z_2(t) + \cdots + C_\mu z_\mu(t) + Du(t)
\end{aligned}\right\} \tag{3.59}$$

となる.**図 3.2** はこのモード分解を表現したブロック線図である.

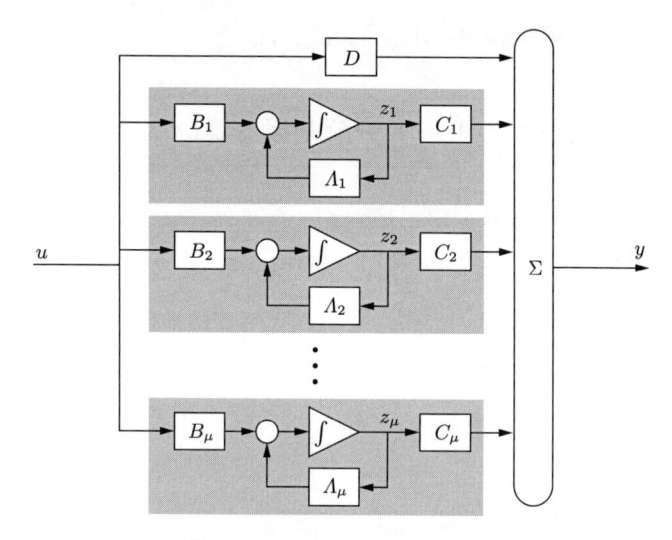

図 3.2 状態方程式のモード分解

3.3.2 特性多項式

$$\phi(s) := \det(sI - A) \tag{3.60}$$

を行列 $A \in \mathrm{R}^{n \times n}$ の特性多項式ということはすでに述べた（式 (2.35)）。

(V_i, Λ_i) を A のすべてのモードとするとき，$\det A = \det(TAT^{-1})$ に注意すると

$$\begin{aligned}
\det(sI - A) &= \det(T(sI - A)T^{-1}) \\
&= \det(sI - \Lambda) \\
&= \det(sI - \Lambda_1)\det(sI - \Lambda_2)\cdots\det(sI - \Lambda_\mu)
\end{aligned} \tag{3.61}$$

となり，各モードの特性多項式 $\det(sI - \Lambda_i)$ は，行列 A の特性多項式 $\phi(s)$ の **因子**（factor）である。

特に A が単純なとき，つまり n 個の相異なる固有値（単純固有構造）$\lambda_1, \lambda_2, \cdots, \lambda_n$ をもつ場合には，その特性多項式は

$$\phi(s) = (s - \lambda_1)(s - \lambda_2)\cdots(s - \lambda_n) \tag{3.62}$$

のように因子 $(s - \lambda_i)$ からなる。

単純でない場合，つまりサイズ ν の拡張固有モードや縮退モードが存在する場

合には，対応する項は $(s-\lambda_i)^\nu$ のように**代数的重複度**（algebraic multiplicity）ν の**重根**（multiple root）になる。

式 (3.59) のようにモード分解されたシステムの伝達関数は

$$G(s) = \left[\begin{array}{c|c} A & B \\ \hline C & D \end{array}\right], \quad G_i(s) = \left[\begin{array}{c|c} \Lambda_i & B_i \\ \hline C_i & 0 \end{array}\right] \tag{3.63}$$

とおくと

$$G(s) = G_1(s) + G_2(s) + \cdots + G_\mu(s) + D \tag{3.64}$$

のように分解表現できる。

3.3.3 コンパニオン行列

つぎの形式の行列を**コンパニオン行列**（companion matrix）という。

$$A = \begin{bmatrix} 0 & 1 & 0 & \cdots & 0 \\ 0 & 0 & 1 & \cdots & 0 \\ \vdots & \vdots & & \ddots & \vdots \\ 0 & 0 & 0 & \cdots & 1 \\ -a_0 & -a_1 & -a_2 & \cdots & -a_{n-1} \end{bmatrix} \tag{3.65}$$

この行列の特性多項式 $\phi(s) = \det(sI - A)$ は

$$\phi(s) = s^n + a_{n-1}s^{n-1} + a_{n-2}s^{n-2} + \cdots + a_0 \tag{3.66}$$

となることは容易に確かめられる。その**根**（root）（A の固有値）を λ とするとき，対応する固有ベクトルは

$$v = \begin{bmatrix} 1 \\ \lambda \\ \lambda^2 \\ \vdots \\ \lambda^{n-1} \end{bmatrix} \tag{3.67}$$

となることも容易にわかる。

特に，A が単純な場合には

$$V = \begin{bmatrix} 1 & 1 & \cdots & 1 \\ \lambda_1 & \lambda_2 & \cdots & \lambda_n \\ \lambda_1^2 & \lambda_2^2 & \cdots & \lambda_n^2 \\ \vdots & \vdots & & \vdots \\ \lambda_1^{n-1} & \lambda_2^{n-1} & \cdots & \lambda_n^{n-1} \end{bmatrix} \tag{3.68}$$

とおいて式 (3.55) に代入すると対角化できる．この行列 V を**バンデルモンド行列** (Vandermonde matrix) という．バンデルモンド行列の行列式は，$\det V = \prod_{i>j}(\lambda_i - \lambda_j)$ となることもわかる．

3.3.4 オートノマス系の振る舞いとモード

オートノマス系 (1.9) の初期状態 $x(0)$ に対する解は，式 (2.4) つまり

$$x(t) = e^{At}x(0) \tag{3.69}$$

で与えられることを前に述べた．ここでは，この解をモードという観点から解説する．

A のモードを $\{(V_i, \Lambda_i)\}_{i=1}^{\mu}$ とする．

$$V = \begin{bmatrix} V_1 & V_2 & \cdots & V_\mu \end{bmatrix}$$

の正則性から，任意の $x(0)$ に対して

$$x(0) = V\eta(0) = \sum_{i=1}^{\mu} V_i \eta_i(0) \tag{3.70}$$

となる $\eta(0)$ が存在する．このとき，式 (3.69) の $x(t)$ は以下のように表すことができる．

Σ_{ss0} の振る舞い（モード分解表現）

A のモードを $\{(V_i, \Lambda_i)\}_{i=1}^{\mu}$ とし

$$\eta_i(t) = e^{\Lambda t}\eta(0) \tag{3.71}$$

とおくと，Σ_{ss0} の振る舞いは

$$x(t) = \sum V_i \eta_i(t) \tag{3.72}$$

と表すことができる．

3.3 システムのモード分解と振る舞い

このことは,式 (3.2), (3.53) を用いると

$$x(t) = e^{At}V\eta(0)$$
$$= Ve^{\Lambda t}\eta(0)$$
$$= \sum V_i e^{\Lambda_i t}\eta_i(0) = \sum V_i \eta_i(t) \quad (3.73)$$

となることから明らかである.以後,$V_i \eta_i(t)$ をモード (V_i, Λ_i) の振る舞い,式 (3.72) を振る舞いのモード分解表現と呼ぶことにする.

一般に,線形時不変のオートノマス系 (3.69) の振る舞いは,式 (3.72) のように各モードの重ね合わせとなる.つまり,初期状態が特定のモードの中にあれば,その解は永遠にそのモードの中でのみ振る舞い,他のモードと干渉することはけっしてない.

$$x(0) \in \mathbf{im}V_i \Rightarrow x(t) \in \mathbf{im}V_i, \forall t \in [0, \infty) \quad (3.74)$$

これは,モードが A-不変部分空間 (A-invariant subspace) であるということを意味している.また,$\eta_i(t) \neq 0$ となるとき,そのモードは**励起された** (excitation) という.

式 (3.72) はラプラス変換を用いて以下のように説明することもできる.モード方程式 (3.2) の両辺に sV を加えると

$$(sI - A)V = V(sI - \Lambda) \quad (3.75)$$

と書くことができるが,これを整理し,右から $\eta(0)$ を掛けると

$$V(sI - \Lambda)^{-1}\eta(0) = (sI - A)^{-1}V\eta(0) \quad (3.76)$$

となる.ここで $x(0) = V\eta(0)$ とおくと,$(sI - \Lambda)$ の対角構造により

$$x(s) = (sI - A)^{-1}x(0)$$
$$= (sI - A)^{-1}V\eta(0)$$
$$= V(sI - \Lambda)^{-1}\eta(0)$$
$$= \sum V_i(sI - \Lambda_i)^{-1}\eta_i(0)$$
$$= \sum V_i \eta_i(s) \quad (3.77)$$

と書ける．

以下，各モードの構造に対する状態遷移行列を導出し，その振る舞いについて解説する．

3.3.5 単純実固有モードの振る舞い

(v, λ) を $A \in \mathbf{R}^{n \times n}$ の単純実固有モードとする．つまり，$v \in \mathbf{R}^n$, $\Lambda \in \mathbf{R}$ であり，対応するモードの自由応答式 (3.72) は

$$x(t) = v e^{\lambda t} \eta(0) \tag{3.78}$$

と表される．

例題 3.5

$$A = \begin{bmatrix} 0 & 1 \\ -2 & -3 \end{bmatrix}, \quad x(0) = \begin{bmatrix} 1 \\ -1 \end{bmatrix}$$

の場合の式 (3.69) を求める．例題 3.1 より，このシステムはつぎの二つのモードをもつ．

$$\left(V_1, \ \lambda_1 \right) = \left(\begin{bmatrix} 1 \\ -2 \end{bmatrix}, \ -2 \right)$$

$$\left(V_2, \ \lambda_2 \right) = \left(\begin{bmatrix} 1 \\ -1 \end{bmatrix}, \ -1 \right)$$

これより

$$\overset{A}{\begin{bmatrix} 0 & 1 \\ -2 & -3 \end{bmatrix}} \overset{V}{\begin{bmatrix} 1 & 1 \\ -2 & -1 \end{bmatrix}} = \overset{V}{\begin{bmatrix} 1 & 1 \\ -2 & -1 \end{bmatrix}} \overset{\Lambda}{\begin{bmatrix} -2 & \\ & -1 \end{bmatrix}}$$

となるが

$$V \eta(0) = x(0) = \begin{bmatrix} 1 \\ -1 \end{bmatrix}$$

より

$$\eta(0) = \begin{bmatrix} 0 \\ 1 \end{bmatrix}$$

となるので
$$\eta(t) = e^{\Lambda t}\eta(0) = \begin{bmatrix} e^{-2t} & 0 \\ 0 & e^{-t} \end{bmatrix} \begin{bmatrix} 0 \\ 1 \end{bmatrix} = \begin{bmatrix} 0 \\ e^{-t} \end{bmatrix}$$
$$x(t) = V\eta(t) = \begin{bmatrix} e^{-t} \\ -e^{-t} \end{bmatrix}$$
となる.

図 3.3 左は時間軸上に $x(t)$ を描いた時間応答波形で,同図右は横軸に x_1, 縦軸に x_2 をとった状態空間上の軌跡である.

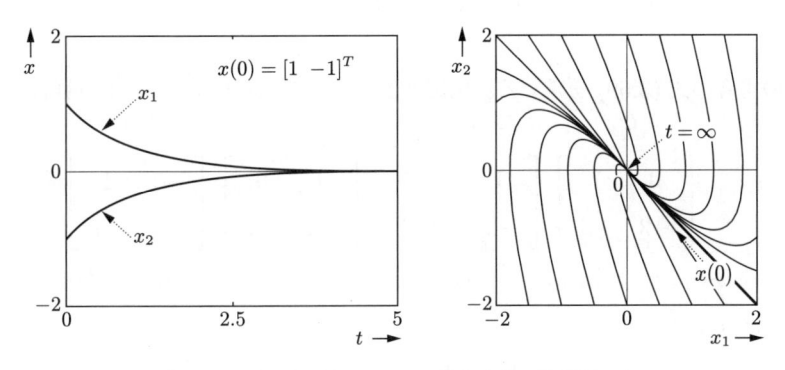

図 **3.3** 単純実固有モードの自由応答(例題 3.5)

3.3.6 単純複素固有モードの振る舞い

単純複素固有値 $\lambda = \sigma + j\omega$ に対するモードの Λ 行列は

$$\Lambda = \begin{bmatrix} \sigma & \omega \\ -\omega & \sigma \end{bmatrix} \tag{3.79}$$

と表現できることを前に述べた(式 (3.31))。これより,この行列に対応する状態遷移行列が

$$e^{\Lambda t} = e^{\sigma t} \begin{bmatrix} \cos(\omega t) & \sin(\omega t) \\ -\sin(\omega t) & \cos(\omega t) \end{bmatrix}$$
$$= e^{\sigma t}\cos(\omega t)I_2 + e^{\sigma t}\sin(\omega t)J_2 \tag{3.80}$$

であることは容易に確かめられる(章末の演習問題【2】)。ここで,I_2 は 2 次

の単位行列，$J_2 = \begin{bmatrix} 0 & 1 \\ -1 & 0 \end{bmatrix}$ である．これより，単純複素固有モードの自由応答式 (3.72) は

$$V\eta(t) = (Ve^{\sigma t}\cos(\omega t) + VJ_2 e^{\sigma t}\sin(\omega t))\eta(0) \tag{3.81}$$

と表すことができる．

例題 3.6

$$A = \begin{bmatrix} 0 & 1 \\ -2 & -2 \end{bmatrix}, \quad x(0) = \begin{bmatrix} 1 \\ -1 \end{bmatrix}$$

の場合の式 (3.69) を求める．例題 3.2 よりこのシステムのモード方程式は

$$\overset{A}{\begin{bmatrix} 0 & 1 \\ -2 & -2 \end{bmatrix}} \overset{V}{\begin{bmatrix} 1 & 0 \\ -1 & -1 \end{bmatrix}} = \overset{V}{\begin{bmatrix} 1 & 0 \\ -1 & -1 \end{bmatrix}} \overset{\Lambda}{\begin{bmatrix} -1 & 1 \\ -1 & -1 \end{bmatrix}}$$

となる．これは式 (3.79) において $\omega = 1$，$\sigma = -1$ に対応するから，式 (3.80) より

$$e^{\Lambda t} = e^{-t} \begin{bmatrix} \cos(t) & \sin(t) \\ -\sin(t) & \cos(t) \end{bmatrix}$$

となる．また

$$\eta(0) = V^{-1} x(0) = \begin{bmatrix} 1 \\ 0 \end{bmatrix}$$

となるので

$$\eta(t) = e^{\Lambda t}\eta(0) = \begin{bmatrix} e^{-t}\cos(t) \\ -e^{-t}\sin(t) \end{bmatrix}$$

$$x(t) = V\eta(t) = \begin{bmatrix} e^{-t}\cos(t) \\ -e^{-t}(\cos(t) + \sin(t)) \end{bmatrix}$$

となる．

図 **3.4** はこの波形を時間軸上および状態空間上に描いた図である．このような波形は指数減衰振動波形と呼ばれる．

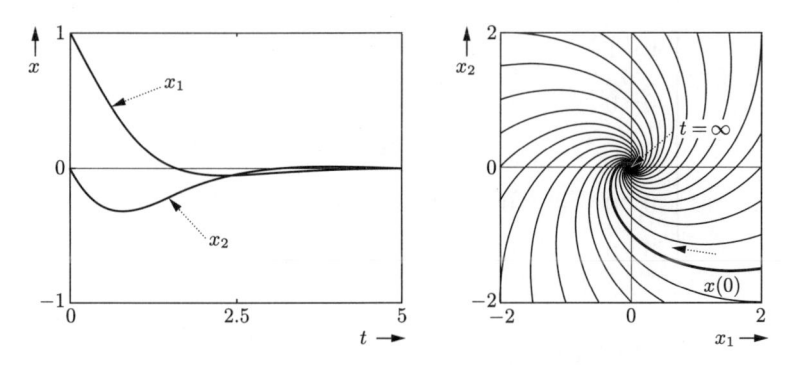

図 **3.4** 単純複素固有モードの自由応答（例題 3.6）

3.3.7 拡張固有モードの振る舞い

固有値 λ が拡張固有ベクトルを伴うときには，モードの $\Lambda \in \mathbf{C}^{\nu \times \nu}$ 行列は

$$\Lambda = \begin{bmatrix} \lambda & 1 & \cdots & 0 & 0 \\ 0 & \lambda & \ddots & 0 & 0 \\ \vdots & \cdots & \ddots & \ddots & \vdots \\ 0 & 0 & \cdots & \lambda & 1 \\ 0 & 0 & \cdots & 0 & \lambda \end{bmatrix} \tag{3.82}$$

と表現できることを前に述べた（式 (3.38)）。このとき，その状態遷移行列は

$$e^{\Lambda t} = e^{\lambda t} \begin{bmatrix} 1 & t & \frac{1}{2}t^2 & \cdots & \frac{1}{(\nu-1)!}t^{\nu-1} \\ 0 & 1 & t & \cdots & \frac{1}{(\nu-2)!}t^{\nu-2} \\ \vdots & \vdots & \vdots & \ddots & \vdots \\ 0 & 0 & 0 & \ddots & t \\ 0 & 0 & 0 & \cdots & 1 \end{bmatrix} \tag{3.83}$$

であることは容易に確かめられる。よって

$$U = \begin{bmatrix} 0 & 1 & \cdots & 0 & 0 \\ 0 & 0 & \ddots & 0 & 0 \\ \vdots & & \ddots & \ddots & \vdots \\ 0 & 0 & \cdots & 0 & 1 \\ 0 & 0 & \cdots & 0 & 0 \end{bmatrix} \in \mathbf{R}^{\nu \times \nu}$$

とおくと，自由応答式 (3.72) は

$$V\eta(t) = Ve^{\lambda t}\left(I + Ut + \frac{1}{2}U^2 t^2 + \cdots + \frac{1}{(\nu-1)!}U^{\nu-1}t^{\nu-1}\right)\eta(0) \tag{3.84}$$

となる。

例題 3.7

$$A = \begin{bmatrix} -1 & 1 \\ 0 & -1 \end{bmatrix}, \quad x(0) = \begin{bmatrix} 1 \\ -1 \end{bmatrix}$$

の場合，式 (3.83) より

$$e^{At} = \begin{bmatrix} e^{-t} & te^{-t} \\ 0 & e^{-t} \end{bmatrix}$$

となるので

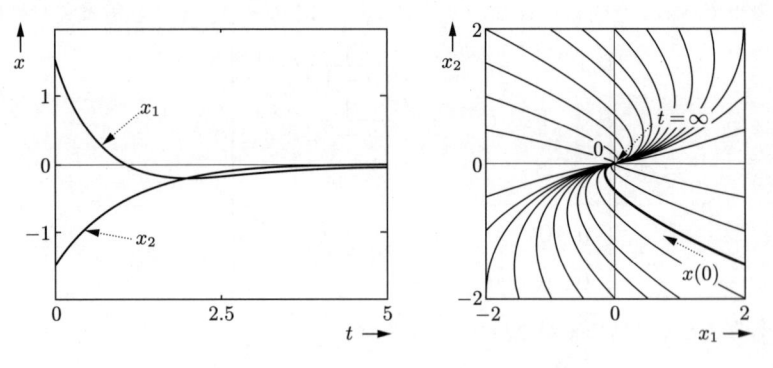

図 **3.5** 拡張実固有モードの自由応答（例題 3.7）

$$x(t) = e^{At}x(0) = \begin{bmatrix} (1-t)e^{-t} \\ -e^{-t} \end{bmatrix}$$

となる。この波形は図 3.5 のようになる。

3.3.8 縮退固有モードの振る舞い

固有値 λ_i に対する縮退固有モードを式 (3.44), (3.45) とする。$\Lambda = \lambda I$ なので

$$x(0) = V\eta(0)$$

とすると、式 (3.72) は

$$x(t) = e^{At}V\eta(0) = Ve^{\Lambda t}\eta(0) = (V\eta(0))e^{\lambda t} \tag{3.85}$$

となる。すなわち、縮退固有モードの振る舞いは、式 (3.78) と比較してわかるように、固有値 λ をもつ単純固有モードの重ね合わせと区別することができない[†]。

例題 3.8 つぎの A 行列をもつシステムを考える(例題 3.7 との違いに注意)。

$$A = \begin{bmatrix} -1 & 0 \\ 0 & -1 \end{bmatrix}, \quad x(0) = \begin{bmatrix} 1 \\ -1 \end{bmatrix}$$

この場合

$$e^{At} = \begin{bmatrix} e^{-t} & 0 \\ 0 & e^{-t} \end{bmatrix}$$

となるので

$$x(t) = e^{At}x(0) = \begin{bmatrix} e^{-t} \\ -e^{-t} \end{bmatrix} = x(0)e^{-t}$$

となり、時間軸上では単純実固有モードの振る舞いと区別ができない(図 3.6 左参照)。しかし、同図右のように、横軸に x_1、縦軸に x_2 をとった状態空間上の軌跡はまったく異なる。

[†] 可制御性、可観測性に関連する重要なポイントである。

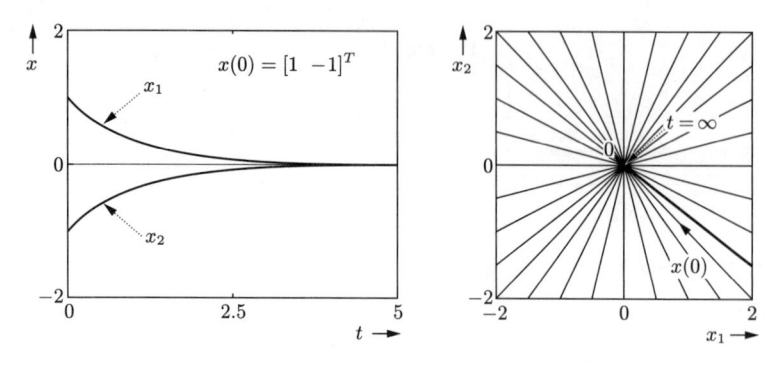

図 **3.6** 縮退固有モードの自由応答（例題 3.8）

3.3.9 安　定　性

オートノマス系 (1.8), (1.9) がすべての初期状態 $x(0) \in \mathbf{R}^n$ に対して $t \to \infty$ のとき

$$x(t) \to 0 \tag{3.86}$$

であるならば，システムは**内部安定**（internal stable）であるという。

これまでの考察により，正方行列 A の固有値を $\lambda_i = \sigma_i + j\omega_i$ とすると，オートノマス系 (1.8), (1.9) の振る舞いは

$$t^k e^{\lambda_i t}, \quad k = 0, 1, \cdots, \quad i = 1, 2, \cdots \tag{3.87}$$

または

$$t^k e^{\sigma_i t} \sin(\omega_i t), \ \ t^k e^{\sigma_i t} \cos(\omega_i t), \ \ k = 0, 1, \cdots, \ \ i = 1, 2, \cdots \tag{3.88}$$

の重ね合わせ（線形結合）により表現できることが明らかになった。

これにより，モードの安定性に関する以下の事実が導かれる。

【補題 3.2】　（モードの安定性）

固有値 $\lambda = \sigma + j\omega$ に対応するモードの $t \to \infty$ における振る舞いは，以下の三つに分類できる。

$$\begin{array}{ll} \sigma > 0 & \to \quad \text{不安定（発散）} \\ \sigma < 0 & \to \quad \text{安定（0 に収束）} \\ \sigma = 0 & \to \quad \text{安定限界（持続振動，定数）} \end{array} \tag{3.89}$$

図 3.7 の左図は極の値が $\lambda = 0$ の場合であり,初期値が一定に保たれている。同右図は極の値が $\lambda = 0.1, 0.2, 0.3$ の場合であり,状態変数の値が時間の経過とともに指数関数的に増加(発散)している。これに対して,図 3.8 は $\lambda = \pm 5j$ および $0.1 \pm 5j$ に極をもつシステムの自由応答である。$\sigma = 0$ においては振幅一定の持続振動であるが,$\sigma = 10 > 0$ では状態変数の値が発散している。

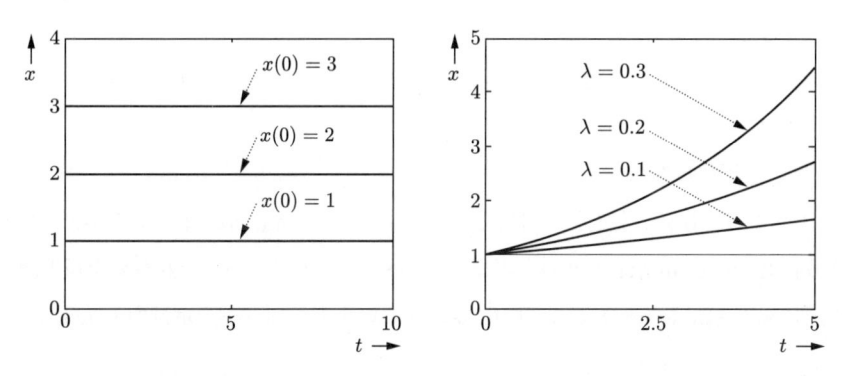

図 3.7 単純実固有モードの自由応答(左:$\lambda = 0$,右:$\lambda = 0.1, 0.2, 0.3$)

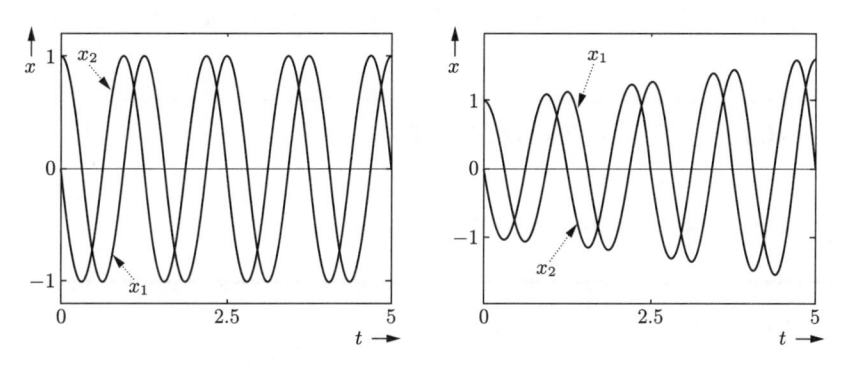

図 3.8 単純複素固有モードの自由応答(左:$\lambda = \pm 5j$,右:$\lambda = 0.1 \pm 5j$)

このように,システムの自由応答波形の安定性は,システムの極の実部の符号により決定される。

システムの安定性に関するつぎの定理が得られる。

【定理 3.1】 （システムの安定性）

オートノマス系 (1.8), (1.9) が内部安定であるための必要十分条件は，A のすべての固有値の実部が負であることである．

正方行列 $A \in \mathbf{R}^{n \times n}$ の固有値を $\lambda_i(A)$ と書くと，上の定理は

$$\mathbf{Re}(\lambda_i) < 0, \ \forall i$$

と書ける．あるいは，複素左開半平面を $\mathbf{C}^- = \{\sigma + j\omega | \sigma < 0\}$ とするとき

$$\lambda_i(A) \in \mathbf{C}^-, \ \forall i$$

と書くこともある．

すべての固有値が安定な行列 A を**安定行列**（stable matrix）または**フルビッツ行列**（Hurwitz matrix）という．また，すべての固有値が不安定な行列を**反安定行列**（anti-stable matrix）と呼び，安定でない正方行列は**不安定行列**（unstable matrix）と呼ばれる．

安定な行列 A の特性多項式 $\phi(s) = \det(sI - A)$ は，**安定多項式**（stable polynomial）または**フルビッツ多項式**（Hurwitz polynomial）と呼ばれる．

3.4 リアプノフの安定定理

安定性に関するつぎの定理は重要である．

【定理 3.2】 （リアプノフの安定定理）

正方行列 $A \in \mathbf{R}^{n \times n}$ に対して以下の三つの命題は等価である．

(1) A は安定行列である．

(2) 与えられた正定行列 $0 < Q \in \mathbf{R}^{n \times n}$ に対してリアプノフ方程式

$$A^T P + PA + Q = 0 \tag{3.90}$$

を満たす正定行列 $0 < P \in \mathbf{R}^{n \times n}$ が存在する．

(3) 線形行列不等式
$$A^TP + PA < 0, \quad P > 0 \tag{3.91}$$
を満たす正定行列 $P \in \mathbf{R}^{n \times n}$ が存在する。

証明

(1) $\Rightarrow$ (2)

n 次正方行列 $P(t)$ を
$$P(t) = \int_0^t e^{A^T\tau} Q e^{A\tau} d\tau$$
とおくと，$Q > 0$ より明らかに $P(t) > 0$ である。ここで
$$\begin{aligned} A^T P(t) + P(t)A &= \int_0^t A^T e^{A^T\tau} Q e^{A\tau} d\tau + \int_0^t e^{A^T\tau} Q e^{A\tau} A d\tau \\ &= \int_0^t \frac{d}{d\tau}\left(e^{A^T\tau} Q e^{A\tau}\right) d\tau \\ &= \left[e^{A^T\tau} Q e^{A\tau}\right]_0^t = e^{A^T t} Q e^{At} - Q \end{aligned} \tag{3.92}$$
となるが，A が安定ならば
$$e^{A^T t} \to 0, \quad e^{At} \to 0 \ (t \to \infty)$$
なので，$P(\infty) = P$ とおくと，リアプノフ方程式 (3.90) が成り立つ。

(2) $\Rightarrow$ (3) は明らか。

(3) $\Rightarrow$ (1)

$P > 0$，$x(t) \neq 0$ からなる正定関数
$$V(t) = x^T(t)Px(t) > 0 \tag{3.93}$$
を定義する。$\dot{x}(t) = Ax(t)$ であるから
$$\begin{aligned} \frac{d}{dt}V(t) &= \dot{x}^T(t)Px(t) + x^T(t)P\dot{x}(t) \\ &= x^T(t)(A^T P + PA)x(t) < 0 \end{aligned} \tag{3.94}$$
となる。このように下界をもつ単調減少関数は**リアプノフ関数**（Lyapunov function）と呼ばれ
$$V(t) \to 0 \ (t \to \infty)$$
であることが知られている。これは式 (3.93) からわかるように
$$x(t) \to 0 \ (t \to \infty)$$
すなわち A の安定性を意味する。よって証明された。 $\triangle$

3.5 安定性の定量的評価

安定性や安定度を定量的に評価するためには，A 行列の固有値の分布やリアプノフ方程式の解を利用することができる．

3.5.1 固有値の分布に基づく評価

単純実固有モードの振る舞いは，**1 次遅れ系**（first order system）

$$G(s) = \frac{K}{1+Ts}, \tag{3.95}$$

のインパルス応答である．このとき時定数 T と固有値には

$$\lambda = -\frac{1}{T} \tag{3.96}$$

の関係がある．

単純複素固有モードの振る舞いは**標準 2 次系**（standard 2nd order system）

$$G(s) = \frac{K\omega_n^2}{s^2 + 2\zeta\omega_n s + \omega_n^2} \tag{3.97}$$

のインパルス応答であり，$0 \leq \zeta \leq 1$ は**ダンピング係数**（damping coefficient），$0 < \omega_n$ は**自然角周波数**（natural angular frequency）と呼ばれる．このシステムの極と単純固有モードの固有値の間には

$$s = \sigma \pm j\omega = re^{\pm j\theta} = -\zeta\omega_n \pm j\sqrt{1-\zeta^2}\,\omega_n \tag{3.98}$$

の関係がある．これをまとめると**表 3.1** のようになる．

表 3.1 システムの複素極の対応表

	(σ, ω) 直交座標表現	(r, θ) 極座標表現	(ζ, ω_n) 2 次標準形	条件
$\sigma =$		$r\cos(\theta)$	$-\zeta\omega_n$	$\sigma \leq 0$
$\omega =$		$r\sin(\theta)$	$\sqrt{1-\zeta^2}\,\omega_n$	$\omega > 0$
$r =$	$\sqrt{\sigma^2 + \omega^2}$		ω_n	$r > 0$
$\theta =$	$\tan^{-1}\left(\frac{\omega}{\sigma}\right)$		$\pi - \cos^{-1}(\zeta)$	$\frac{\pi}{2} \leq \theta \leq \pi$
$\zeta =$	$\frac{-\sigma}{\sqrt{\sigma^2+\omega^2}}$	$-\cos(\theta)$		$0 \leq \zeta \leq 1$
$\omega_n =$	$\sqrt{\sigma^2 + \omega^2}$	r		$\omega_n > 0$

すべての時間にわたって
$$|x(t)| < Me^{\sigma t} \tag{3.99}$$
となる定数 $\sigma < 0$ と $M > 0$ が存在するとき，これを**指数安定**（exponentially stable）といい，σ を指数安定度という．システムが指数安定度 σ をもつためには，A の固有値の実数部が
$$\mathbf{Re}(\lambda_i(A)) < \sigma \tag{3.100}$$
を満たすことが必要条件である．図 **3.9** はこのことを複素平面で説明した図で

$s = \sigma + j\omega$
$\quad = \omega_n(-\zeta \pm j\sqrt{1-\zeta^2})$
$\zeta = -\cos(\theta)$

(a)

(b)

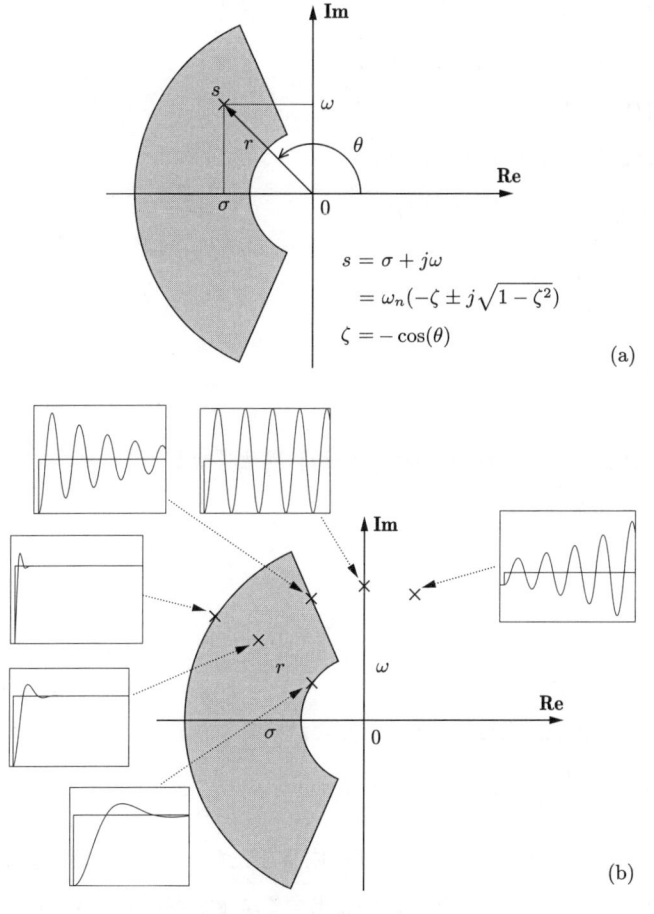

図 **3.9** 極の分布と安定性（$s = \sigma \pm j\omega$）

ある。図 (a) は表 **3.1** で用いられた各変数間の関係を示している。図 (b) 中の扇型は望ましい極の位置としてしばしば提示される領域で，図中の波形はその位置に単純複素固有値の一つをもつシステムの代表的な応答波形である。

3.5.2 リアプノフ方程式の解に基づく評価

安定なオートノマス系の安定性を評価するために，正定行列 $Q \in \mathbf{R}^{n \times n}$ を重みとする以下のノルムを考える。

$$\|x\|_Q^2 = \int_0^\infty x^T(\tau)Qx(\tau)d\tau < \infty, \quad Q > 0 \tag{3.101}$$

初期状態 $x(0) = x_0$ の応答は式 (2.4)

$$x(t) = e^{At}x_0 \tag{3.102}$$

で与えられたが，定理 3.2 の証明より

$$P(\infty) = \int_0^\infty e^{A^T\tau}Qe^{A\tau}d\tau \tag{3.103}$$

はリアプノフ方程式

$$A^TP + PA + Q = 0 \tag{3.104}$$

の解であることから

$$\|x\|_Q^2 = x_0^T P x_0 \tag{3.105}$$

である。P は正定対称行列なので，その特異値分解を

$$\begin{aligned} P &= V\Sigma^2 V^T \\ &= \sum_{i=1}^n \sigma_i^2 v_i v_i^T \end{aligned} \tag{3.106}$$

と書くことができる。ここで，Σ は対角成分が正値の行列

$$\Sigma = \mathrm{diag}[\sigma_1^2, \sigma_2^2, \cdots, \sigma_n^2] \tag{3.107}$$

であり，V は正規直交行列である。したがって

$$\|x\|_Q^2 = \sum_{i=1}^n \left(\sigma_i v_i^T x_0\right)^2 = \sum_{i=1}^n (\sigma_i \langle x_0, v_i \rangle)^2 \tag{3.108}$$

となる。ここで，記号 $\langle \ \rangle$ はベクトルの内積を表す。これは初期状態 $x(0) = v_i$ から原点に移動する際にシステムが放出するエネルギーの大きさが σ_i^2 である

ことを意味しており

　　σ_i の値が小さい → 応答が速い

　　σ_i の値が大きい → 応答が遅い

という定量的評価に使用できることを意味している。

********** 演 習 問 題 **********

【1】 コンパニオン行列式 (3.65) の特性多項式が式 (3.66) となること，およびその固有ベクトルが式 (3.67) となることを確かめよ。

【2】 $\Lambda = \begin{bmatrix} \sigma & \omega \\ -\omega & \sigma \end{bmatrix}$ のとき $e^{\Lambda t} = e^{\sigma t} \begin{bmatrix} \cos(\omega t) & \sin(\omega t) \\ -\sin(\omega t) & \cos(\omega t) \end{bmatrix}$ となることを示せ。

【3】 標準的な 2 次系のダンピング係数を ζ，自然角周波数を ω_n として変化させたときのインパルス応答波形の計算プログラムを書け（MATLAB）。

【4】 以下の行列 A_i について，モード方程式 $AV = V\Lambda$ を満たす (V, Λ) を求めよ。

(a) $A_1 = \begin{bmatrix} 0 & -2 \\ 1 & -3 \end{bmatrix}$　　(b) $A_2 = \begin{bmatrix} 0 & 1 & 0 \\ 3 & 0 & 2 \\ -12 & -7 & -6 \end{bmatrix}$

(c) $A_3 = \begin{bmatrix} -5 & 1 \\ -1 & -7 \end{bmatrix}$　　(d) $A_4 = \begin{bmatrix} -2 & -4 & 2 \\ 1 & -1 & -4 \\ 0 & 3 & -6 \end{bmatrix}$

【5】 ばね・マス・ダンパ系 (1.50) や RLC 電気回路 (1.37) の安定性について，定理 3.1 および定理 3.2 とその物理的対応関係から説明せよ。

【6】 式 (3.80) および式 (3.83) が状態遷移行列の条件（補題 2.1 の性質 (1) から (4)）を満たすことを示せ。

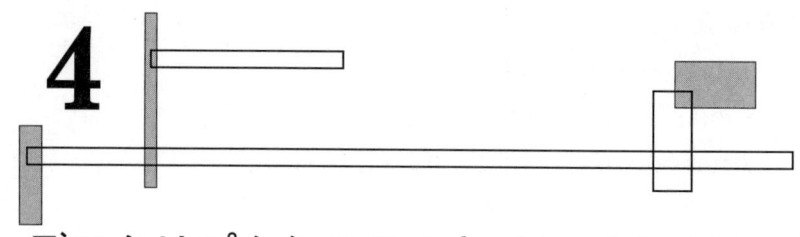

4 デスクリプタシステムとインパルスモード

この章では，2章，3章の議論を1章で紹介したデスクリプタシステム Σ_{dsys}(1.13), (1.14) に拡張する．ただし，デスクリプタ変数ベクトルのサイズは，1章の n_D ではなく n で表記する．また，$A, E \in \mathbf{R}^{n \times n}$ は正方行列で，$[sE - A]$ は正則ペンシルとし，特異型デスクリプタシステムは扱わない（**表 1.1** または**図 1.7** 参照）．まず，ワイエルストラスの標準形を導出し，これに基づいて1章で紹介した状態空間型 $\Sigma_{\mathrm{dsys-ss}}$，インデックス1型 $\Sigma_{\mathrm{dsys-index1}}$，インパルス型 $\Sigma_{\mathrm{dsys-impulse}}$ の諸性質を解説する．

4.1 ワイエルストラス標準形

デスクリプタシステムの解析において最も基本的なワイエルストラスの標準形を導く．

4.1.1 正則変換

正則行列 $P, Q \in \mathbf{R}^{n \times n}$ を用いたつぎの変換を考える．

$$\begin{bmatrix} P^T & 0 \\ 0 & I \end{bmatrix} \begin{bmatrix} A - sE & B \\ C & D \end{bmatrix} \begin{bmatrix} Q & 0 \\ 0 & I \end{bmatrix} = \begin{bmatrix} \overline{A} - s\overline{E} & \overline{B} \\ \overline{C} & \overline{D} \end{bmatrix} \quad (4.1)$$

この変換により，デスクリプタ変数 $\overline{x}(t) = Q^{-1} x(t)$ をもつデスクリプタシステム Σ_{dsys}(1.13), (1.14)

$\Sigma_{\overline{\text{dsys}}}$：デスクリプタシステム表現

$$\overline{E}\dot{\overline{x}}(t) = \overline{A}\overline{x}(t) + \overline{B}u(t), \quad \overline{x}(0) = \overline{x}_0 \tag{4.2}$$

$$y(t) = \overline{C}\overline{x}(t) + \overline{D}u(t) \tag{4.3}$$

が得られる．この変換をデスクリプタシステムの正則変換という．このシステムの伝達関数は

$$\begin{aligned}
\overline{G}(s) &= \left[\begin{array}{c|c} \overline{A} - s\overline{E} & \overline{B} \\ \hline \overline{C} & \overline{D} \end{array}\right] = \left[\begin{array}{c|c} P^T(A - sE)Q & P^TB \\ \hline CQ & D \end{array}\right] \\
&= CQ(P(sE - A)Q)^{-1}P^TB + D \\
&= C(sE - A)^{-1}B + D = \left[\begin{array}{c|c} A - sE & B \\ \hline C & D \end{array}\right] = G(s) \tag{4.4}
\end{aligned}$$

となる．つまり，伝達関数はデスクリプタシステムの正則変換に対して不変である．

4.1.2 クロネッカ分解

【定理 4.1】 （クロネッカ分解定理[4]†）

(A, E) の一般化固有値問題の解から得られる固有ベクトルからなる $n \times n$ の正則行列

$$P^T = \left[\begin{array}{cc} EV_s & AV_f \end{array}\right]^{-1}, \quad Q = \left[\begin{array}{cc} V_s & V_f \end{array}\right] \tag{4.5}$$

を用いると，正則ペンシルは

$$P^T [sE - A] Q = \left[\begin{array}{cc} sI - A_s & 0 \\ 0 & sA_f - I \end{array}\right] \tag{4.6}$$

のように，有限固有値に対するモードと無限固有値に対応するモードに分解できる．

---

† 肩付き番号は巻末の引用・参考文献を示す．

ここで $V_s \in \mathbf{R}^{n \times n_s}$, $A_s \in \mathbf{R}^{n_s \times n_s}$ は,有限周波数に対する一般化固有値問題から得られる一般化固有ベクトルおよび一般化固有値からなる行列,また,$V_f \in \mathbf{R}^{n \times n_f}$, $A_f \in \mathbf{R}^{n_f \times n_f}$ は無限周波数に対する一般化固有値問題から得られる一般化固有ベクトルおよび一般化固有値からなる行列であり,$n_s + n_f = n$ である(付録 A.5.3 項参照)。

この分解を書き直すと

$$AV_s = EV_s A_s \quad \text{(有限周波数モード)} \tag{4.7}$$

$$EV_f = AV_f A_f \quad \text{(無限周波数モード)} \tag{4.8}$$

の二つのモード方程式に分けて表現することができる。以後,各モードを有限周波数モード = $(V_s, (A_s - sI))$,無限周波数モード = $(V_f, (I - sA_f))$ のように記述する。

有限周波数モードは**指数モード**(exponential mode)とも呼ばれるが,無限周波数モードはその振る舞いの違いから,さらに**純静的モード**(static mode)と**インパルスモード**(impulsive mode)に分類される。詳しくは 4.2.3 項で述べる。

4.1.3 ワイエルストラスの標準形

式 (4.6) で定義した正則行列 P, Q を用いて正則変換 (4.1) を行うと,下記のシステム表現が得られる。

$$\left[\begin{array}{c|c} P^T(A - sE)Q & P^T B \\ \hline CQ & D \end{array} \right] = \left[\begin{array}{cc|c} A_s - sI & 0 & B_s \\ 0 & I - A_f s & B_f \\ \hline C_s & C_f & D \end{array} \right] \tag{4.9}$$

となる。ここで

$$x(t) = Q\eta(t) = \begin{bmatrix} V_s & V_f \end{bmatrix} \begin{bmatrix} \eta_s \\ \eta_f \end{bmatrix} \tag{4.10}$$

とおくと,以下に示す**ワイエルストラス標準形**(Weierstrass form)を得る。

4.2 デスクリプタシステムの解（入力なし）

Σ_{dsysWS}：デスクリプタシステム表現（ワイエルストラス標準形）

$$\begin{bmatrix} I & 0 \\ 0 & A_f \end{bmatrix} \frac{d}{dt} \begin{bmatrix} \eta_s \\ \eta_f \end{bmatrix} = \begin{bmatrix} A_s & 0 \\ 0 & I \end{bmatrix} \begin{bmatrix} \eta_s \\ \eta_f \end{bmatrix} + \begin{bmatrix} B_s \\ B_f \end{bmatrix} u$$

$$y(t) = \begin{bmatrix} C_s & C_f \end{bmatrix} \begin{bmatrix} \eta_s \\ \eta_f \end{bmatrix} + Du(t) \tag{4.11}$$

4.2 デスクリプタシステムの解（入力なし）

オートノマスなデスクリプタシステム

Σ_{dsys0}：デスクリプタシステム（オートノマス系）

$$E\dot{x}(t) = Ax(t), \quad Ex(0) = Ex_0 \tag{4.12}$$

$$y(t) = Cx(t) \tag{4.13}$$

について考える．ここで，$A, E \in \mathbf{R}^{n \times n}$ は正方行列で，$[sE - A]$ は正則ペンシルであるとする．

デスクリプタ変数の初期値 x_0 を式 (4.10) にならって座標変換すると

$$\begin{bmatrix} \eta_{s0} \\ \eta_{f0} \end{bmatrix} = \begin{bmatrix} V_s & V_f \end{bmatrix}^{-1} x_0 \tag{4.14}$$

となり，ワイエルストラス標準形 (4.11) から有限周波数モードおよび無限周波数モードに関する微分方程式に分離できる．

$$\dot{\eta}_s(t) = A_s \eta_s(t), \quad \eta_s(0) = \eta_{s0} \in \mathbf{R}^{n_s} \tag{4.15}$$

$$A_f \dot{\eta}_f(t) = \eta_f(t), \quad \eta_f(0) = \eta_{f0} \in \mathbf{R}^{n_f} \tag{4.16}$$

それぞれの微分方程式の解 $\eta_s(t)$, $\eta_f(t)$ が得られれば，式 (4.10) により式 (4.12) の解が求まることになる．

4.2.1 有限周波数モード

有限周波数モード（指数モード）の解について，以下の補題が成り立つ．

【補題 4.1】 （有限周波数モードの解）

$(V_s, (A_s - sI))$ を Σ_{dsys0} (4.12) の有限周波数モードとする．$x(0) \in \mathbf{im}\, V_s$ ならば，$t > 0$ における Σ_{dsys0} の解は

$$x(t) = V_s e^{A_s t} \eta_0 \tag{4.17}$$

である．ただし，$\eta_0 \in \mathbf{R}^{n_s}$ は $x(0) = V_s \eta_0$ を満たす定数ベクトルである．

証明 式 (4.15) が状態方程式 (1.1) であることと，クロネッカ分解による有限周波数モードと無限周波数モードの非干渉性より明らかである． △

この補題が示すように，オートノマスなデスクリプタシステムの初期状態が有限周波数モード上にあれば，その解は 2 章の状態方程式の解と一致する．

モード方程式 (4.7) は

$$(sE - A)V_s = EV_s(sI - A_s) \tag{4.18}$$

と書くこともできる．これに左から $(sE - A)^{-1}$，右から $(sI - A_s)^{-1}\eta_0$ を掛けると

$$V_s(sI - A_s)^{-1}\eta_0 = (sE - A)^{-1}EV_s\eta_0 \tag{4.19}$$

となる．

ところで，オートノマス系 (4.12) をラプラス変換すると

$$sEX(s) - Ex(0) = AX(s) \tag{4.20}$$

となるので

$$X(s) = (sE - A)^{-1}Ex(0) \tag{4.21}$$

であるが，$x(0) = V_s\eta_0$ を代入すると

$$X(s) = (sE - A)^{-1}EV_s\eta_0$$

$$= V_s(sI - A_s)^{-1}\eta_0 \tag{4.22}$$

となり，これを逆ラプラス変換すると
$$x(t) = V_s e^{A_s t} \eta_0$$
となる．

指数モードは状態方程式の解式 (3.72) と一致するので，前章までのモードに関する種々の概念（不変部分空間，ジョルダンブロック，対角化，複素固有値の実数化，特性多項式，安定性など）は，デスクリプタシステムの指数モードにおいても同様に成り立つ．

4.2.2 インデックス指数が 1 の無限周波数モード

有限周波数モードに対応して式 (4.16) で表されるモードを無限周波数モードと呼ぶ．$A_f \in \mathbf{R}^{n_f \times n_f}$ は実係数からなる**べき零行列**（nilpotent matrix）で
$$A_f^\mu = 0 \tag{4.23}$$
を満たす最小の正整数 $\mu \geq 1$ を A_f の**べき零指数**（nilpotency）という．これは，**デスクリプタシステム**Σ_{dsys} **のインデックス**（index of system）あるいは**インパルス指数**（impulsive index）とも呼ばれる．インパルス指数が 1 の場合と 2 以上ではシステムの動的特徴に違いがある．

つぎの事実は重要である．

【補題 4.2】 デスクリプタシステムに関するつぎの命題は等価である．

(1) システム Σ_{dsys} はインデックス 1 型（$\Sigma_{\text{dsys-index1}}$）である．すなわち，SVD 標準型システム Σ_{dsysSVD} において $\det A_4 \neq 0$ である．

(2) ワイエルストラス標準型システム Σ_{dsysWS} において，無限周波数モード方程式 (4.8) の $A_f = 0$，つまり A_f のべき零指数（システムのインデックス指数）は $\mu = 1$ である．

(3) $\mathbf{im} V_f = \mathbf{ker} E$ ($n_f = n - \mathrm{rank} E$： $E V_f = 0$)
   $\mathbf{im} E V_s = \mathbf{im} E$ ($n_s = \mathrm{rank} E$)

(4) $\text{rank}\begin{bmatrix} A & E \\ E & 0 \end{bmatrix} = \text{rank}E + n$ (4.24)

(5) $A\ker E + \text{im}E = \mathbf{R}^n$

(6) $\deg\det(sE - A) = \text{rank}E$

証明

$(1) \Rightarrow (2)$

SVD 標準形 (1.26) を考える。A_4, Σ_r の正則性から，つぎの正則行列が定義できる。

$$P^T = \begin{bmatrix} \Sigma_r^{-1} & -\Sigma_r^{-1} A_2 A_4^{-1} \\ 0 & I \end{bmatrix}, \quad Q = \begin{bmatrix} I & 0 \\ -A_4^{-1} A_3 & A_4^{-1} \end{bmatrix} \quad (4.25)$$

これらを式 (1.26) に左右から掛けて座標変換すると

$$\begin{bmatrix} I & 0 \\ 0 & 0 \end{bmatrix} \frac{d}{dt} \begin{bmatrix} x_1 \\ \bar{x}_2 \end{bmatrix} = \begin{bmatrix} \Sigma_r^{-1}(A_1 - A_2 A_4^{-1} A_3) & 0 \\ 0 & I \end{bmatrix} \begin{bmatrix} x_1 \\ \bar{x}_2 \end{bmatrix}$$

$$+ \begin{bmatrix} \Sigma_r^{-1}(B_1 - A_2 A_4^{-1} B_2) \\ B_2 \end{bmatrix} u \quad (4.26)$$

$$y(t) = \begin{bmatrix} (C_1 - C_2 A_4^{-1} A_3) & C_2 A_4^{-1} \end{bmatrix} \begin{bmatrix} x_1 \\ \bar{x}_2 \end{bmatrix} + Du(t) \quad (4.27)$$

となる。ただし，$\bar{x}_2 = A_3 x_1 + A_4 x_2$ である。これを式 (4.6) と比較すると $A_f = 0$ である。

$(2) \Rightarrow (1)$ は明らか。

$(2) \Rightarrow (3)$

式 (4.26), (4.27) を改めてデスクリプタシステム (1.13), (1.14) と考えると，$E = \begin{bmatrix} I & 0 \\ 0 & 0 \end{bmatrix}$ だから

$$\text{im}V_f = \ker E = \text{im}\begin{bmatrix} 0 \\ I_{n_f} \end{bmatrix}, \quad \text{im}EV_s = \text{im}E = \text{im}\begin{bmatrix} I_{n_s} \\ 0 \end{bmatrix}$$

であることより明らか。

$(3) \Rightarrow (2)$

式 (4.8) より，一般に

$$EV_f = AV_f A_f = \begin{bmatrix} EV_s & AV_f \end{bmatrix} \begin{bmatrix} 0 \\ A_f \end{bmatrix} \quad (4.28)$$

が成り立つ。ここで，(3) より $EV_f=0$ であり，$\begin{bmatrix} EV_s & AV_f \end{bmatrix}$ は正則なので，$A_f=0$ である。

(3) $\Rightarrow$ (4)

V_s, V_f を式 (4.5) で定義する。$\begin{bmatrix} V_s & V_f \end{bmatrix}$ が正則であることに注意すると

$$\begin{bmatrix} A & E \\ E & 0 \end{bmatrix}\begin{bmatrix} V_s & V_f & 0 & 0 \\ 0 & 0 & V_s & V_f \end{bmatrix} = \begin{bmatrix} AV_s & AV_f & EV_s & EV_f \\ EV_s & EV_f & 0 & 0 \end{bmatrix}$$

$$= \begin{bmatrix} AV_s & AV_f & EV_s & 0 \\ EV_s & 0 & 0 & 0 \end{bmatrix}$$

となる。ここで $\begin{bmatrix} EV_s & AV_f \end{bmatrix}$ の正則性および補題 4.2 の (3) より $\mathrm{rank} EV_s = \mathrm{rank} E = r$ なので，(4) は明らかである。

(4) $\Rightarrow$ (1)

P, Q を SVD 標準形の正則変換行列とすると

$$\begin{bmatrix} P^T & 0 \\ 0 & P^T \end{bmatrix}\begin{bmatrix} A & E \\ E & 0 \end{bmatrix}\begin{bmatrix} Q & 0 \\ 0 & Q \end{bmatrix} = \begin{bmatrix} A_1 & A_2 & I & 0 \\ A_3 & A_4 & 0 & 0 \\ I & 0 & 0 & 0 \\ 0 & 0 & 0 & 0 \end{bmatrix} \quad (4.29)$$

となる。これより (4) ならば (1) は明らかである。

(3) $\Rightarrow$ (5)

$\ker E = \mathrm{im} V_f$ と $\mathrm{im} E = \mathrm{im} EV_s$ に注意すると

$$A\ker E + \mathrm{im} E = A\mathrm{im} V_f + \mathrm{im} EV_s$$
$$= \mathrm{im} AV_f + \mathrm{im} EV_s$$
$$= \mathrm{im}\begin{bmatrix} EV_s & AV_f \end{bmatrix} = \mathbf{R}^n$$

(3) $\Rightarrow$ (6)

P, Q をクロネッカ標準形 (4.25) への正則変換行列とすると

$$\det(sE-A) = (\det P^{-1})\det(P(sE-A)Q)(\det Q^{-1})$$
$$= \frac{1}{\det(PQ)}\det\begin{bmatrix} sI-A_s & 0 \\ 0 & sA_f-I \end{bmatrix}$$
$$= \frac{1}{\det(PQ)}\det(sI-A_s)\det(sA_f-I) \quad (4.30)$$

である。ここで A_f はべき零行列なので

$$\det(sA_f-I) = (-1)^{n_f} = (定数) \quad (4.31)$$

であるため，$\deg\det(sE-A) = n_s$ である。また，(3) から $n_s = \mathrm{rank} E$ なので，(6) が成り立つことがわかる。 $\triangle$

インデックス 1 型の無限周波数モードの振る舞いに関する下記の事実は重要である。

【補題 4.3】 （インデックス 1 型の無限周波数モードの振る舞い）

(V_f, I) を Σ_{dsys0}(4.12) のインデックス 1 型の無限周波数モードとする。$x(0) \in \mathrm{im} V_f$ ならば，$t > 0$ における Σ_{dsys0} の解は以下となる。

$$x(t) = 0 \tag{4.32}$$

証明 式 (4.16) から明らか。 △

この意味で $\Sigma_{\mathrm{dsys-index1}}$ の無限周波数モードは**静的**（static）あるいは**代数的**（algebraic）であるという。

4.2.3 インデックス指数が 2 以上の無限周波数モード

インデックス指数が 2 以上の無限周波数モードは，つぎの定理で示す振る舞いからインパルスモードとも呼ばれる。

【定理 4.2】 （インパルスモードの振る舞い）

$(V_f, (I - sA_f))$ を Σ_{dsys0} のインパルスモードとする。

$$x(0-) \in \mathrm{im} V_f \tag{4.33}$$

ならば，Σ_{dsys0} の解は

$$x(t) = V_f \Psi_f(t) A_f \eta_0 \tag{4.34}$$

となる。ここで

$$\Psi_f(t) = -(\delta(t) + A_f \delta^{(1)}(t) + \cdots + A_f^{\mu-1} \delta^{(\mu-1)}(t)) \tag{4.35}$$

$$\Psi_f(0-) = I, \quad \Psi_f(t) = 0, t > \varepsilon > 0$$

$$x(0-) = V_f \eta_0$$

であり，δ は**ディラックのデルタ関数**（Dirac delta function），$\delta^{(n)}$ はその n 階導関数を表している。

4.2 デスクリプタシステムの解（入力なし）

証明 $\eta_f(t)$ を μ 回微分可能な滑らかな関数とすると，式 (4.16) から

$$\eta(t) = A_f \eta_f^{(1)}(t) = A_f^2 \eta_f^{(2)}(t) = \cdots = A_f^{\mu-1} \eta_f^{(\mu-1)}(t) = A_f^{\mu} \eta_f^{(\mu)}(t) \tag{4.36}$$

となるが，$A_f^{\mu} = 0$ であるから

$$\eta_f(t) = 0, \quad t > 0 \tag{4.37}$$

となる。

ここで，$\eta_f(t)$ に滑らかさを仮定せずに，不連続性や超関数的な微分可能性を仮定する†。例えば，$t = 0$ において

$$\eta(0+) = \eta(0-) + \Delta\eta_0 \tag{4.38}$$

の不連続性が生じたとする。これにより式 (4.8) に基づいて

$$\eta_1(t) = A_f \eta_f^{(1)}(t) = A_f \delta(t) \Delta\eta_0$$
$$\eta_2(t) = A_f^2 \eta_f^{(2)}(t) = A_f^2 \delta^{(1)}(t) \Delta\eta_0$$
$$\vdots$$
$$\eta_{\mu-1}(t) = A_f^{\mu-1} \eta_f^{(\mu-1)}(t) = A_f^{\mu-1} \delta^{(\mu-2)}(t) \Delta\eta_0$$
$$\eta_\mu(t) = A_f^{\mu} \eta_f^{(\mu-1)}(t) = 0$$

に示すインパルス的振る舞いを示す。したがって，$\eta(t)$ の $t = 0$ 近傍での振る舞いは

$$\eta(t) = \eta(0+) + \eta_1(t) + \eta_2(t) + \cdots + \eta_{\mu-1}(t)$$
$$= \eta(0-) + (I + A_f \delta(t) + A_f^2 \delta^{(1)}(t) + \cdots + A_f^{\mu-1} \delta^{(\mu-2)}(t)) \Delta\eta_0$$

となる。$t > 0$ では $\eta(t) = 0$ であるから，$\eta(0+) = 0$ とおくと，$\Delta\eta_0 = -\eta(0-)$ であることに注意すると，式 (4.34)，(4.35) が得られる。 △

コーヒーブレイク

インパルスモードを考えることは意味のあることである。例えば，電気回路のスイッチ開閉時の火花や，飛行機の離着陸や列車の連結などでの衝撃などは，このインパルスモードの励起で解釈することができる。コンピュータや情報通信が発達し，離散事象と連続時間現象が混在する今日の環境では，あらゆる場面でインパルスモードの励起が観察できる。

---

† 本来，**超関数**（distribution function）を取り扱うには，数学的に厳密な議論が必要であるが，ここでは工学的手法としてデルタ関数を取り扱う。詳細は文献 132) などを参照されたい。

例題 4.1 1.4.1 項で扱った RLC 電気回路について考える。$L = R = 0$, $C \neq 0$ の場合

$$\begin{bmatrix} 1 & 0 \\ 0 & 0 \end{bmatrix} \frac{d}{dt} \begin{bmatrix} q(t) \\ i(t) \end{bmatrix} = \begin{bmatrix} 0 & 1 \\ -1 & 0 \end{bmatrix} \begin{bmatrix} q(t) \\ i(t) \end{bmatrix} + \begin{bmatrix} 0 \\ C \end{bmatrix} v(t) \tag{4.39}$$

となり，インパルスモードを表す $\Sigma_{\text{dsys-impulse}}$ が得られる。$v = 0$ とおいて定理に従って解くと

$$q(t) = 0 \tag{4.40}$$

$$i(t) = -\delta(t) q(0-) \tag{4.41}$$

が得られる。この解は，$t = 0-$ においてコンデンサに蓄積されていた電荷 $q(0-)$ が $t = 0$ に瞬間的に放電される様子を表している。これは，実際の電気回路におけるパルス状の電流波形として観測できる。

モード方程式 (4.8) は

$$(sE - A)V_f = AV_f(sA_f - I) \tag{4.42}$$

と書くことができる。これに左から $(sE - A)^{-1}$，右から $(sA_f - I)^{-1} A_f \eta$ を掛けると

$$V_f (sA_f - I)^{-1} A_f \eta = (sE - A)^{-1} A V_f A_f \eta \tag{4.43}$$

を得るが，$AV_f A_f = EV_f$ に注意すると，上式は

$$V_f (sA_f - I)^{-1} A_f \eta = (sE - A)^{-1} E V_f \eta \tag{4.44}$$

となる。式 (4.12) のラプラス変換が

$$X(s) = (sE - A)^{-1} E x(0) \tag{4.45}$$

であることと，A_f はべき零行列なので

$$(sA_f - I)^{-1} = -(I + sA_f + s^2 A_f^2 + \cdots + s^{\mu-1} A_f^{\mu-1})$$

であることに注意すると，$x(0) = V_f \eta$ のとき

$$X(s) = (sE - A)^{-1} E V_f \eta$$

$$= V_f(sA_f - I)^{-1} A_f \eta$$

$$= -V_f(I + sA_f + s^2 A_f^2 + \cdots + s^{\mu-2} A_f^{\mu-2}) A_f \eta \quad (4.46)$$

となる．さらに，これを逆ラプラス変換すると，定理の式 (4.34) と一致する．

4.2.4 V_s, V_f の計算法

(A, E) から V_s, V_f を一般化固有値，固有ベクトルに基づいて求めるのは，数値計算上の安定性の面で有効でない．ここでは，安定な計算法の一つとして，Wong-Lewis のアルゴリズム[4),68)] を示す．

有限周波数モードに対応する線形部分空間 $\mathrm{im}V_s$ は，(A, E) 不変部分空間と呼ばれ，つぎの漸化式

$$\left.\begin{aligned} \mathcal{V}_0 &= \mathbf{R}^n \\ \mathcal{V}_{k+1} &= A^{-1} E \mathcal{V}_k, \quad k = 0, 1, 2, \cdots, n-1 \\ \mathrm{im}V_s &= \mathcal{V}_n \end{aligned}\right\} \quad (4.47)$$

の極限として定義される[†]．また，無限周波数モードに対応する線形部分空間 $\mathrm{im}V_f$ は，(E, A) 不変部分空間と呼ばれ，つぎの漸化式

$$\left.\begin{aligned} \mathcal{V}_0 &= 0 \\ \mathcal{V}_{k+1} &= E^{-1} A \mathcal{V}_k, \quad k = 0, 1, 2, \cdots, n-1 \\ \mathrm{im}V_f &= \mathcal{V}_n \end{aligned}\right\} \quad (4.48)$$

の極限として定義される．

実際の計算では，漸化式

$$A_0 = A, \quad E_0 = E, \quad \tilde{A}_0 = [\,] \quad (4.49)$$

$$T_k \begin{bmatrix} E_k & A_k \\ \tilde{A}_k & 0 \end{bmatrix} = \begin{bmatrix} E_{k+1} & A_{k+1} \\ 0 & \tilde{A}_{k+1} \end{bmatrix}, \quad k = 0, 1, 2, \cdots, n-1 \quad (4.50)$$

により求めた $\tilde{A}_1, \tilde{A}_2, \cdots$ を用いて

[†] ここでの A^{-1} や E^{-1} は行列 A, E の逆行列ではなく，A を線形写像と見なしたときの逆像を意味している．すなわち $A^{-1}\mathcal{T} = \{x | Ax \in \mathcal{T}\}$ であり A が正則でない場合にも意味をもつ．詳細は付録 A.4 節を参照．

$$\mathcal{V}_s = \mathbf{Ker} \begin{bmatrix} \tilde{A}_1 \\ \tilde{A}_2 \\ \vdots \\ \tilde{A}_n \end{bmatrix}$$

で求めることができる。ここで T_k は，E_{k+1} を行フルランクとするような拡大行列に対する行操作の正則行列である。これを直交行列に選ぶことにより，数値的に安定に解を得ることができる。

E と A を差し替えると，無限周波数モード V_f に対するアルゴリズムになる。

4.2.5 デスクリプタシステムの状態遷移行列

前項まで議論したデスクリプタシステムのモードを表 4.1 にまとめる。これらのモードは異なった性質をもっているが，これを統一的に扱うことを考える。$\varPhi_{A_s}, \varPsi_{A_f}$ をつぎのように定義する。

$$\varPhi_{A_s}(t) = e^{A_s t} \tag{4.51}$$

$$\varPsi_{A_f}(t) = -\left(\delta(t) + A_f \delta^{(1)}(t) + \cdots + A_f^{\mu-1} \delta^{(\mu-1)}(t)\right) \tag{4.52}$$

$$\varPsi_{A_f}(0-) = I \tag{4.53}$$

$$\varPsi_{A_f}(0+) = 0 \tag{4.54}$$

遷移行列の基本的性質

$$\frac{d}{dt}\varPhi_{A_s}(t) = A_s \varPhi_{A_s}(t) \tag{4.55}$$

$$\varPhi_{A_s}(0) = I \tag{4.56}$$

$$\varPsi_{A_f}(t) = A_f \frac{d}{dt}\varPsi_{A_f}(t) - \delta(t) \tag{4.57}$$

は容易に確かめられる。

表 **4.1** デスクリプタシステムのモード

Σ_{dsys}	$V_s[sI - A_s]$	有限周波数モード = 指数モード		
	$V_f[sA_f - I]$	無限周波数モード	$A_f = 0$	代数的関係
			$A_f \neq 0$	インパルスモード

さらに
$$P^T = \begin{bmatrix} EV_s & AV_f \end{bmatrix}^{-1}, \quad Q = \begin{bmatrix} V_s & V_f \end{bmatrix} \tag{4.58}$$
とおいて，$\Phi(t)$ を
$$\Phi(t) = Q \begin{bmatrix} \Phi_{A_s} & 0 \\ 0 & \Psi_{A_f} \end{bmatrix} P^T \tag{4.59}$$
で定義すると，初期状態
$$Ex(0-) = \begin{bmatrix} EV_s & EV_f \end{bmatrix} \begin{bmatrix} \eta_s \\ \eta_f \end{bmatrix} = \begin{bmatrix} EV_s & AV_f \end{bmatrix} \begin{bmatrix} \eta_s \\ A_f\eta_f \end{bmatrix}$$
$$= P^{-T} \begin{bmatrix} \eta_s \\ A_f\eta_f \end{bmatrix} \tag{4.60}$$
に対する自由応答 $x(t)$ は
$$x(t) = V_s\Phi_{A_s}(t)\eta_s + V_f\Psi_{A_f}(t)A_f\eta_f$$
$$= Q(Q^{-1}\Phi(t)P^{-T})(P^T Ex(0-))$$
$$= \Phi(t)Ex(0-) \tag{4.61}$$
となり，式 (4.59) で定義される $\Phi(t)$ を状態遷移行列，$Ex(0-)$ を初期状態とする状態方程式の解 (2.7) を拡張した解が得られる．

4.2.6 インパルスモードの近似計算

インパルスモードはデルタ関数を含むモードであり，そのままでは計算機でその応答波形を計算することはできない．そこで，インパルスモードに対応する無限固有値を高減衰の安定な有限固有値で近似する方法を説明する（図 4.1）．

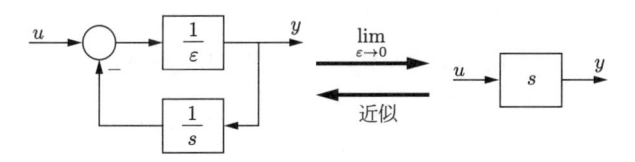

図 4.1 インパルスモード（右）の高減衰積分フィードバック（左）による近似

ここでは，微小正数 $\varepsilon > 0$ を用いて，非正則な行列 E を正則行列 $E(\varepsilon)$ で近似する方法を紹介する．

無限周波数モード方程式

$$(A - sE)V_f = AV_f(I - sA_f)$$

の両辺に $s\varepsilon AV_f$ を加えると

$$左辺 = (A - sE)V_f + s\varepsilon AV_f = (A - s(E - \varepsilon A))V_f \tag{4.62}$$

$$\begin{aligned}
右辺 &= AV_f(I - sA_f) + s\varepsilon AV_f \\
&= AV_f(A_f - \varepsilon I)((A_f - \varepsilon I)^{-1} - sI) \\
&= (EV_f - \varepsilon AV_f)((A_f - \varepsilon I)^{-1} - sI) \\
&= (E - \varepsilon A)V_f((A_f - \varepsilon I)^{-1} - sI) \tag{4.63}
\end{aligned}$$

となる．ここで

$$E(\varepsilon) = E - \varepsilon A \tag{4.64}$$

$$A_f(\varepsilon) = (A_f - \varepsilon I)^{-1} \tag{4.65}$$

とおくと，上の方程式は

$$(A - sE(\varepsilon))V_f = E(\varepsilon)V_f(A_f(\varepsilon) - sI) \tag{4.66}$$

となり，指数モード $(V_f, (A_f(\varepsilon) - sI))$ のモード方程式となる．$A_f(\varepsilon)$ の固有値は $-1/\varepsilon$ であり，安定である．また，上の導出から $\varepsilon \to 0$ でこのモード方程式がインパルスモードに漸近することがわかる．

この変換 $E \to E(\varepsilon)$ により，指数モードのモード方程式は

$$(A - sE)V_s = EV_s(A_s - sI)$$

の左辺に $s\varepsilon AV_s$ を加えると

$$左辺 = (A - sE)V_s - s\varepsilon AV_s = (A - sE(\varepsilon))V_s$$

となる．ここで $E(\varepsilon)V_s$ は列フルランクなので，$E(\varepsilon)V_s X = AV_s$ を満たす X が存在し，これを利用すると，右辺は

$$\begin{aligned}
右辺 &= EV_s(A_s - sI) - s\varepsilon AV_s \\
&= E(\varepsilon)V_s(A_s - sI) + E(\varepsilon)V_s X
\end{aligned}$$

$$= E(\varepsilon)V_s(A_s(\varepsilon) - sI) \tag{4.67}$$

となる.ここで,$A_s(\varepsilon) = A_s + \varepsilon X$ である.よって,指数モードも $\varepsilon \to 0$ において漸近的に元のデスクリプタシステムの解に近づくという意味で,良い近似になっている.

以上より表 **4.2** の変換を行うことで,インパルスモードを指数モードで近似したシステム表現が得られる.

表 4.2 インパルスモードの近似システム表現

原システム		近似システム
E	$\to$	$E(\varepsilon) = (E - \varepsilon A)$
$(V_s, (A_s - sI))$	$\to$	$(V_s, (A_s(\varepsilon) - sI))$
A_s	$\to$	$A_s(\varepsilon) = A_s + \varepsilon X$
$(V_f, (I - sA_f))$	$\to$	$(V_f, (A_f(\varepsilon) - sI))$
A_f	$\to$	$A_f(\varepsilon) = (A_f - \varepsilon I)^{-1}$

例題 4.2 例題 4.1 の数値例を用いる.

$$\begin{bmatrix} 1 & 0 \\ 0 & 0 \end{bmatrix} \begin{bmatrix} \dot{x}_1 \\ \dot{x}_2 \end{bmatrix} = \begin{bmatrix} 0 & 1 \\ 1 & 0 \end{bmatrix} \begin{bmatrix} x_1 \\ x_2 \end{bmatrix} \tag{4.68}$$

を考える.このシステムは,インパルス指数 $\mu = 2$ のインパルスモード

$$(V_f, I - sA_f) = \left(\begin{bmatrix} 0 & 1 \\ 1 & 0 \end{bmatrix}, \begin{bmatrix} 1 & -s \\ 0 & 1 \end{bmatrix} \right) \tag{4.69}$$

をもつので,初期値 $x(0) = [x_1 \ x_2]^T$ に対する解は,式 (4.34) より

$$x = -\begin{bmatrix} 0 \\ x_1\delta \end{bmatrix} \tag{4.70}$$

となる.

ここで $E(\varepsilon)$ を

$$E(\varepsilon) = E - \varepsilon A = \begin{bmatrix} 1 & -\varepsilon \\ -\varepsilon & 0 \end{bmatrix} \tag{4.71}$$

とおくと,システムは $\Sigma_{\text{dsys-ss}}$ となるので,式 (1.17) に基づいて Σ_{ss} に

変換すると
$$\begin{bmatrix} \dot{x}_1 \\ \dot{x}_2 \end{bmatrix} = \begin{bmatrix} -\frac{1}{\varepsilon} & 0 \\ -\frac{1}{\varepsilon^2} & -\frac{1}{\varepsilon} \end{bmatrix} \begin{bmatrix} x_1 \\ x_2 \end{bmatrix} \tag{4.72}$$
の近似システムを得る。

4.3 デスクリプタシステムの解（入力あり）

デスクリプタシステム Σ_{dsys} の初期状態 $Ex(0)$ および入力 u に対する出力を導出する。

4.3.1 伝達関数と周波数領域の解

x, y, u のラプラス変換を $X(s), Y(s), U(s)$ とすると，Σ_{dsys} のラプラス変換は
$$\begin{bmatrix} -Ex(0) \\ Y(s) \end{bmatrix} = \begin{bmatrix} A - sE & B \\ C & D \end{bmatrix} \begin{bmatrix} X(s) \\ U(s) \end{bmatrix} \tag{4.73}$$
となり，これを $X(s), Y(s)$ について解くと
$$X(s) = (sE - A)^{-1} BU(s) + (sE - A)^{-1} Ex(0) \tag{4.74}$$
$$Y(s) = (C(sE - A)^{-1} B + D)U(s) + C(sE - A)^{-1} Ex(0) \tag{4.75}$$
が得られる。強制応答成分（$Ex(0) = 0$ に対する解）に着目すると，システムの伝達関数行列は
$$G(s) = \left[\begin{array}{c|c} A - sE & B \\ \hline C & D \end{array} \right] = C(sE - A)^{-1} B + D \tag{4.76}$$
となる。

この式をワイエルストラス標準形 Σ_{dsysWS} に対応させると，簡単な計算により

$$G(s) = \begin{bmatrix} A_s - sI & 0 & B_s \\ 0 & I - sA_f & B_f \\ \hline C_s & C_f & D \end{bmatrix}$$
$$= C_s(sI - A_s)^{-1}B_s - C_f(I - sA_f)^{-1}B_f + D \tag{4.77}$$

が得られる。さらに
$$(I - sA_f)^{-1} = I + sA_f + s^2 A_f^2 + \cdots + s^{\mu-1} A_f^{\mu-1}$$

に注意すると,$G(s)$ の $s = 0$ におけるローラン級数展開
$$G(s) = -s^{\mu-1} C_f A_f^{\mu-1} B_f - s^{\mu-2} C_f A_f^{\mu-2} B_f - \cdots - C_f B_f + D$$
$$+ s^{-1} C_s B_s + s^{-2} C_s A_s^{-1} B_s + \cdots + s^{-\nu} C_s A_s^{-\nu+1} B_s + \cdots \tag{4.78}$$

となる。これより,$\Sigma_{\mathrm{dsys-impulse}}$ は一般的にプロパではないことがわかる。

4.3.2 時間領域の解

入力 $u[0,t]$ と初期状態 $Ex(0)$ が与えられたとする。まず,ワイエルストラス標準形 Σ_{dsysWS} (4.11) について,その解を導出する。

[1] 指数モードの解

Σ_{dsysWS} の指数モード
$$\frac{d}{dt}\eta_s(t) = A_s\eta_s(t) + B_s u(t) \tag{4.79}$$
は n_f 次の状態空間表現 Σ_{ss} なので,その解は
$$\eta_s = e^{A_s t}\eta_s(0) + \int_0^t e^{A_s(t-\tau)} B_s u(\tau) d\tau \tag{4.80}$$
である。

[2] インパルスモードの解

【定理 4.3】 Σ_{dsysWS} のインパルスモード
$$A_f \frac{d}{dt}\eta_f(t) = \eta_f(t) + B_f u(t) \tag{4.81}$$
の解は,つぎのように与えられる。

(1) $t > 0$ の連続解

$$\eta_f(t) = -(Bu + A_f B u^{(1)} + A_f^2 B u^{(2)} + \cdots + A_f^{\mu-1} B u^{(\mu-1)}) \qquad (4.82)$$

(2) $t = 0$ での不連続解

$$\eta_f[0] = (A_f \delta + A_f^2 \delta^{(1)} + \cdots + A_f^{\mu-1} \delta^{(\mu-2)})(\eta_f(0+) - \eta_f(0-)) \qquad (4.83)$$

【証明】 まず，$t > 0$ の場合について，u, η_f の滑らかさ（μ 回微分可能）を仮定する．式 (4.81) に左から $A_f \dfrac{d}{dt}$ を掛けると

$$A_f \eta_f^{(1)} = \eta_f + B_f u$$
$$A_f^2 \eta_f^{(2)} = A_f \eta_f + B_f u^{(1)}$$
$$\vdots$$
$$A_f^{\mu-1} \eta_f^{(\mu-1)} = A_f^{\mu-2} \eta_f + B_f u^{(\mu-2)}$$
$$A_f^\mu \eta_f^{(\mu)} = A_f^{\mu-1} \eta_f + B_f u^{(\mu-1)}$$

を得る．ここで $A_f^\mu = 0$ に注意して両辺の和をとると，連続解 (4.82) を得る．

この連続解より

$$\eta_f(0+) = -\lim_{t \downarrow 0}\left(Bu + A_f B u^{(1)} + A_f^2 B u^{(2)} + \cdots + A_f^{\mu-1} B u^{(\mu-1)}\right) \qquad (4.84)$$

が得られるが，一般に

$$\Delta \eta(0) = \eta_f(0+) - \eta_f(0-) \neq 0 \qquad (4.85)$$

である．この不連続性に伴い，定理 4.2 で示したインパルス現象が起こる．したがって，式 (4.83) が得られる． △

ここで，Ψ_{A_f} を式 (4.52) のように定義すると

$$\int_{0-}^{t+} \delta^i(t - \tau) f(\tau) d\tau = f^{(i)}(t) \qquad (4.86)$$

に注意して，式 (4.82), (4.83) はそれぞれ

$$\eta_f(t) = \int_0^t \Psi_{A_f}(t - \tau) u(\tau) d\tau \qquad (4.87)$$

$$\eta_f[0] = \Psi_{A_f}(t) A_f (\eta(0+) - \eta(0-)) \qquad (4.88)$$

と書き表せる．

4.3 デスクリプタシステムの解（入力あり）

[3]　一般の場合には

以上より，状態方程式の解 (2.7) に対応する一般的な Σ_{dsys} の解は，$P, Q, \Phi(t)$ を式 (4.1), (4.59) で定義すると

$$x(t) = \Phi(t)Ex(0) + \int_0^t \Phi(t-\tau)Bu(\tau)d\tau \qquad (4.89)$$

$$y(t) = C\Phi(t)Ex(0) + C\int_0^t \Phi(t-\tau)Bu(\tau)d\tau + Du(t) \qquad (4.90)$$

で得られる．これを導出する．

$$\begin{aligned}
x(t) &= V_s\eta_s(t) + V_f\eta_f(t) \\
&= V_s\Phi_{A_s}(t)\eta_s(0) + V_f\Psi_{A_f}(t)A_f\eta_f(0) \\
&\quad + V_s\int_0^t \Phi_{A_s}(t-\tau)B_s u(\tau)d\tau + V_f\int_0^t \Psi_{A_f}(t-\tau)B_f u(\tau)d\tau \\
&= \begin{bmatrix} V_s & V_f \end{bmatrix} \begin{bmatrix} \Phi_{A_s}(t) & 0 \\ 0 & \Psi_{A_f}(t) \end{bmatrix} \begin{bmatrix} \eta_s(0) \\ A_f\eta_f(0) \end{bmatrix} \\
&\quad + \int_0^t \begin{bmatrix} V_s & V_f \end{bmatrix} \begin{bmatrix} \Phi_{A_s}(t-\tau) & 0 \\ 0 & \Psi_{A_f}(t-\tau) \end{bmatrix} \begin{bmatrix} B_s \\ B_f \end{bmatrix} u(\tau)d\tau
\end{aligned}$$
$$(4.91)$$

となるが，$P, Q, \Phi(t)$ の定義から

$$Q^{-1}\Phi(t)P^{-T} = \begin{bmatrix} \Phi_{A_s}(t) & 0 \\ 0 & \Psi_{A_f}(t) \end{bmatrix}$$

$$P^T B = \begin{bmatrix} B_s \\ B_f \end{bmatrix}$$

$$P^T Ex(0) = \begin{bmatrix} \eta_s(0) \\ A_f\eta_f(0) \end{bmatrix}$$

となるので

$$x(t) = Q(Q^{-1}\Phi(t)P^{-T})P^T Ex(0)$$

$$+ \int_0^t Q(Q^{-1}\Phi(t-\tau)P^{-T})P^T Bu(\tau)d\tau$$
$$= \Phi(t)Ex(0) + \int_0^t \Phi(t-\tau)Bu(\tau)d\tau \tag{4.92}$$

のように，状態方程式の解 (2.7) に対応する解が得られる。

[4] システムインデックスと解の特徴

システムのインデックスが 1 の場合には，$A_f = 0$ なので，無限周波数モードの自由応答は任意の初期状態に対して 0 である。また，強制応答は，式 (4.82) からわかるように $u(t)$ を含むが，その導関数は含まれない。したがって，全体の応答は

$$y(t) = CV_s \Phi_{A_s}(t)\eta_s + CV_s \int_0^t \Phi_{A_s}(t-\tau)B_s u(\tau)d\tau$$
$$+(D - CV_f B_f)u(t) \tag{4.93}$$

のように，状態空間表現に帰着される。

インデックスが 2 以上の場合には，無限周波数モードの自由応答は $Ex(0) \neq 0$ のときインパルス的現象を示す。また，強制応答は，式 (4.82) からわかるように $u(t)$ の導関数を含む。

以上の特徴を**表 4.3** にまとめる。

表 4.3 無限周波数モードの振る舞い

	$\mu = 1$	$\mu \geq 2$
自由応答	初期値 $x(0)$ は $t > 0$ の応答 x, y に影響を与えない（静的）	$\delta, \cdots, \delta^{(\mu-2)}$ を含む（インパルス的）
強制応答	$-C_f B_f$ 定数ゲイン倍（静的，代数的）	$u, \cdots, u^{(\mu-1)}$ を含む。微分作用がある（動的）

********** 演習問題 **********

[1] つぎのペンシル行列 $[sE - A]$ の正則/特異を判別せよ．また，正則ペンシルの場合には，指数モード，純静的モード，インパルスモードの次数と座標変換行列を求め，クロネッカ分解表現せよ．

(1) $\begin{bmatrix} 1 & s \\ 0 & 1 \end{bmatrix}$ (2) $\begin{bmatrix} s & s \\ 0 & 1 \end{bmatrix}$ (3) $\begin{bmatrix} s & 1 \\ 1 & 0 \end{bmatrix}$

(4) $\begin{bmatrix} s & 1 & 0 \\ 0 & s & 1 \\ 0 & 0 & 1 \end{bmatrix}$ (5) $\begin{bmatrix} s & 1 & 0 \\ 0 & s & 1 \\ 0 & 1 & 0 \end{bmatrix}$ (6) $\begin{bmatrix} s & 1 & 0 \\ 0 & s & 1 \\ 1 & 0 & 0 \end{bmatrix}$

[2] 1次系 $\dot{x}(t) = ax(t)$, $x(0) = x_0$ の解 $x(t;a) = e^{at}x_0$ の $a \to \infty$ における極限は，$a = -\frac{1}{\varepsilon}$ とおくと，$\varepsilon \dot{x}(t) = -x(t)$, $x(0) = x_0$ の $\varepsilon \to 0+$ の極限として考察することができる．同様の観点から $\dot{x}(t) = Ax(t)$, $x(0) = x_0$ の以下の極限の振る舞いを考察せよ．

(1) $A = \begin{bmatrix} \lambda & 1 \\ 0 & \lambda \end{bmatrix}$　　$\lambda \to -\infty$

(2) $A = \begin{bmatrix} \sigma & \omega \\ -\omega & \sigma \end{bmatrix}$　　$\sigma \to -\infty$

(3) $A = \begin{bmatrix} 0 & 1 \\ -\omega_n^2 & -2\zeta\omega_n \end{bmatrix}$　$\omega_n \to \infty$ かつ $0 < \zeta < \infty$

(4) $A = \begin{bmatrix} 0 & -1 \\ \sigma & 0 \end{bmatrix}$　　$\sigma \to -\infty$

5

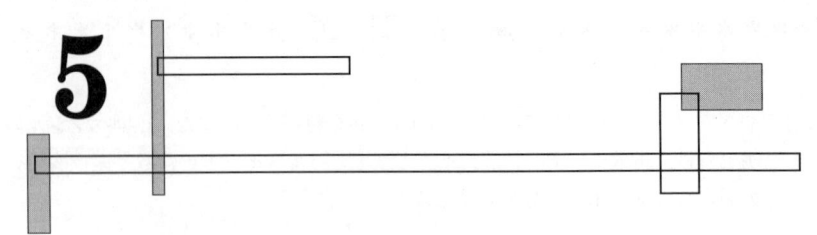

可制御性・可観測性とシステムの構造

本章では,線形システムの重要な概念である可制御性および可観測性の定義と評価方法について述べる。

5.1 可制御性

5.1.1 可制御性の定義と判別法

可制御性(controllability)は,まず状態に対して定義される。

【定義 5.1】 (状態の可制御性)

任意の正数 $T > 0$ に対して状態を初期状態 $x(0) = x_0$ から $x(T) = 0$ に変化させうる入力関数 $u[0, T]$ が存在するとき,状態 x_0 は**可制御**(controllable)であるという。逆に,どんな入力を用いても,$x(T) = 0$ となるような $0 < T < \infty$ と $u[0, T]$ が存在しないとき,状態 x_0 は**不可制御**(uncontrollable)であるという。

【定義 5.2】 (完全可制御性)

任意の正数 $T > 0$ に対して任意の初期状態 $x(0) = x_0$ から $x(T) = 0$ に変化させうる入力関数 $u[0, T]$ が存在するとき,システムは**完全可制御**

(completely controllable) であるという。逆に，不可制御な初期状態が存在するときは，システムは不可制御であるという。

式 (1.1) の解は式 (2.7) で与えられるので，可制御性の判定は，これを $t = T$, $x(T) = 0$ とおき，左から e^{-AT} ($\neq 0$) を掛けて得られる方程式

$$0 = x(0) + \int_0^T e^{-A\tau} Bu(\tau) d\tau \tag{5.1}$$

を満たす $u[0, T]$ の存在条件に帰着できる。これより，システムの可制御性は行列対 (A, B) によって決まることがわかるので，可制御なシステム (1.1) の (A, B) を可制御対という（図 **5.1**）。

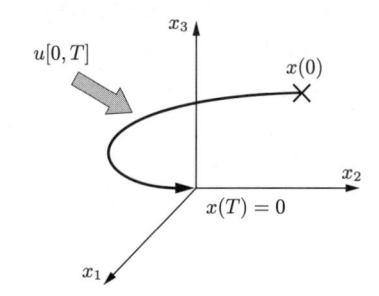

図 5.1 可制御性の概念

システムの完全可制御性について，以下の定理が成り立つ。

【**定理 5.1**】 以下の命題はたがいに同値である。ここで n は状態変数ベクトルのサイズである。

(1) (A, B) は**可制御対**（controllable pair）である。

(2) **可制御行列**（controllable matrix）
$$M_c := \begin{bmatrix} B & AB & \cdots & A^{n-1}B \end{bmatrix} \tag{5.2}$$
は行フルランクである。

(3) 任意の $t > 0$ に対して**可制御性グラム行列**（controllability Gramian）
$$W_c(0, t) := \int_0^t e^{-A\tau} BB^T e^{-A^T \tau} d\tau \tag{5.3}$$
は正則である。

(4) すべての有界な複素数 $s \in \mathbf{C}$ ($|s| < \infty$) に対して**可制御モード行列** (controllable modal matrix)
$$\mathrm{rank} \begin{bmatrix} A - sI & B \end{bmatrix} = n$$
は行フルランクである。

証明

(1) $\Rightarrow$ (2)

(A, B) は可制御なので，任意の $x(0) \in \mathbf{R}^n$ に対して式 (5.1) を満たす入力 $u[0, T]$ が存在する。

ここで，ケーリーハミルトンの公式 (2.39) より
$$A^n = -a_0 I - a_1 A - a_2 A^2 - \cdots - a_{n-1} A^{n-1}$$
であるから，$A^{n+1}, A^{n+2}, \cdots$ は $\{I, A, A^2, \cdots, A^{n-1}\}$ の線形結合で表すことができる。したがって，$\phi_i(t) \in \mathbf{R}$ を適当に定めることにより
$$e^{-At} = \phi_0(t) I + \phi_1(t) A + \cdots + \phi_{n-1}(t) A^{n-1} \tag{5.4}$$
のように展開できる。これより
$$e^{-At} B u(t) = (\phi_0(t) B + \phi_1(t) AB + \cdots + \phi_{n-1}(t) A^{n-1} B) u(t)$$
$$= \begin{bmatrix} B & AB & \cdots & A^{n-1} B \end{bmatrix} \begin{bmatrix} \phi_0(t) u(t) \\ \vdots \\ \phi_{n-2}(t) u(t) \\ \phi_{n-1}(t) u(t) \end{bmatrix} \tag{5.5}$$
となるので
$$\Phi(T, u) = \begin{bmatrix} \int_0^T \phi_0(t) u(t) dt \\ \vdots \\ \int_0^T \phi_{n-2}(t) u(t) dt \\ \int_0^T \phi_{n-1}(t) u(t) dt \end{bmatrix}$$
とおくと，式 (5.1) は
$$-x(0) = M_c \Phi(T, u) \tag{5.6}$$
となる。この方程式が任意の $x(0)$ に対して u について解けるためには，M_c が行フルランクでなければならない。よって証明された。

(2) $\Rightarrow$ (3)

背理法により証明する。ある $T > 0$ に対して $W_c(0, T)$ が正則でないとする。すなわち

5.1 可制御性

$$W_c(0,T)z = 0, \quad z \neq 0 \tag{5.7}$$

となる $z \in \mathbf{R}^n$ が存在するとする.

任意の $\eta(t) \in \mathbf{R}^n$ に対して

$$\int_0^T \|\eta(t)\|^2 dt = \int_0^T \eta^T(t)\eta(t)dt \geq 0, \quad 等号成立は \eta(t) \equiv 0$$

であるが,ここで

$$\eta(t) = B^T e^{-A^T t} z$$

とおくと,式 (5.7) から

$$\int_0^T \eta(t)^T \eta(t) dt = z^T W_c(0,T) z = 0$$

となるので

$$\eta(t) \equiv 0$$

でなければならない.ここで,式 (5.4) から

$$B^T e^{-A^T t} = \phi_0(t) B^T + \phi_1(t) B^T A^T + \cdots + \phi_{n-1}(t) B^T (A^T)^{n-1}$$

なので,$\eta(t) \equiv 0$ であるためには

$$B^T z = 0, \quad B^T A^T z = 0, \quad \cdots, \quad B^T (A^T)^{n-1} z = 0$$

でなければならない.この転置をとってまとめると

$$z^T \begin{bmatrix} B & AB & \cdots & A^{n-1}B \end{bmatrix} = z^T M_c = 0 \tag{5.8}$$

となり,$z \neq 0$ なので M_c は行フルランクでないことになる.よって証明された.

(3) ⇒ (1)

$x(0) = x_0$ とする.(3) より $W_c^{-1}(0,T)$ が存在するので,$u[0,T]$ を

$$u(t) = B^T e^{-A^T t} W_c^{-1}(0,T)(e^{-AT} x_1 - x_0) \tag{5.9}$$

のように定義することができる.これを式 (2.7) に代入すると,簡単な計算から

$$x(T) = x_1$$

を得る.すなわち,この入力 $u[0,T]$ は,初期状態 x_0 を時刻 $t = T$ で x_1 に移動させる入力である.$x_1 = 0$ とおけば定義 **5.1** の可制御性条件を満たす入力の定義となる.よって証明された.

(2) ⇒ (4)

背理法による.すなわち M_c が行フルランクで,かつ (4) が成り立たないと仮定する.ある複素数 $\lambda \in \mathbf{C}$ において

$$z^T \begin{bmatrix} \lambda I - A & B \end{bmatrix} = 0, \quad z \neq 0$$

を満たす $z \in \mathbf{R}^n$ が存在する.これは

$$z^T A = z^T \lambda, \quad z^T B = 0$$

と書き直せるが,この関係式を繰り返し利用すると

$$z^T AB = (z^T\lambda)B = \lambda z^T B = 0$$
$$z^T A^2 B = (z^T\lambda)AB = \lambda(z^T A)B = \lambda^2 z^T B = 0$$
$$\vdots$$
$$z^T A^{n-1}B = (z^T\lambda)A^{n-2}B = \cdots = \lambda^{n-1}z^T B = 0 \tag{5.10}$$

となり,各式の左辺をまとめると $z^T M_c = 0$ を得る。これは M_c の行フルランクの仮定に反する。よって証明された。

(4) $\Rightarrow$ (2)

(2) が成り立たないと仮定する。すると
$$z^T M_c = 0 \tag{5.11}$$
となる $z \in \mathbf{R}^n$ が存在するので式 (5.10) が成り立つが,ケーリーハミルトンの定理より $z^T A^n B = 0$ も成り立つことになる。したがって
$$z^T \begin{bmatrix} AB & A^2 B & \cdots & A^n B \end{bmatrix} = z^T A \begin{bmatrix} B & AB & \cdots & A^{n-1}B \end{bmatrix} = 0$$
つまり
$$z^T A M_c = 0 \tag{5.12}$$
が得られる。式 (5.11) と式 (5.12) から,$z^T A$ と z^T の間には
$$z^T A = \lambda z^T \tag{5.13}$$
の関係が必要であることがわかる。これと $z^T B = 0$ を合わせると,命題 (4) の否定が得られる。よって,「(2) でないならば (4) でない」つまり「(4) ならば (2)」が証明された。 $\triangle$

例題 5.1 つぎの A, B で定義されるシステム $\dot{x} = Ax + Bu$ の可制御性について検討する。ただし,n, m はそれぞれ状態,入力の各ベクトルのサイズである。

(A) $n = m = 1$ の場合を考える。
$$A = a, \quad B = b \tag{5.14}$$
可制御行列は
$$M_c = b \tag{5.15}$$
である。これより,このシステムが可制御であるための必要十分条件は,b が 0 でないことである。

(B) $n=2$, $m=1$ の場合で
$$A = \begin{bmatrix} a_1 & 0 \\ 0 & a_2 \end{bmatrix}, \quad B = \begin{bmatrix} b_1 \\ b_2 \end{bmatrix} \tag{5.16}$$
のとき可制御行列は
$$\det M_c = \det \begin{bmatrix} b_1 & a_1 b_1 \\ b_2 & a_2 b_2 \end{bmatrix} = b_1 b_2 (a_2 - a_1) \tag{5.17}$$
である.これより,このシステムが可制御であるための必要十分条件は,b_1, b_2 のいずれも 0 でないこと,かつ $a_1 \neq a_2$ である.

$a_1 \neq a_2$ の場合は二つの単純固有モードに対応している.また,$a_1 = a_2$ の場合は縮退モードに対応している.縮退モードは B の値にかかわらず,つねに不可制御である.

(C) $n=2$, $m=1$ の拡張固有モードを考える.
$$A = \begin{bmatrix} \lambda & 1 \\ 0 & \lambda \end{bmatrix}, \quad B = \begin{bmatrix} b_1 \\ b_2 \end{bmatrix} \tag{5.18}$$
可制御行列は
$$\det M_c = \det \begin{bmatrix} b_1 & \lambda b_1 + b_2 \\ b_2 & \lambda b_2 \end{bmatrix} = -b_2^2 \tag{5.19}$$
である.これより,このシステムが可制御であるための必要十分条件は,b_2 が 0 でないことである.

(D) 単純複素固有モードを考える.
$$A = \begin{bmatrix} \sigma & \omega \\ -\omega & \sigma \end{bmatrix}, \quad B = \begin{bmatrix} b_1 \\ b_2 \end{bmatrix} \tag{5.20}$$
可制御行列は
$$\det M_c = \det \begin{bmatrix} b_1 & \sigma b_1 + \omega b_2 \\ b_2 & \sigma b_2 - \omega b_1 \end{bmatrix} = -(b_1^2 + b_2^2)\omega \tag{5.21}$$
である.これより,このシステムが可制御であるための必要十分条件は,b_1, b_2 が同時に 0 にならないこと,かつ $\omega \neq 0$ である.

(E) n 次の制御器正準系 (1.76) を考える。

$$A = \begin{bmatrix} 0 & 1 & \cdots & 0 \\ 0 & 0 & \ddots & 0 \\ \vdots & \vdots & \ddots & \vdots \\ 0 & 0 & \ddots & 1 \\ -a_0 & -a_1 & \cdots & -a_{n-1} \end{bmatrix}, \quad B = \begin{bmatrix} 0 \\ 0 \\ \vdots \\ 0 \\ 1 \end{bmatrix} \quad (5.22)$$

可制御行列は

$$\det M_c = \det \begin{bmatrix} 0 & 0 & \cdots & 0 & 1 \\ 0 & 0 & \cdots & 1 & * \\ \vdots & \vdots & \ddots & \vdots & \vdots \\ 0 & 1 & \cdots & * & * \\ 1 & * & \cdots & * & * \end{bmatrix} = -1 \neq 0 \quad (5.23)$$

なので,このシステムはつねに可制御である。

(F) つぎのように A, B に 0 要素をもつ系を考える。

$$A = \begin{bmatrix} a_1 & a_3 \\ 0 & a_2 \end{bmatrix}, \quad B = \begin{bmatrix} b_1 \\ 0 \end{bmatrix} \quad (5.24)$$

可制御行列は

$$\det M_c = \det \begin{bmatrix} b_1 & a_1 b_1 \\ 0 & 0 \end{bmatrix} = 0 \quad (5.25)$$

である。これより,このシステムは不可制御である。

コーヒーブレイク

(B) に示した縮退モードの不可制御性を「双子の原理」と呼んで説明した先生がいた。つまり,呼びかけに対してまったく同じ反応をする一卵性双生児に,それぞれ別な行動をさせることは不可能だというのである。逆に,わずかの差でも個性があれば (例えば反応の速さが微妙に異なる),その違いを利用して別々の行動をさせることが可能である。

座標変換 $\overline{x} = Tx$ に対してシステムの入出力関係が不変であることは 2 章で述べたが，つぎに述べるように，可制御性も座標変換に対して不変である．

式 (2.61) により変換されたシステムの可制御行列は

$$\begin{aligned}
\overline{M}_c &= \begin{bmatrix} \overline{B} & \overline{AB} & \cdots & \overline{A}^{n-1}\overline{B} \end{bmatrix} \\
&= \begin{bmatrix} TB & (TAT^{-1})(TB) & \cdots & (TAT^{-1})^{n-1}(TB) \end{bmatrix} \\
&= T \begin{bmatrix} B & AB & \cdots & A^{n-1}B \end{bmatrix} \\
&= TM_c
\end{aligned} \quad (5.26)$$

となる．T は正則であるから，$\mathrm{rank}\overline{M}_c = \mathrm{rank}M_c$，すなわち，可制御性は座標変換に対して不変である（2.4.5 項参照）．

5.1.2 可制御モードと可制御部分空間

可制御/不可制御の性質をモードの観点から考察する．可制御行列 (5.2) の階数が $\mathrm{rank}M_c = n_c < n$ であるとする．$n_{\overline{c}} = n - n_c$ とするとき，M_c に直交する独立な行ベクトルからなる行列 $T_2^T \in \mathbf{R}^{n_{\overline{c}} \times n}$ を

$$T_2^T M_c = 0 \quad (5.27)$$

のように定義できる．これより

$$T_2^T B = 0 \quad (5.28)$$

$$T_2^T AB = 0 \quad (5.29)$$

であることに注意する．ここで

$$T = \begin{bmatrix} T_1^T \\ T_2^T \end{bmatrix} \quad (5.30)$$

が正則になるように $T_1^T \in \mathbf{R}^{n_c \times n}$ を選択し，$T_1^T B = B_1$ とおくと，式 (5.28) より

$$TB = \begin{bmatrix} T_1^T B \\ T_2^T B \end{bmatrix} = \begin{bmatrix} B_1 \\ 0 \end{bmatrix} \quad (5.31)$$

となる．したがって

と書けるが，他方，式 (5.29) から

$$TAB = TAT^{-1}TB = TAT^{-1}\begin{bmatrix} B_1 \\ 0 \end{bmatrix} \tag{5.32}$$

$$TAB = \begin{bmatrix} T_1^T AB \\ T_2^T AB \end{bmatrix} = \begin{bmatrix} * \\ 0 \end{bmatrix} \tag{5.33}$$

とも書けるので，TAT^{-1} の (2,1) ブロックは 0，つまり

$$TAT^{-1} = \begin{bmatrix} A_1 & A_3 \\ 0 & A_2 \end{bmatrix} \tag{5.34}$$

でなければならない。ここで

$$T^{-1} = \begin{bmatrix} V_1 & V_2 \end{bmatrix} \tag{5.35}$$

とおくと

$$A\begin{bmatrix} V_1 & V_2 \end{bmatrix} = \begin{bmatrix} V_1 & V_2 \end{bmatrix}\begin{bmatrix} A_1 & A_3 \\ 0 & A_2 \end{bmatrix} \tag{5.36}$$

または

$$AV_1 = V_1 A_1 \tag{5.37}$$

$$AV_2 = V_2 A_2 + V_1 A_3 \tag{5.38}$$

と書けるので，(V_1, A_1) は**可制御モード**（controllable mode）と呼ばれる。

$\mathrm{im} V_1$ は (A, B) **可制御部分空間**（controllable subspace），$\mathrm{im} V_2$ は**不可制御部分空間**（uncontrollable subspace）と呼ばれる。これらの線形空間には以下の性質がある。

【補題 5.1】 $V_1, M_c, W_c(0, t)$ を，それぞれ式 (5.35), (5.2), (5.3) のように定義する。また，$\mathcal{X}_i \subset \mathbf{R}^n$ で n 次元線形空間の部分空間を表すこととする。このとき，以下の関係が成り立つ。

(1) V_1, M_c, W_c の**像空間**（image subspace, range）**im** と**零化空間**（null subspace, kernel）**ker** の間には，以下の関係がある。

$$\mathrm{im} V_1 = \mathrm{im} M_c = \mathrm{im} W_c(0, t) \tag{5.39}$$

$$\mathrm{im} V_2 = \ker M_c^T = \ker W_c(0,t) \tag{5.40}$$

(2) $\mathrm{im} V_1$ は $\mathrm{im} B$ を含む最大 A-不変部分空間である.すなわち,つぎの漸化式は n ステップ以内に $\mathrm{im} V_1$ に収束する.

$$\left\{ \begin{array}{l} \mathcal{X}_0 = 0 \\ A\mathcal{X}_{k+1} = \mathcal{X}_k + \mathrm{im} B, \quad k = 0, 1, \cdots, n-1 \\ \mathrm{im} V_1 = \mathcal{X}_n \end{array} \right. \tag{5.41}$$

(3) ほとんどすべての正方行列 $A_c \in \mathbf{R}^{n_c \times n_c}$ に対して,行列方程式

$$AV_1 T_c = V_1 T_c A_c + BU_c \tag{5.42}$$

を満たす $U_c \in \mathbf{R}^{m \times n_c}$, $T_c \in \mathbf{R}^{n_c \times n_c}$ が存在する.

証明 (1) $\Rightarrow$ (3) について略証を示す.

式 (5.42) に左から式 (5.30) で定義される T を掛ける.式 (5.35) より

$$TV_1 = \left[\begin{array}{c} I \\ 0 \end{array} \right] \tag{5.43}$$

であることと,式 (5.31), (5.34) に注意すると,$T_c \in \mathbf{R}^{n_c \times n_c}$ に関する行列方程式

$$A_1 T_c - T_c A_c = B_1 U_c \tag{5.44}$$

を得る.A_1, A_c が共通の固有値をもたない場合には,この行列方程式は与えられた $B_1 U_c$ に対して一意解 T_c をもつことが知られている.A_1, A_c に共通の固有値がある場合には,その固有値を λ とすると

$$(A_1 - \lambda I)v_1 = 0, \quad (A_c - \lambda I)v_c = 0$$

を満たす $v_1, v_c \in \mathbf{C}^{n_c}$ が存在する.ここで,$T_c v_c = v_1$, $B_1 U_c v_c = 0$ となるように T_c, U_c を選択すれば,式 (5.44) を満たすことは容易に確かめられる.　△

以上より,$V_c = V_1 T_c \in \mathbf{R}^{n \times n_c}$ とおき,$F \in \mathbf{R}^{m \times n}$ を

$$U_c = -FV_c \tag{5.45}$$

のように選択すれば

$$AV_c = V_c A_c - BFV_c \tag{5.46}$$

となり,式 (1.146) の状態フィードバック結合系のモード方程式

$$(A + BF)V_c = V_c A_c \tag{5.47}$$

となる.ここで,$A_c \in \mathbf{R}^{n_c \times n_c}$ は任意に与えられた正方行列であることに

注意されたい．これより，線形システム理論における最も重要な定理が得られる．

【定理 5.2】 （極配置可能性）

状態方程式 (1.1) の可制御モードの固有値 $\lambda(A_c)$ は，状態フィードバック $u = -Fx$ によって任意に設定できる．

証明は上の補題より明らかなので省略する．

可制御対 (A, B) に対して A のどの固有値とも一致しない相異なる n 個の共役複素数の組 $\lambda_1, \lambda_2, \cdots, \lambda_n$ を $A + BF$ の固有値とするように F を求める手順を Pascal 風に表すと，つぎのようになる．

Proc: pole placement via state feedback
begin
  repeat
    $U = [u_1, u_2, \cdots, u_n]$ を適当におく
    for $i := 1$ **to** n **do begin**
      $v_i = (A - \lambda_i I)^{-1} B u_i;$
    end
    $V = [v_1, v_2, \cdots, v_n]$
  until V は正則である
  $F = -UV^{-1};$
end.

これは式 (5.46) において

$n_c = n, \ V_c = V$

$A_c = \mathrm{diag} \begin{bmatrix} \lambda_1 & \lambda_2 & \cdots & \lambda_n \end{bmatrix}$

$U_c = U$

とおいた場合に対応する．

5.1.3 不可制御モードと可安定性

式 (5.34), (5.35) で定義した (V_2, A_2) は，干渉項 $A_3 \neq 0$ の場合，2 章の意味ではモードと呼べないが，慣例によりこれを**不可制御モード**（uncontrollable mode）と呼ぶこともある。

不可制御モードの以下の性質は重要である。

不可制御モードの性質

性質 1：不可制御モードは，伝達関数（入出力関係）には現れない。

性質 2：不可制御モードは，状態フィードバックによってその振る舞いを変化させることはできない。

これらの性質を，つぎの座標変換されたシステムで説明する。式 (5.30) で定義した T を用いて

$$Tx = \begin{bmatrix} T_1^T x \\ T_2^T x \end{bmatrix} = \begin{bmatrix} x_1 \\ x_2 \end{bmatrix}, \quad CT^{-1} = \begin{bmatrix} C_1 & C_2 \end{bmatrix} \tag{5.48}$$

とおくと，式 (5.31), (5.34) より座標変換されたシステムは

$$\dot{x}_1(t) = A_1 x_1(t) + A_3 x_2(t) + B_1 u(t) \tag{5.49}$$

$$\dot{x}_2(t) = \qquad\qquad A_2 x_2(t) \tag{5.50}$$

$$y(t) = C_1 x_1(t) + C_2 x_2(t) + D u(t) \tag{5.51}$$

となる。これを図示したのが**図 5.2** のブロック線図である。これより，x_2 は入力 u の影響を受けないオートノマス系の状態ベクトルになっていることがわかる。このシステムの伝達関数は

$$\begin{aligned}
G(s) &= C(sI - A)^{-1} B + D \\
&= \left[\begin{array}{c|c} A & B \\ \hline C & D \end{array}\right] = \left[\begin{array}{c|c} TAT^{-1} & TB \\ \hline CT^{-1} & D \end{array}\right] = \left[\begin{array}{cc|c} A_1 & A_3 & B_1 \\ 0 & A_2 & 0 \\ \hline C_1 & C_2 & D \end{array}\right] \\
&= \begin{bmatrix} C_1 & C_2 \end{bmatrix} \begin{bmatrix} sI - A_1 & -A_3 \\ 0 & sI - A_2 \end{bmatrix}^{-1} \begin{bmatrix} B_1 \\ 0 \end{bmatrix} + D
\end{aligned}$$

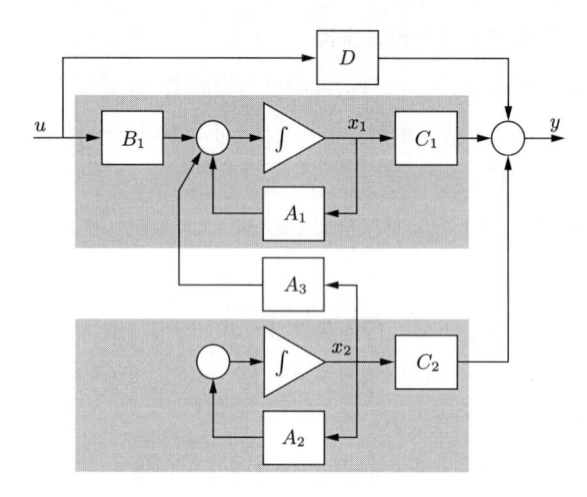

図 **5.2** 可制御/不可制御モード

$$= \begin{bmatrix} C_1 & C_2 \end{bmatrix} \begin{bmatrix} (sI-A_1)^{-1} & * \\ 0 & (sI-A_2)^{-1} \end{bmatrix} \begin{bmatrix} B_1 \\ 0 \end{bmatrix} + D$$

$$= C_1(sI-A_1)^{-1}B_1 + D = \left[\begin{array}{c|c} A_1 & B_1 \\ \hline C_1 & D \end{array}\right] \qquad (5.52)$$

となり，不可制御モードは伝達関数に現れないことがわかる．

また，式 (5.49)〜(5.51) に状態フィードバック $u = Fx$ を施したシステムは，$FT^{-1} = [F_1\ F_2]$ とおくと

$$u = Fx = F_1 x_1 + F_2 x_2$$

と書けるので

$$\dot{x}_1(t) = (A_1 + B_1 F_1)x_1(t) + (A_3 + B_1 F_2)x_2(t) \qquad (5.53)$$

$$\dot{x}_2(t) = A_2 x_2(t) \qquad (5.54)$$

$$y(t) = (C_1 + DF_1)x_1(t) + (C_2 + DF_2)x_2(t) \qquad (5.55)$$

となり，不可制御モードに対応する式 (5.54) は，まったく変化しないことがわかる．これらの性質は，図 **5.2** からわかるように，不可制御モードが入力 u の影響を受けないサブシステムの状態に対応していることから明らかである．

このように,不可制御モードは,制御系設計の立場からは一見やっかいな性質のように思われる.しかし,実際の制御系設計のアルゴリズムでは,安定な不可制御モードを積極的に取り入れることで,より高度な制御アルゴリズムを達成している.このとき重要なのが,つぎの可安定性の概念である.

【定義 5.3】 (可安定性)

任意の初期状態 $x(0) = x_0$ から $x(\infty) = 0$ と変化させうる入力関数 $u[0, T]$ が存在するとき,システムは**可安定** (stabilizable) であるという.

これまでの議論から,以下の命題は明らかである.

系 5.1 (可安定性の判定)

不可制御モードが安定なシステムは可安定である.また,その逆も真である.

5.1.4 可制御性と可到達性

可制御性よりも強い概念として重要な可到達性は,以下のように定義される.

【定義 5.4】 (状態の可到達性)

任意の正数 $T > 0$ に対して状態を初期状態 $x(0) = 0$ から $x(T) = x_T$ に変化させうる入力関数 $u[0, T]$ が存在するとき,状態 x_T は**可到達** (reachable) であるという.逆に,どんな入力を用いても,$x(T) = x_T$ となるような $0 < T < \infty$ と $u[0, T]$ が存在しないとき,状態 x_T は**不可到達** (unreachable) であるという.

この定義に基づいて,可制御性と同様に完全可到達性,モードなどが同様に定義される.可制御性と可到達性は非常に近い概念であるが,つぎのように強弱がある.

【定理 5.3】 可到達であるシステム（状態）は可制御である。

証明は，定義より明らかなので省略する．これより，完全可到達であるということは，$x_1 \to 0 \to x_2$ のように任意の初期状態から任意の状態に遷移させることができることを意味している．

可到達性は可制御性よりも厳しい性質である．しかし，連続時間線形システムにおいては，以下の定理が成り立つ．

【定理 5.4】 連続時間状態空間表現においては，可制御性と可到達性は等価である．

これは可制御性の証明における式 (5.9) において $x_0 = 0$, $x_1 = x_T$ とおくことにより明らかなので，証明は省略する．

これは連続時間状態空間表現特有の性質で，一般的には成り立たないと心得るべきである．例えば，離散時間システムやデスクリプタシステムでは，可制御性と可到達性は異なったクラスになる．

5.1.5 可制御性の定量的評価

現実の制御系解析・設計の現場では，定理 5.1 に述べた判定法は判定行列の階数条件で表現されているので，そのままでは使いづらい．数値計算的には，行列の階数判定には**特異値**（singular value）や**条件数**（condition number）が用いられる．

可制御なシステムに，定理 5.1 の証明において定義した入力信号 $u[0,T]$

$$u(t) = -B^T e^{-A^T t} W_c^{-1}(0,T) x_0, \ t \in [0,T]$$

を入力する．この入力は，状態を初期状態 $x(0) = x_0 \neq 0$ から $x(T) = 0$ に移動させる．この入力 u の大きさを

$$\|u\| = \sqrt{\int_0^T u^T(t)u(t)dt} \tag{5.56}$$

で定義して，式 (5.3) の定義に注意すると，簡単な計算により

$$\|u\|^2 = x_0^T W_c(0,T)^{-1} x_0 \tag{5.57}$$

を得る。ここで W_c は正定対称行列なので，その特異値分解は

$$W_c = V\Sigma^2 V^T$$
$$= \sum_{i=1}^n \sigma_i^2 v_i v_i^T \tag{5.58}$$

で得られる。ここで，$V = [v_1, \cdots, v_n]$ は正規直交行列 $(VV^T = I)$，$\{\sigma_i^2\}$ は W_c の特異値である。

$$W_c^{-1} = V\Sigma^{-2} V^T$$
$$= \sum_{i=1}^n \frac{1}{\sigma_i^2} v_i v_i^T \tag{5.59}$$

であるから

$$\|u\|^2 = \sum_{i=1}^n \left(\frac{1}{\sigma_i} v_i^T x_0\right)^2 = \sum_{i=1}^n \left(\frac{1}{\sigma_i}\langle x_0, v_i\rangle\right)^2 \tag{5.60}$$

となる。ここで，$\|v_i\| = 1$ なので，$\langle x_0, v_i\rangle$ は x_0 の v_i 軸への射影成分を表す。

この式は，初期状態 $x(0) = v_i$ を原点に移動するのに要する入力の大きさ（エネルギー）が σ_i（の2乗）に反比例することを意味しており

σ_i の値が小さい → 制御が困難

σ_i の値が大きい → 制御が容易

のように，制御の難易度の定量的評価に使用できることを意味している（**図 5.3**）。

ちなみに，$\sigma_i = 0$ の場合には，どのような入力 u を用いても $x(0) = v_i$ からの状態の遷移は不可能，すなわち不可制御である。これより，W_c の特異値を，ある正数 $\varepsilon (> 0)$ を**しきい値**（threshold）として

$$\sigma_1 \geq \cdots \geq \sigma_r > \varepsilon > \sigma_{r+1} \geq \cdots \geq \sigma_n \tag{5.61}$$

のように分離すると

$$W_c = \begin{bmatrix} V_c & V_{\bar{c}} \end{bmatrix} \begin{bmatrix} \Sigma_r^2 & 0 \\ 0 & \Sigma_\varepsilon^2 \end{bmatrix} \begin{bmatrix} V_c & V_{\bar{c}} \end{bmatrix}^T$$

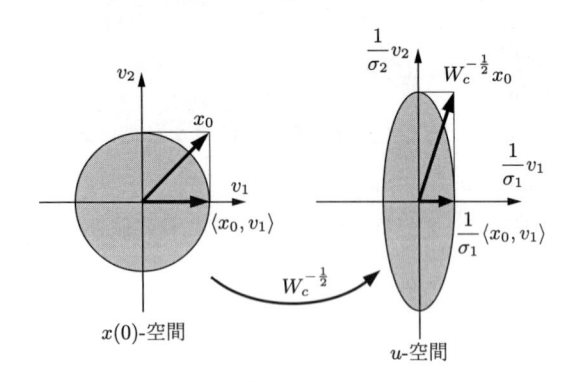

図 **5.3** 可制御性の定量的評価

$$
\begin{aligned}
&= V_c \Sigma_r^2 V_c^T + V_{\bar{c}} \Sigma_\varepsilon^2 V_{\bar{c}}^T \\
&= V_c \Sigma_r^2 V_c^T + O(\varepsilon^2)
\end{aligned}
\tag{5.62}
$$

となるので

$$
T = \begin{bmatrix} V_c^T \\ V_{\bar{c}}^T \end{bmatrix}
$$

$$
T^{-1} = \begin{bmatrix} V_c & V_{\bar{c}} \end{bmatrix}
$$

とおくことで，5.1.2 項の議論と整合する．

5.1.6 可制御性判定行列の計算法

このように，可制御性は適切な判定行列の特異値に基づいて判定される．グラム行列の値は以下のようにして求まる．$\begin{bmatrix} x^T(t) & z^T(t) \end{bmatrix}^T \in \mathbf{R}^{2n}$ を状態変数とする $2n$ 次のオートノマスシステム

$$
\frac{d}{dt} \begin{bmatrix} x(t) \\ z(t) \end{bmatrix} = \begin{bmatrix} A & BB^T \\ 0 & -A^T \end{bmatrix} \begin{bmatrix} x(t) \\ z(t) \end{bmatrix}
\tag{5.63}
$$

の応答が式 (5.3) より

$$
\begin{bmatrix} x(t) \\ z(t) \end{bmatrix} = \begin{bmatrix} e^{At} & e^{At}W(0,t) \\ 0 & e^{-A^T t} \end{bmatrix} \begin{bmatrix} x(0) \\ z(0) \end{bmatrix}
\tag{5.64}
$$

となることは，容易に確かめられる．したがって，可制御性グラム行列 $W_c(0,T)$

は
$$W_c(0,T) = \begin{bmatrix} e^{-AT} & 0 \end{bmatrix} \exp\left(\begin{bmatrix} A & BB^T \\ 0 & -A^T \end{bmatrix} T\right) \begin{bmatrix} 0 \\ I \end{bmatrix} \quad (5.65)$$
で計算できる．

A が安定の場合には，$W_c(0,\infty)$ は発散してしまうので
$$W_c = W_c(-\infty, 0) = \int_0^\infty e^{A\tau} BB^T e^{A^T \tau} d\tau \quad (5.66)$$
を用いる．これは，式 (5.63) の反安定モードに対するモード方程式
$$\begin{bmatrix} A & BB^T \\ 0 & -A^T \end{bmatrix} \begin{bmatrix} V_s \\ Z_s \end{bmatrix} = \begin{bmatrix} V_s \\ Z_s \end{bmatrix} (-A_s) \quad (5.67)$$
から
$$W_c = V_s Z_s^{-1} > 0 \quad (5.68)$$
のように求めることができる．ただし，$A_s \in \mathbf{R}^{n \times n}$ は安定行列である．これはリアプノフ方程式
$$AP + PA^T + BB^T = 0 \quad (5.69)$$
の解でもある．

可制御性の判定には，グラミアンのほかにも，可制御行列
$$M_c := \begin{bmatrix} B & AB & \cdots & A^{n-1}B \end{bmatrix} \quad (5.70)$$
あるいは $M_c M_c^T$ の特異値を調べる方法が考えられる．

例題 5.2 つぎの可制御対 (A,B) について，その可制御楕円体を求める．
$$A = \begin{bmatrix} -1 & 1 \\ 0 & -2 \end{bmatrix}, \quad B = \begin{bmatrix} 1 \\ 0.5 \end{bmatrix} \quad (5.71)$$
これらに対してリアプノフの方程式 (5.69) を解くと
$$W_c(0,\infty) = \begin{bmatrix} 0.6875 & 0.1875 \\ 0.1875 & 0.0625 \end{bmatrix}$$
となる．これより，楕円体
$$\begin{bmatrix} x_1 & x_2 \end{bmatrix} W_c^{-1} \begin{bmatrix} x_1 \\ x_2 \end{bmatrix} < K, \quad K = 1, 2, \cdots, 5 \quad (5.72)$$

を図示すると,図 5.4 のようになる。

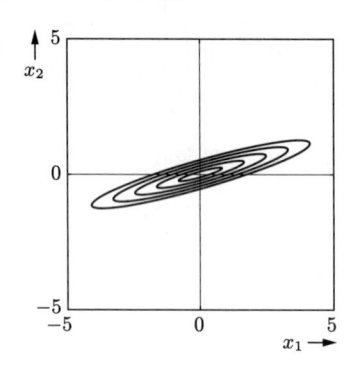

図 5.4 可制御性の定量的評価（$K = 1 \sim 5$ による可制御楕円体）

5.2 可観測性

5.2.1 可観測性の定義と判定法

可観測性は外部信号からの初期状態の推定可能性として定義される。

【定義 5.5】 （可観測性）

入力信号 $u[0,T]$ と出力信号 $y[0,T]$ （$T > 0$ は任意の正数）から初期状態 $x(0)$ を一意に推定可能であるとき，システムは**可観測**（observable）であるといい，初期状態が一意に定まらない場合には**不可観測**（unobservable）であるという。

式 (1.1), (1.2) の入出力信号 y, u とシステムのパラメータ $\{A, B, C, D\}$ が既知の場合には

$$\eta(t) = y(t) - C\int_0^t e^{A(t-\tau)}Bu(\tau)d\tau - Du(t) \tag{5.73}$$

は計算可能な情報である。ここで，システムの解 (2.8) に従うと，システムの

初期状態 $x(0)$ は $\eta(t)$ を用いて
$$Ce^{At}x(0) = \eta(t), \quad t \in [0,t] \tag{5.74}$$
と書くことができる．可観測性の判定とは，この方程式が $x(0)$ について可解であるかどうかの条件に帰着できる．方程式からわかるように，システムの可観測性は行列対 (A,C) のみで決まるので，システム (1.1), (1.2) が可観測であることを，(A,C) は可観測対であるという（図 **5.5**）．

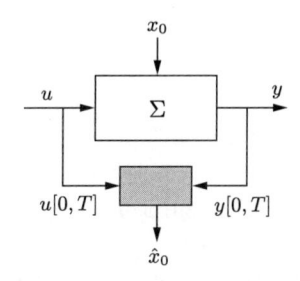

図 5.5 可観測性の概念

システムの可観測性について，以下の定理が成り立つ．

【定理 **5.5**】 以下の命題はたがいに同値である．

(1) (A,C) は**可観測対**（observable pair）である．

(2) **可観測行列**（observable matrix）
$$M_o := \begin{bmatrix} C \\ CA \\ \vdots \\ CA^{n-1} \end{bmatrix} \tag{5.75}$$
は列フルランクである．

(3) 任意の $t > 0$ に対して**可観測性グラム行列**（observability Gramian）
$$W_o(0,t) := \int_0^t e^{A^T\tau} C^T C e^{A\tau} d\tau \tag{5.76}$$
は正則である．

(4) すべての複素数 $s \in \mathbf{C}$ に対して，可観測モード行列

$$\mathrm{rank} \begin{bmatrix} A - sI \\ C \end{bmatrix} = n$$

は列フルランクである。

証明

$(1) \Rightarrow (2)$

式 (5.74) $\eta(t) = Ce^{At}x_0$ を t について微分すると

$$\eta^{(1)}(t) = CAe^{At}x_0$$
$$\eta^{(2)}(t) = CA^2 e^{At}x_0$$
$$\vdots$$
$$\eta^{(n-1)}(t) = CA^{n-1}e^{At}x_0 \tag{5.77}$$

となる。n 階微分はケーリーハミルトンの公式 (2.39) より

$$\eta^{(n)}(t) = -a_0 \eta(t) - a_1 \eta^{(1)}(t) \cdots - a_{n-1}\eta^{(n-1)}(t)$$

となるので，n 階以上の導関数は $(n-1)$ 階以下の導関数に対して線形従属である。式 (5.77) をまとめると

$$\begin{bmatrix} \eta(t) \\ \eta^{(1)}(t) \\ \vdots \\ \eta^{(n-1)}(t) \end{bmatrix} = \begin{bmatrix} C \\ CA \\ \vdots \\ CA^{n-1} \end{bmatrix} e^{At}x_0 = M_o e^{At}x_0 \tag{5.78}$$

となるが，任意の t に対して x_0 が一意に求まるためには，M_o は列フルランクでなければならない。

$(2) \Rightarrow (3)$

背理法により証明する。ある $T > 0$ に対して

$$W_o(0,T) = \int_0^T e^{A^T \tau} C^T C e^{A\tau} d\tau \tag{5.79}$$

が正則でないとする。すなわち

$$W_o(0,T)v = 0, \quad v \neq 0 \tag{5.80}$$

となる $v \in \mathbf{R}^n$ が存在すると仮定する。

任意の $\eta(t) \in \mathbf{R}^n$ に対して

$$\int_0^T \|\eta(t)\|^2 dt = \int_0^T \eta^T(t)\eta(t) dt \geq 0$$

であるが

$$\eta(t) = Ce^{At}v$$

とおくと，式 (5.80) から
$$\int_0^T \eta^T(t)\eta(t)dt = v^T W_o v = 0$$
だから
$$\eta(t) = 0, \ \forall t \in [0, T]$$
でなければならない．したがって，その高階導関数は
$$\eta(t) = \dot{\eta}(t) = \cdots = \eta^{(n-1)}(t) = 0$$
となり
$$\begin{bmatrix} C \\ CA \\ \vdots \\ CA^{n-1} \end{bmatrix} e^{At}v = M_o e^{At} v = 0 \tag{5.81}$$
となる．したがって，M_o の列フルランク性から $v = 0$ となり，仮定に反する．よって，$W_o(0, t)$ は正則でなければならない．

(3) $\Rightarrow$ (1)

式 (5.74) の $\eta(t) = Ce^{At}x_0$ を状態方程式
$$\dot{z}(t) = -A^T z(t) + C^T \eta(t), \ z(0) = z_0 \tag{5.82}$$
に入力として加えると
$$\begin{aligned} z(T) &= e^{-A^T T} z(0) + \int_0^T e^{-A(t-\tau)} C^T \eta(\tau) d\tau \\ &= e^{-A^T T}\left(z(0) + \int_0^T e^{A^T \tau} C^T C e^{A\tau} d\tau x(0)\right) \\ &= e^{-A^T T}(z(0) + W_o(0, T)x(0)) \end{aligned}$$
となる．仮定より W_o^{-1} が存在するので
$$x(0) = W_o^{-1}\left(e^{A^T T} z(T) - z(0)\right) \tag{5.83}$$
で初期状態 $x(0)$ が求まる．

(2) $\Rightarrow$ (4)

背理法による．すなわち M_o が列フルランクで，かつ (4) が成り立たないと仮定する．ある複素数 $\lambda \in \mathbf{C}$ において
$$\begin{bmatrix} \lambda I - A \\ C \end{bmatrix} v = 0$$
を満たす非零ベクトル $v \in \mathbf{R}^n$ が存在する．これは
$$Av = \lambda v, \quad Cv = 0$$
と書き直せるが，この関係式を繰り返し利用すると

$$CAv = C(\lambda v) = \lambda Cv = 0$$
$$CA^2 v = CA(\lambda v) = \lambda CAv = \lambda^2 Cv = 0$$
$$\vdots$$
$$CA^{n-1}v = CA^{n-2}(\lambda v) = \cdots = \lambda^{n-1}Cv = 0 \qquad (5.84)$$

となり,各式の左辺をまとめると

$$M_o v = 0$$

を得る。これは M_o の列フルランクの仮定に反する。よって証明された。

(4) $\Rightarrow$ (2)

(2) が成り立たないと仮定する。すると

$$M_o v = 0 \qquad (5.85)$$

となる $v \in \mathbf{R}^n$ が存在するので式 (5.84) が成り立つが,ケーリーハミルトンの公式 (2.39) より $CA^n v = 0$ も成り立つことになる。したがって

$$\begin{bmatrix} CA \\ CA^2 \\ \vdots \\ CA^n \end{bmatrix} v = \begin{bmatrix} C \\ CA \\ \vdots \\ CA^{n-1} \end{bmatrix} Av = 0 \qquad (5.86)$$

が得られる。式 (5.85) と式 (5.86) から Av と v の間には

$$Av = \lambda v \qquad (5.87)$$

の関係が必要であることがわかる。これと $Cv = 0$ を合わせると,命題 (4) の否定が得られる。つまり「(2) でないならば (4) でない」ので「(4) ならば (2)」である。 △

例題 5.3 つぎの A, C で定義されるシステム $\dot{x} = Ax$, $y = Cx$ の可観測性について検討する。ここで,n は状態のサイズ,p は出力のサイズを表す。

(A) $n = p = 1$ の場合を考える。

$$A = a, \quad C = c \qquad (5.88)$$

可観測行列は

$$M_o = c \qquad (5.89)$$

である。これより,このシステムが可観測であるための必要十分条件は $c \neq 0$ である。

(B) $n=2$, $p=1$ の場合で

$$A = \begin{bmatrix} a_1 & 0 \\ 0 & a_2 \end{bmatrix}, \quad C = \begin{bmatrix} c_1 & c_2 \end{bmatrix} \tag{5.90}$$

のとき,可観測行列は

$$\det M_o = \det \begin{bmatrix} c_1 & c_2 \\ c_1 a_1 & c_2 a_2 \end{bmatrix} = c_1 c_2 (a_2 - a_1) \tag{5.91}$$

である。これより,このシステムが可観測であるための必要十分条件は,c_1, c_2 のいずれも 0 でなく,かつ $a_1 \neq a_2$ であることである。

 $a_1 \neq a_2$ の場合は,二つの単純固有モードに対応している。また,$a_1 = a_2$ の場合は,縮退モードに対応している。縮退モードは C の値にかかわらず,つねに不可観測である。

(C) $n=2$, $p=1$ の拡張固有モードを考える。

$$A = \begin{bmatrix} \lambda & 1 \\ 0 & \lambda \end{bmatrix}, \quad C = \begin{bmatrix} c_1 & c_2 \end{bmatrix} \tag{5.92}$$

可観測行列は

$$\det M_o = \det \begin{bmatrix} c_1 & c_2 \\ c_1 \lambda & c_1 + c_2 \lambda \end{bmatrix} = c_1^2 \tag{5.93}$$

である。これより,このシステムが可観測であるための必要十分条件は,$c_1 \neq 0$ である。

(D) 単純複素固有モードを考える。

$$A = \begin{bmatrix} \sigma & \omega \\ -\omega & \sigma \end{bmatrix}, \quad C = \begin{bmatrix} c_1 & c_2 \end{bmatrix} \tag{5.94}$$

可観測行列は

$$\det M_o = \det \begin{bmatrix} c_1 & c_2 \\ c_1 \sigma - c_2 \omega & c_1 \omega + c_2 \sigma \end{bmatrix} = (c_1^2 + c_2^2)\omega \tag{5.95}$$

である。これより,このシステムが可観測であるための必要十分条件は,c_1, c_2 が同時に 0 にならないこと,かつ $\omega \neq 0$ である。

(E) n 次の観測器正準系 (1.85), (1.86) を考える。

$$A = \begin{bmatrix} 0 & \cdots & 0 & -a_0 \\ 1 & \ddots & 0 & -a_1 \\ \vdots & \ddots & \vdots & \vdots \\ 0 & \cdots & 1 & -a_{n-1} \end{bmatrix}, \quad C = \begin{bmatrix} 0 & \cdots & 0 & 1 \end{bmatrix} \quad (5.96)$$

可観測行列は

$$\det M_o = \det \begin{bmatrix} 0 & 0 & \cdots & 0 & 1 \\ 0 & 0 & \cdots & 1 & * \\ \vdots & \vdots & \ddots & \vdots & \vdots \\ 0 & 1 & \cdots & * & * \\ 1 & * & \cdots & * & * \end{bmatrix} = -1 \quad (5.97)$$

なので,このシステムはつねに可観測である。

(F) つぎのように A, C に 0 要素をもつ系を考える。

$$A = \begin{bmatrix} a_1 & 0 \\ a_3 & a_2 \end{bmatrix}, \quad C = \begin{bmatrix} c_1 & 0 \end{bmatrix} \quad (5.98)$$

可観測行列は

$$\det M_o = \det \begin{bmatrix} c_1 & 0 \\ c_1 a_1 & 0 \end{bmatrix} = 0 \quad (5.99)$$

である。これより,このシステムは不可観測である。

座標変換 $\bar{x} = Tx$ に対してシステムの入出力関係が不変であることを 2 章で述べたが,つぎに述べるように,可観測性も座標変換に対して不変である。

式 (2.61) により変換されたシステムの可観測行列は

$$\overline{M}_o = \begin{bmatrix} \overline{C} \\ \overline{CA} \\ \vdots \\ \overline{CA}^{n-1} \end{bmatrix} = \begin{bmatrix} CT^{-1} \\ (CT^{-1})(TAT^{-1}) \\ \vdots \\ (CT^{-1})(TAT^{-1})^{n-1} \end{bmatrix}$$

$$= \begin{bmatrix} C \\ CA \\ \vdots \\ CA^{n-1} \end{bmatrix} T^{-1} = M_o T^{-1} \tag{5.100}$$

となる。T は正則であるから，$\text{rank}\overline{M}_o = \text{rank}M_o$，すなわち，可観測性は座標変換に対して不変である。

5.2.2 不可観測モードと不可観測部分空間

可観測/不可観測性をモードの観点から考察する。可観測行列 (5.75) の階数が $\text{rank}M_o = n_o < n$ であるとする。$n_{\bar{o}} = n - n_o$ とするとき，M_o に直交する独立な列ベクトルからなる行列 $V_2 \in \mathbf{R}^{n \times n_{\bar{o}}}$ を

$$M_o V_2 = 0 \tag{5.101}$$

のように定義できる。これより

$$CV_2 = 0 \tag{5.102}$$

$$CAV_2 = 0 \tag{5.103}$$

であることに注意する。ここで

$$T^{-1} = \begin{bmatrix} V_1 & V_2 \end{bmatrix} \tag{5.104}$$

が正則になるように $V_1 \in \mathbf{R}^{n \times n_o}$ を選択し，$CV_1 = C_1$ とおくと式 (5.102) より

$$CT^{-1} = \begin{bmatrix} CV_1 & CV_2 \end{bmatrix} = \begin{bmatrix} C_1 & 0 \end{bmatrix} \tag{5.105}$$

となる。したがって

$$CAT^{-1} = CT^{-1}TAT^{-1} = \begin{bmatrix} C_1 & 0 \end{bmatrix} TAT^{-1} \tag{5.106}$$

と書けるが，式 (5.103) から

$$CAT^{-1} = \begin{bmatrix} CAV_1 & CAV_2 \end{bmatrix} = \begin{bmatrix} * & 0 \end{bmatrix} \tag{5.107}$$

とも書けるので，TAT^{-1} の (1,2) ブロックは 0，つまり

$$TAT^{-1} = \begin{bmatrix} A_1 & 0 \\ A_3 & A_2 \end{bmatrix} \tag{5.108}$$

でなければならない。これより

$$A \begin{bmatrix} V_1 & V_2 \end{bmatrix} = \begin{bmatrix} V_1 & V_2 \end{bmatrix} \begin{bmatrix} A_1 & 0 \\ A_3 & A_2 \end{bmatrix} \quad (5.109)$$

または

$$AV_1 = V_1 A_1 + V_3 A_3 \quad (5.110)$$

$$AV_2 = V_2 A_2 \quad (5.111)$$

$$CV_2 = 0 \quad (5.112)$$

と書けるので,(V_2, A_2) は**不可観測モード**(unobservable mode)と呼ばれる。

$\mathbf{im} V_1$ は (A, B) **可観測部分空間**(observable subspace),$\mathbf{im} V_2$ は (A, B) **不可観測部分空間**(unobservable subspace)と呼ばれる。これらの線形空間には以下の性質がある。

【**補題 5.2**】 $V_1, V_2, M_o, W_o(0, t)$ をそれぞれ式 (5.101), (5.75), (5.76) のように定義する。また,$\mathcal{X}_i \subset \mathbf{R}^n$ で n 次元線形空間の部分空間を表すこととする。このとき,以下の関係が成り立つ。

(1) V_1, V_2 は可観測性判定行列から求まる。

$$\mathbf{im} V_1 = \mathbf{im} M_o^T = \mathbf{im} W_o(0, t) \quad (5.113)$$

$$\mathbf{im} V_2 = \ker M_o = \ker W_o(0, t) \quad (5.114)$$

(2) $\mathbf{im} V_2$ は $\ker C$ に含まれる最大 A-不変部分空間である。すなわち,つぎの漸化式は n ステップ以内に $\mathbf{im} V_2$ に収束する。

$$\begin{cases} \mathcal{X}_0 = \mathbf{R}^n \\ A\mathcal{X}_{k+1} = \mathcal{X}_k \cap \ker C, \quad k = 1, 2, \cdots, (n-1) \\ \mathbf{im} V_2 = \mathcal{X}_n \end{cases} \quad (5.115)$$

(3) ほとんどすべての正方行列 $A_o \in \mathbf{R}^{n_c \times n_c}$ に対して,行列方程式

$$(A + KC)V_1 T = V_1 T A_o \quad (5.116)$$

を満たす $K \in \mathbf{R}^{n \times p}$ と正則行列 $T \in \mathbf{R}^{n_o \times n_o}$ が存在する。

証明 (1) ⇒ (3) について略証を示す。

これまでの議論より

$$A \leftrightarrow A^T$$
$$B \leftrightarrow C^T$$
$$C \leftrightarrow B^T$$
$$D \leftrightarrow D^T$$

p（出力数）$\leftrightarrow m$（入力数）

と相互に読み替えると

(A,B) は可制御 $\leftrightarrow (A,C)$ は可観測

$$n_c \leftrightarrow n_o$$
$$W_c \leftrightarrow W_o$$
$$M_c \leftrightarrow M_o^T$$

のように対応することがわかる。この対応関係を線形システムにおける観測と制御の**双対性**（duality）という。

式 (5.42) の双対を考える。$\mathbf{im}V_1 = \mathbf{im}M_o^T$, $\mathbf{im}V_2 = \mathbf{ker}M_o$ とおく。双対性より $\mathbf{im}V_1$ は (A^T, C^T) の可制御部分空間と見なせるから、補題 5.1 より、任意の $A_o \in \mathbf{R}^{n_o \times n_o}$ に対して

$$A^T V_1 T_o = V_1 T_o A_o^T + C^T Y_o \tag{5.117}$$

となる正則行列 $T_o \in \mathbf{R}^{n_o \times n_o}$ と $Y_o \in \mathbf{R}^{p \times n_o}$ が存在する。ここで

$$Y_o T_o^{-1} = K^T V_1 \tag{5.118}$$

を満たす $K^T \in \mathbf{R}^{p \times n}$ を選択すると

$$A^T V_1 T_o = V_1 T_o A_o^T + C^T K^T V_1 T_o \tag{5.119}$$

となり、まとめると式 (5.116) となる。　　　　　　　　　　　　　　△

以上より、線形システム理論における重要な第 2 の定理が得られる。

【定理 5.6】　（出力注入による極配置可能性）

状態方程式 (1.1), (1.2) の可観測モードの固有値 $\lambda(A_o)$ は、出力注入フィードバック $\nu = -Ky$ によって任意に設定できる。

証明は、上の補題より明らかなので省略する。

可観測対 (A,C) に対して A のどの固有値とも一致しない相異なる n 個の共役複素数の組 $\{\lambda_1, \lambda_2, \cdots, \lambda_n\}$ を $A + KC$ の固有値とするように K を求める手順を Pascal 風に表すと，つぎのようになる．

Proc: pole placement via output injection
begin
   repeat
      $M = [\mu_1, \mu_2, \cdots, \mu_n]$ を適当におく
      for $i := 1$ **to** n **do begin**
         $v_i = (A^T - \lambda_i I)^{-1} C^T \mu_i;$
     end
      $V = [v_1, v_2, \cdots, v_n]$
   until V は正則である
   $K = -MV^{-T\dagger};$
end.

5.2.3 不可観測モードと可検出性

不可観測モードの以下の性質は重要である．

不可観測モードの性質
  性質 1：不可観測モードは伝達関数には現れない．
  性質 2：不可観測モードは出力注入フィードバックによってその振る舞いを変化させることはできない．

    不可観測システムの状態変数は
$$x = x_o + x_{\bar{o}}$$
$$x_o \in \mathrm{im} V_1, \quad x_{\bar{o}} \in \mathrm{im} V_2$$
のように可観測成分 x_o と不可観測成分 $x_{\bar{o}}$ に分離できる．

これらの性質を，つぎの座標変換されたシステムで説明する．

---

† $A^{-T} = (A^T)^{-1} = (A^{-1})^T$

$$x = V_1 x_1 + V_2 x_2 = \begin{bmatrix} V_1 & V_2 \end{bmatrix} \begin{bmatrix} x_1 \\ x_2 \end{bmatrix}$$

$$B = V_1 B_1 + V_2 B_2 = \begin{bmatrix} V_1 & V_2 \end{bmatrix} \begin{bmatrix} B_1 \\ B_2 \end{bmatrix}$$

とおくと，座標変換されたシステムは

$$\dot{x}_1(t) = A_1 x_1(t) + B_1 u(t) \tag{5.120}$$

$$\dot{x}_2(t) = A_2 x_2(t) + A_3 x_1(t) + B_2 u(t) \tag{5.121}$$

$$y(t) = C_1 x_1(t) + D u(t) \tag{5.122}$$

となる．これを図示すると，図 5.6 のブロック線図となる．これより，x_2 の初期状態は出力 y に影響を与えないサブシステムの状態ベクトルになっていることがわかる．したがって，このシステムの伝達関数は

$$G(s) = C(sI - A)^{-1} B + D$$

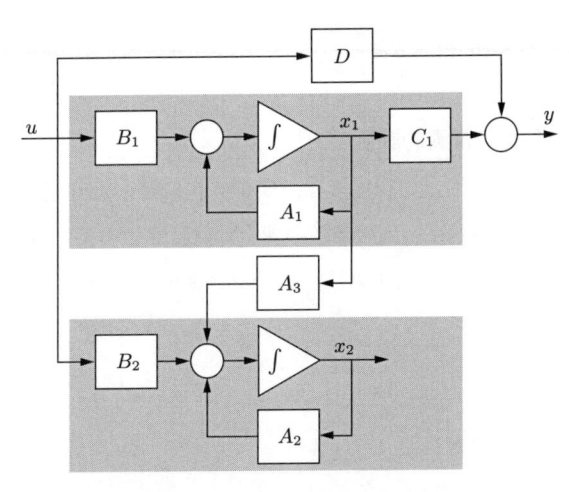

$$= \left[\begin{array}{c|c} A & B \\ \hline C & D \end{array}\right] = \left[\begin{array}{c|c} TAT^{-1} & TB \\ \hline CT^{-1} & D \end{array}\right] = \left[\begin{array}{cc|c} A_1 & 0 & B_1 \\ A_3 & A_2 & B_2 \\ \hline C_1 & 0 & D \end{array}\right]$$

図 **5.6** 可観測/不可観測モード

$$
\begin{aligned}
&= \begin{bmatrix} C_1 & 0 \end{bmatrix} \begin{bmatrix} sI - A_1 & 0 \\ -A_3 & sI - A_2 \end{bmatrix}^{-1} \begin{bmatrix} B_1 \\ B_2 \end{bmatrix} + D \\
&= \begin{bmatrix} C_1 & 0 \end{bmatrix} \begin{bmatrix} (sI - A_1)^{-1} & 0 \\ * & (sI - A_2)^{-1} \end{bmatrix} \begin{bmatrix} B_1 \\ B_2 \end{bmatrix} + D \\
&= C_1(sI - A_1)^{-1}B_1 + D = \left[\begin{array}{c|c} A_1 & B_1 \\ \hline C_1 & D \end{array}\right]
\end{aligned}
\tag{5.123}
$$

となり，不可観測モードは伝達関数には現れないことがわかる。

一般に不可観測なシステムで状態推定を行えば，$x_{\bar{o}}$ は誤差として永久に残ってしまう。しかし

$$x_{\bar{o}}(t) \to 0 \quad (t \to \infty) \tag{5.124}$$

であれば，漸近的に推定は可能であることになる。このように不可観測モードが安定であるシステムは，**可検出**（detectable）であるといわれる。

【定義 5.6】　（可検出性）

不可観測モードが安定なシステムは可検出である。また，その逆も真である。

5.2.4 可観測性の定量的評価

現実の制御系解析・設計の現場では，定理 5.5 に述べた判定法は，そのままでは使いづらい。一般的に行列の階数の判定には特異値や条件数が用いられる。

初期状態 $x(0) = x_0 \neq 0$ によるオートノマス系の出力信号 $\eta(t) = Ce^{At}x(0)$ の大きさを

$$\|\eta\| = \sqrt{\int_0^T \eta^T(t)\eta(t)dt} \tag{5.125}$$

で定義する。簡単な計算により

$$\|\eta\|^2 = x_0^T W_o(0, T) x_0 \tag{5.126}$$

を得る。ここで W_o は正定対称行列なので，その特異値分解は

$$W_o = V\Sigma^2 V^T$$
$$= \sum_{i=1}^{n} \sigma_i^2 v_i v_i^T \tag{5.127}$$

で得られる。よって

$$\|\eta\|^2 = \sum_{i=1}^{n} \left(\sigma_i v_i^T x_0\right)^2 \tag{5.128}$$

となる。これは，初期状態 $x(0) = v_i$ の出力信号 η に対する影響度が σ_i（エネルギーはこの2乗）であることを意味しており，出力信号からの推定に関して

σ_i の値が小さい → 初期状態の推定が困難

σ_i の値が大きい → 初期状態の推定が容易

のように，定量的評価に使用できることを意味している（図 **5.7**）。

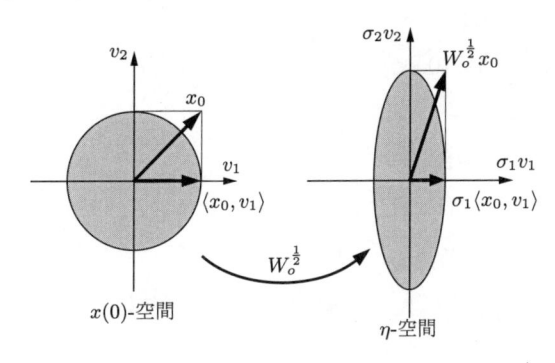

図 5.7 可観測性の定量的評価

特に，$\sigma_i = 0$ は $x(0) = v_i$ が外部信号 η になにも影響を与えていないことを意味するので，外部信号をどのように処理しても，初期状態 $x(0) = v_i$ の推定は不可能である，つまり，$x(0) = v_i$ は不可観測な状態であることを意味している。これより，W_o の特異値を，ある正数 $\varepsilon\ (>0)$ をしきい値として

$$\sigma_1 \geqq \cdots \geqq \sigma_r > \varepsilon > \sigma_{r+1} \geqq \cdots \geqq \sigma_n \tag{5.129}$$

のように分離すると

$$W_o = \begin{bmatrix} V_o & V_{\bar{o}} \end{bmatrix} \begin{bmatrix} \Sigma_r^2 & 0 \\ 0 & \Sigma_\varepsilon^2 \end{bmatrix} \begin{bmatrix} V_o & V_{\bar{o}} \end{bmatrix}^T$$

$$= V_o \Sigma_r^2 V_o^T + V_{\bar{o}} \Sigma_\varepsilon^2 V_{\bar{o}}^T$$
$$= V_o \Sigma_r^2 V_o^T + O(\varepsilon^2) \tag{5.130}$$

となるので
$$T = \begin{bmatrix} V_o^T \\ V_{\bar{o}}^T \end{bmatrix}$$
$$T^{-1} = \begin{bmatrix} V_o & V_{\bar{o}} \end{bmatrix}$$

とおくことで 5.2.2 項の議論と整合する。

このように,可観測性は適切な判定行列の特異値に基づいて判定されるが,上の可観測性グラム行列は積分時間 T に依存するので,一般には以下のような行列も使用される。

(1) A が安定の場合
$$W_o = W_o(0, \infty) = \int_0^\infty e^{A^T \tau} C^T C e^{A \tau} d\tau \tag{5.131}$$
を用いる。

(2) A が不安定の場合

A を安定モード (V_s, A_s) と不安定モード $(V_{\bar{s}}, A_{\bar{s}})$ に分離し,それぞれのサブシステム (A_s, C_s), $(A_{\bar{s}}, C_{\bar{s}})$ に対して
$$W_o = \int_0^\infty \left(e^{A_s^T \tau} C_s^T C_s e^{A_s \tau} + e^{-A_{\bar{s}}^T \tau} C_{\bar{s}}^T C_{\bar{s}} e^{-A_{\bar{s}} \tau} \right) d\tau \tag{5.132}$$
を用いる。

(3) 可観測行列
$$M_o := \begin{bmatrix} C \\ CA \\ \vdots \\ CA^{n-1} \end{bmatrix} \tag{5.133}$$
を用いる。

Z_o は $\{A, C\}$ から作られる拡大行列の安定モードを下記のように抽出して求めることができる。

$$\begin{bmatrix} A & 0 \\ -C^TC & -A^T \end{bmatrix} \begin{bmatrix} V_s \\ Z_s \end{bmatrix} = \begin{bmatrix} V_s \\ Z_s \end{bmatrix} A_s \tag{5.134}$$

$$W_o = V_s Z_s^{-1} \tag{5.135}$$

ただし，$A_s \in \mathbf{R}^{n \times n}$ は安定行列で，A が虚軸上に固有値をもたなければ，$W_s \in \mathbf{R}^{n \times n}$ は必ず正則である．A が安定な場合には，これはリアプノフ方程式

$$A^TP + PA + C^TC = 0 \tag{5.136}$$

の解である．

5.3 正準構造定理，平衡実現，モデルの低次元化

状態空間を可制御＋不可制御，あるいは可観測＋不可観測に分解することにより，カルマンの正準構造定理が示される．また，これらの性質を定量的に評価することによって，モデルの低次元化の基礎となる平衡実現が導かれる．

5.3.1 カルマンの正準構造定理

可制御性グラム行列 (5.3) と可観測性グラム行列 (5.76) に対して，可制御部分空間，不可観測部分空間をそれぞれ $\mathbf{im}W_c$, $\mathrm{ker}W_o$, $n_c = \dim \mathbf{im}W_c$, $n_{\bar{o}} = \dim \mathrm{ker}W_o$ とおき，以下の関係が満たされるように，$V_{c\bar{o}} \in \mathbf{R}^{n \times (n_c - n_{c\bar{o}})}$, $V_{co} \in \mathbf{R}^{n \times (n_c - n_{c\bar{o}})}$, $V_{\bar{c}\bar{o}} \in \mathbf{R}^{n \times (n_{c\bar{o}})}$, $V_{\bar{c}o} \in \mathbf{R}^{n \times (n_o - n_{c\bar{o}})}$ を順に定める（補空間は一意には定まらないことに注意）．

(1) $V_{c\bar{o}}$ を求める．$\mathbf{im}V_{c\bar{o}} = \mathbf{im}W_c \cap \mathrm{ker}W_o$

(2-1) V_{co} を求める．$\mathbf{im}V_{c\bar{o}} + \mathbf{im}V_{co} = \mathbf{im}W_c$

(2-2) $V_{\bar{c}\bar{o}}$ を求める．$\mathbf{im}V_{\bar{c}\bar{o}} + \mathbf{im}V_{c\bar{o}} = \mathrm{ker}W_o$

(3) $V_{\bar{c}o}$ を求める．$\mathbf{im}V_{co} + \mathbf{im}V_{c\bar{o}} + \mathbf{im}V_{\bar{c}o} + \mathbf{im}V_{\bar{c}\bar{o}} = \mathbf{R}^n$

これらを用いて，$V, T \in \mathbf{R}^{n \times n}$ を以下のように定義する．

$$V = \begin{bmatrix} V_{c\bar{o}} & V_{co} & V_{\bar{c}\bar{o}} & V_{\bar{c}o} \end{bmatrix}, \quad T = V^{-1} \tag{5.137}$$

ここで 2.4.5 項で定義した座標変換を行うと，以下のような四つのサブシステ

ムに分解できる.

$$G(s) = \left[\begin{array}{cccc|c} A_1 & A_{12} & A_{13} & A_{14} & B_1 \\ 0 & A_2 & 0 & A_{24} & B_2 \\ 0 & 0 & A_3 & A_{34} & 0 \\ 0 & 0 & 0 & A_4 & 0 \\ \hline 0 & C_2 & 0 & C_4 & D \end{array}\right] \tag{5.138}$$

これを図示すると,図 5.8 のようになる.このように座標変換された状態空間表現を,**カルマンの正準系**(Kalman's canonical form)と呼ぶ.

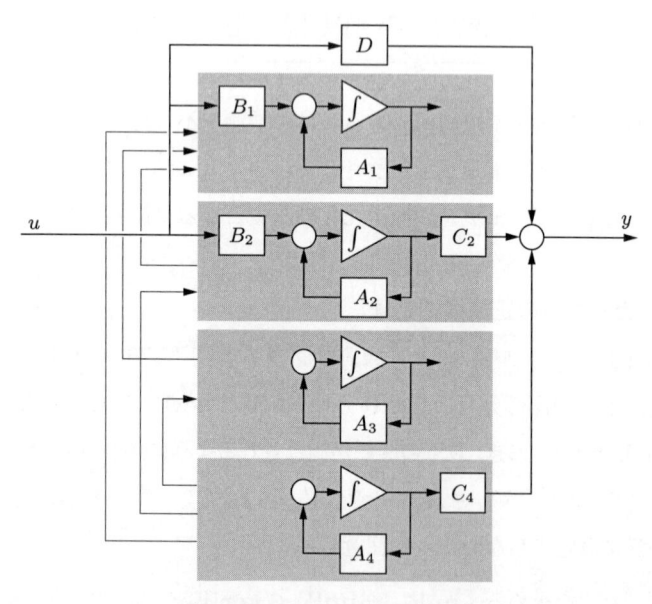

図 5.8 カルマンの正準構造定理

このシステムの伝達関数は,簡単な計算から

$$G(s) = C_2(sI - A_2)^{-1}B_2 + D_2 \tag{5.139}$$

となる.つまり,不可制御,不可観測なモードは,入出力関係には反映されない.

5.3.2 平衡実現

座標変換されたシステム

$$\bar{A} = TAT^{-1}$$

$$\bar{B} = TB$$

$$\bar{C} = CT^{-1}$$

$$\bar{x} = Tx$$

の可制御グラミアン,可観測グラミアンは,式 (5.3), (5.76) から

$$\overline{W}_c = TW_cT^T, \quad \overline{W}_o = T^{-T}W_oT^{-1} \tag{5.140}$$

となる.したがって

$$\overline{W}_c\overline{W}_o = T(W_cW_o)T^{-1} \tag{5.141}$$

の関係がある.ここで W_c, W_o のコレスキー分解

$$W_o = R_oR_o^T$$

$$W_c = R_cR_c^T$$

によって得られる右三角行列 $R_o, R_c \in \mathbf{R}^{n \times n}$ の積 $R_oR_c^T$ を特異値分解して

$$U\Sigma V^T = R_oR_c^T, \quad U^TU = I, \quad V^TV = I, \quad \Sigma\text{は正定対角行列} \tag{5.142}$$

とおき,さらに $T, V \in \mathbf{R}^{n \times n}$ を

$$\left.\begin{array}{l} T = \Sigma^{-1/2}U^TR_o \\ V = R_c^TV\Sigma^{-1/2} \end{array}\right\} \tag{5.143}$$

のように定める.$(R_oR_c^T)^{-1} = V\Sigma^{-1}U^T$ に注意すると,$VT = TV = I$ が簡単に確かめられる.すなわち,T, V はたがいに逆行列なので

$$T = V^{-1} = \Sigma^{1/2}V^TR_c^{-T}$$

$$V = T^{-1} = R_o^{-1}U\Sigma^{1/2}$$

と書くことができる.したがって

$$\overline{W}_c = TW_cT^T = (\Sigma^{1/2}V^TR_c^{-T})(R_c^TR_c)(R_c^{-1}V\Sigma^{1/2})$$

$$= \Sigma^{1/2}(V^T(R_c^{-T}R_c^T)(R_cR_c^{-1})V)\Sigma^{1/2}$$

$$= \Sigma$$

$$\overline{W}_o = T^{-T}W_oT^{-1} = (\Sigma^{1/2}U^TR_o^{-T})(R_o^TR_o)(R_o^{-1}U\Sigma^{1/2})$$

$$= \Sigma^{1/2}(U^T(R_o^{-T}R_o^T)(R_oR_o^{-1})U)\Sigma^{1/2}$$
$$= \Sigma$$

となり，$\overline{W}_o = \overline{W}_c = \Sigma$ が成り立っていることがわかる．このように可制御性と可観測性が平衡している状態空間表現を，**平衡実現**（balanced realization）という．

5.3.3 モデルの低次元化

n 次元の状態空間表現に対して $T_rV_r = I_{n_r}$，$n_r < n$ を満たす $T_r \in \mathbf{R}^{n_r \times n}$，$V_r \in \mathbf{R}^{n \times n_r}$ を用いて

$$\bar{A} = T_rAV_r$$
$$\bar{B} = T_rB$$
$$\bar{C} = CV_r$$
$$\bar{x} = T_rx$$

により n_r 次のシステムを得ることを，**モデルの低次元化**（model reduction）という．モデルの低次元化には，目的に応じてさまざまな考え方やいくつかの手法がある．

5.3.4 モード分解による低次元化

3.3 節では，各モードに対応する固有ベクトルを並べて定義される座標変換行列

$$T = V^{-1} = \begin{bmatrix} T_1 & T_2 & \cdots & T_\mu \end{bmatrix}^T$$

によって，入出力関係が

$$G(s) = G_1(s) + G_2(s) + \cdots + G_\mu(s) + D \tag{5.144}$$

のように各モードに対応する伝達関数の和に分解できることを示した．ここで

$$G(s) = \left[\begin{array}{c|c} A & B \\ \hline C & D \end{array}\right], \quad G_i(s) = \left[\begin{array}{c|c} T_i^T AV_i & T_i^T B \\ \hline CV_i & 0 \end{array}\right] \tag{5.145}$$

であり，$x_i = T_i^T x$ である．ここで，$i = 1, 2, \cdots, \bar{\mu} < \mu$ として

とおくと，次数 $n_r = \sum_{i=1}^{\bar{\mu}} n_i < n$ の低次元化モデルが得られる．その入出力関係は

$$G_r(s) = G_1(s) + G_2(s) + \cdots + G_{\bar{\mu}}(s) + D \tag{5.146}$$

となる．

5.3.5 平衡実現による低次元化

式 (5.143) で定義した座標変換行列 T を用いると

$$W_c = W_o = \begin{bmatrix} \sigma_1 & & & \\ & \sigma_2 & & \\ & & \ddots & \\ & & & \sigma_n \end{bmatrix}$$

となる．ここで

$$T = \begin{bmatrix} T_r & \bar{T}_r \end{bmatrix}^T$$
$$V = T^{-1} = \begin{bmatrix} V_r & \bar{V}_r \end{bmatrix}$$

のように T および $T^{-1} (= V)$ を分割し，この T_r, V_r を用いると，n_r 次元の低次元化モデルが得られる．この低次元化モデルには，$\varepsilon > 0$ をしきい値として

$$\sigma_1 \geq \cdots \geq \sigma_r > \varepsilon > \sigma_{r+1} \geq \cdots \geq \sigma_n \geq 0 \tag{5.147}$$

となる関係がある．すなわち，可制御性，可観測性の低い入出力関係を省く意味がある．

例題 5.4

$$P(s) = \frac{5^2}{s^2 + 2 \times 0.01 \times 5s + 5^2} + \frac{2 \times 0.001 \times 45 s}{s^2 + 2 \times 0.001 \times 45 s + 45^2}$$

を考える．

基本モードのみを取り出すと

$$P_1(s) = \frac{5^2}{s^2 + 2 \times 0.01 \times 5s + 5^2}$$

となる．これに対して前項の平衡実現に基づく低次元化を用いると，可観測および可制御性グラム行列の積の特異値の平方根は，

$$\sigma_i = \{132.4,\ 119.7,\ 0.10,\ 0.097\}$$

のように得られ，3次以上のモデルでは可制御性や可観測性が低くなってしまうと判断できる．2次に低次元化した以下の近似モデルが得られる．

$$P_1(s) = \frac{1.8 \times 10^{-6} s + 5^2}{s^2 + 2 \times 0.01 \times 5s + 5^2}$$

図 5.9 は原システム（4次）と低次元化モデル（2次）の周波数特性を示すボード線図である．$\omega = 5$〔rad/s〕近傍はよく近似されているが，$\omega > 2$〔rad/s〕の特性が省略され，$\omega = 45$〔rad/s〕の共振は見えなくなっている．

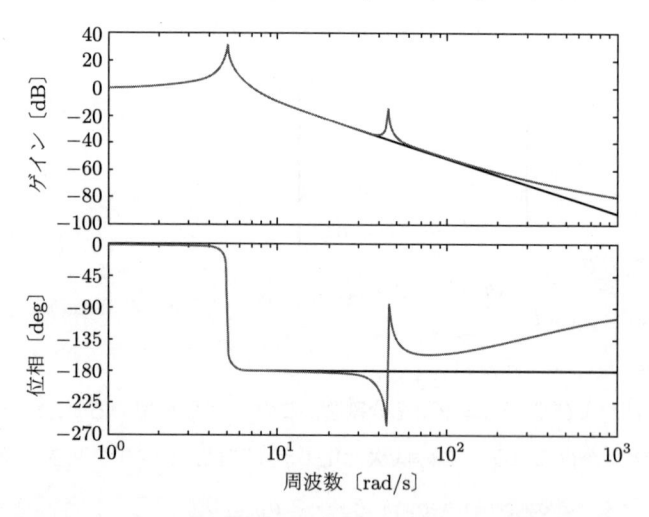

図 **5.9** モデルの低次元化：4次のシステムを2次に近似する

********** 演 習 問 題 **********

【1】 例題 5.1(B) において $x(0) = \begin{bmatrix} x_1(0) & x_2(0) \end{bmatrix}^T = \begin{bmatrix} b_1 & b_2 \end{bmatrix}^T$ のとき，t, u の値にかかわらず
$$\frac{x_1(t)}{b_1} = \frac{x_2(t)}{b_2}$$
となることを示せ。
また，$\bar{x} = \begin{bmatrix} x_1 & (x_2/b_2 - x_1/b_1) \end{bmatrix}^T$ の座標変換を施すと (F) に帰着できることを確かめよ。

【2】 例題 5.1 の (A)～(F) をブロック線図で表現し，可制御性/不可制御性を入力信号 u と各状態変数 x_i の結合関係として説明せよ（ヒント：**図 1.3**）。

6

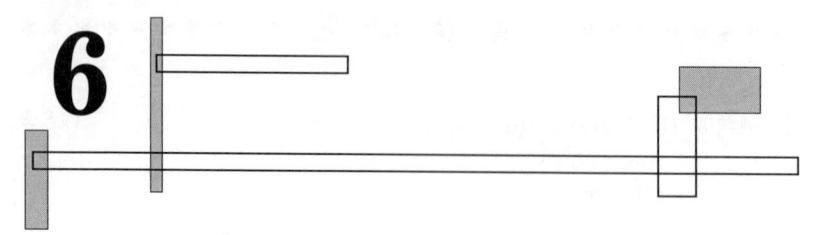

零点と出力零化モード

本章では，システムの重要な特性である零点と出力零化モードについて解説する。

6.1 零点の定義

Σ_{ss} の解
$$y(t) = Ce^{At}x_0 + C\int_0^t e^{A(t-\tau)}Bu(\tau)d\tau + Du(t) \tag{6.1}$$
を以後
$$y(t) = \mathcal{Y}(t; x_0, u[0,t]) \tag{6.2}$$
と書くことにする（式 (2.8)）。また，その伝達関数は
$$G(s) = \left[\begin{array}{c|c} A & B \\ \hline C & D \end{array}\right] = C(sI-A)^{-1}B + D \tag{6.3}$$
であることを思い出そう。

SISO（1入力1出力）の場合，$B=b$, $C=c^T$, $D=d$ と書くと，伝達関数は
$$G(s) = \frac{n(s)}{d(s)} = \left[\begin{array}{c|c} A & b \\ \hline c^T & d \end{array}\right] = c^T(sI-A)^{-1}b + d \tag{6.4}$$
となる。このとき，分子多項式 $n(z)=0$ となる複素数 $z \in \mathbf{C}$ を，伝達関数の**零点**（zero）という。つまり，零点 z をもつということは，分子多項式 $n(z)$ が

6.1 零点の定義

因子 $(s-z)$ をもつことを意味している。ラプラス演算子 s を微分演算子 $\frac{d}{dt}$ と同一視すると，これは入力 $u(t)=e^{zt}$ が

$$\left(\frac{d}{dt}-z\right)e^{zt}=ze^{zt}-ze^{zt}=0 \tag{6.5}$$

のようにブロックされて，出力に反映しない構造と解釈できる（図 **6.1**）．この概念を MIMO に拡張したのが，以下の定義である．

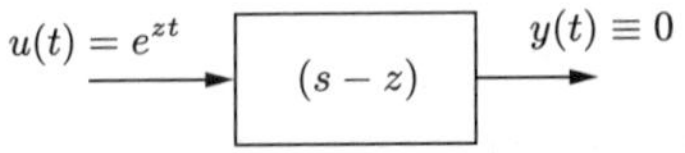

$$u(t)=e^{zt} \longrightarrow \boxed{(s-z)} \longrightarrow y(t)\equiv 0$$

図 **6.1** 零点とは入出力関係を遮断するモード

【定義 6.1】 （ブロッキング零点）

$G(s)$ を Σ_{ss} の伝達関数行列とする．このとき

$$G(z)=0 \tag{6.6}$$

となる複素数 $z\in\mathbf{C}$ が存在するとき，これを**ブロッキング零点**（blocking zero）という．

ブロッキング零点の時間領域での意味について考える．

【補題 6.1】 （ブロッキング零点の意味）

$z\in\mathbf{C}$ を Σ_{ss} のブロッキング零点とする．任意の $u_0\in\mathbf{R}^m$ に対して

$$\mathcal{Y}(t;x_0,u_0 e^{zt})=0 \tag{6.7}$$

となる $x_0\in\mathbf{R}^n$ が存在する．

証明 次式

$$u(t)=e^{zt}u_0,\ \ u_0\neq 0 \tag{6.8}$$

を式 (6.1) に代入すると，簡単な計算により

$$y(t)=Ce^{At}(x_0-(zI-A)^{-1}Bu_0)+(C(zI-A)^{-1}B+D)u_0 e^{zt} \tag{6.9}$$

$$= Ce^{At}(x_0 - (zI - A)^{-1}Bu_0) + G(z)u_0 e^{zt} \quad (6.10)$$

となる。$G(z) = 0$ であるから，$x_0 = (zI - A)^{-1}Bu_0$ と選択すれば $y(t) = 0$ となる。 △

ブロッキング零点は任意の u_0 に対して成立するが，これを多入力系に拡張した概念がつぎの伝達零点である。

【定義 6.2】 (伝達零点)

$G(s)$ を $\Sigma_{\rm ss}$ の伝達関数行列とする。

$$G(z)u_0 = 0 \quad (6.11)$$

となる $z \in \mathbf{C}$，$u_0 \in \mathbf{R}^m$ が存在するとき，z を $G(s)$ の**伝達零点** (transmission zero)，u_0 を零点ベクトルという。

伝達零点の意味を考える。

【補題 6.2】 (伝達零点の意味)

$\Sigma_{\rm ss}$ を $G(s)$ の最小実現とし，$z \in \mathbf{C}$，$u_0 \in \mathbf{R}^m$ を $G(s)$ の伝達零点と零点ベクトルとする。このとき

$$\begin{bmatrix} A - zI & B \\ C & D \end{bmatrix} \begin{bmatrix} x_0 \\ u_0 \end{bmatrix} = 0 \quad (6.12)$$

を満たす $x_0 \in \mathbf{R}^n$ に対して

$$\mathcal{Y}(t; x_0, u_0 e^{zt}) = 0 \quad (6.13)$$

が成り立つ。

証明 式 (6.12) を満たす $z \in \mathbf{C}$，$u_0 \in \mathbf{R}^m$，$x_0 \in \mathbf{R}^n$ に対して

$(x_0 - (zI - A)^{-1}Bu_0) = 0$

$(C(zI - A)^{-1}B + D)u_0 = 0$

が成り立つので，式 (6.9) より $y(t) = 0$ は明らか。 △

定義から，明らかにブロッキング零点は伝達零点である。これらの零点は伝

達関数 $G(s)$ に対して定義されるが,これを状態空間表現に拡張したものが,つぎの不変零点である.

【定義 6.3】 (不変零点)

状態空間表現 Σ_{ss} に対して式 (6.12) を満たす $z \in \mathbf{C}$, $u_0 \in \mathbf{R}^m$, $x_0 \in \mathbf{R}^n$ が存在するとき, z を Σ_{ss} の**不変零点** (invariant zero) という.

不変零点は伝達零点の非最小実現への拡張である.すなわち,式 (6.12) からわかるように,不可制御,不可観測モードは不変零点なので

(不変零点) = (伝達零点) ∪ (不可制御極) ∪ (不可観測極)

である(**表 6.1**).

表 6.1 MIMO の零点

零点	定義
ブロッキング零点	$(\exists z \in \mathbf{C})\,(G(z) = 0)$
伝達零点	$(\exists u_0 \in \mathbf{R}^m,\, z \in \mathbf{C})\,(G(z)u_0 = 0)$
不変零点	$(\exists x_0 \in \mathbf{R}^n,\, u_0 \in \mathbf{R}^m,\, z \in \mathbf{C})$ 式 (6.12)

6.2 出力零化問題と有限零点モード

適切な入力 $u[0,T]$ を印加することによって,出力を $y(t) = 0, t \in [0,T]$ とする問題を,出力零化問題という.定義から明らかなように,不変零点はこの問題の解を与えている.すなわち, $z \in \mathbf{C}$, $u_0 \in \mathbf{C}^m$, $x_0 \in \mathbf{C}^n$ を式 (6.12) を満たすパラメータとするとき,入力信号

$$u(t) = e^{zt} u_0, \quad t \in [0,T] \tag{6.14}$$

を式 (6.1) に代入すると,簡単な計算により

$$\mathcal{Y}(t; x_0, u_0 e^{zt}) = 0 \tag{6.15}$$

となる.式 (6.12) は

$$\begin{bmatrix} A & B \\ C & D \end{bmatrix} \begin{bmatrix} x_0 \\ u_0 \end{bmatrix} = \begin{bmatrix} I & 0 \\ 0 & 0 \end{bmatrix} \begin{bmatrix} x_0 \\ u_0 \end{bmatrix} z \tag{6.16}$$

と書くことができるが,これは式 (4.7), (4.18) で示したデスクリプタシステムの有限周波数モード方程式にほかならない.その意味で

$$\left(\begin{bmatrix} x_0 \\ u_0 \end{bmatrix}, (z-s) \right)$$

を**出力零化モード**(output zeroing mode)と呼ぶ.

つぎのペンシルを**システム行列**(system matrix)と呼ぶ.

$$\begin{bmatrix} A - sI & B \\ C & D \end{bmatrix} \tag{6.17}$$

一般に入出力数の異なる ($p \neq m$) 状態空間表現のシステム行列は特異ペンシルとなる.特異ペンシルは適当な正則行列により,以下のように分解できることが知られている(付録 A.6 節).

$$P^T \begin{bmatrix} A - sI & B \\ C & D \end{bmatrix} Q = \begin{bmatrix} L_\varepsilon(s) & & & \\ & L_\eta^T(s) & & \\ & & A_s - sI & \\ & & & I - sA_f \end{bmatrix} \tag{6.18}$$

ここで $A_s \in \mathbf{R}^{n_{zs} \times n_{zs}}$ は正方行列,$A_f \in \mathbf{R}^{n_{zf} \times n_{zf}}$ は正方べき零行列である.$L_\varepsilon(s), L_\eta(s)$ は s を含む縦長の行列であるが,空行列(列の数が 0)の場合もある.サイズに関してつぎの補題が成り立つ.

【補題 6.3】 Σ_{ss} の伝達関数 $G(s)$ が

normal rank$G(s) = \min(p, m)$

ならば,式 (6.18) の $L_\varepsilon(s), L_\eta(s)$ は空行列,すなわち

(normal rank$G(s) = p$) $\Leftrightarrow$ ($L_\varepsilon(s)$ は空行列)

(normal rank$G(s) = m$) $\Leftrightarrow$ ($L_\eta(s)$ は空行列)

となり
$$n_{zs} + n_{zf} = n + \min(p, m) \tag{6.19}$$
が成り立つ。ここでサイズ $[\,]^{n \times 0}$, $[\,]^{0 \times n}$, $[\,]^{0 \times 0}$ は空行列を意味する。

この分解に対応するように Q, P^{-T} を
$$Q = \begin{bmatrix} X_\varepsilon & X_\eta & X_s & X_f \\ U_\varepsilon & U_\eta & U_s & U_f \end{bmatrix}, \quad P^{-T} = \begin{bmatrix} V_\varepsilon & V_\eta & V_s & V_f \\ W_\varepsilon & W_\eta & W_s & W_f \end{bmatrix} \tag{6.20}$$
とおく。第3列ブロックに着目すると
$$\begin{bmatrix} A - sI & B \\ C & D \end{bmatrix} \begin{bmatrix} X_s \\ U_s \end{bmatrix} = \begin{bmatrix} V_s \\ W_s \end{bmatrix} [A_s - sI] \tag{6.21}$$
となるが, s の各係数に着目すると $V_s = X_s$ および $W_s = 0$ となるので, つぎの零点モードの方程式が得られる。

(有限零点モード)
$$\begin{bmatrix} A & B \\ C & D \end{bmatrix} \begin{bmatrix} X_s \\ U_s \end{bmatrix} = \begin{bmatrix} I & 0 \\ 0 & 0 \end{bmatrix} \begin{bmatrix} X_s \\ U_s \end{bmatrix} A_s \tag{6.22}$$

これより, $\lambda(A_s)$ がシステムの零点であることがわかる。

この式を変形すると
$$\left. \begin{aligned} (A - sI)X_s + BU_s &= X_s(A_s - sI) \\ CX_s + DU_s &= 0 \end{aligned} \right\} \tag{6.23}$$
となり, この第1式から
$$X_s = (sI - A)^{-1}(BU_s + X_s(sI - A_s)) \tag{6.24}$$
を得るが, これを第2式に代入し, $(sI - A_s)^{-1}$ を右から掛けると
$$(C(sI - A)^{-1}B + D)U_s(sI - A_s)^{-1} + C(sI - A)^{-1}X_s = 0$$
つまり, $U_s(s) = U_s(sI - A_s)^{-1}$ に対して
$$\underset{\text{(強制応答)}}{G(s)U_s(s)} + \underset{\text{(自由応答)}}{C(sI - A)^{-1}X_s} = 0$$
となって, 出力零化が達成されることがわかる。

例題 6.1 （零点モード）
$$G(s) = \left[\begin{array}{cc|c} 0 & 1 & 0 \\ -2 & -3 & 1 \\ \hline 1 & -1 & 0 \end{array}\right] = \frac{1-s}{s^2+3s+2}$$

の場合を考える．式 (6.16) または式 (6.22) に対応させると

$$\begin{bmatrix} 0 & 1 & 0 \\ -2 & -3 & 1 \\ 1 & -1 & 0 \end{bmatrix} \begin{bmatrix} 1 \\ 1 \\ 6 \end{bmatrix} = \begin{bmatrix} 1 & 0 & 0 \\ 0 & 1 & 0 \\ 0 & 0 & 0 \end{bmatrix} \begin{bmatrix} 1 \\ 1 \\ 6 \end{bmatrix} \times (1)$$

となる．これより，$G(s)$ は $z=1$ に伝達零点をもつことがわかる．

6.3 無限零点モード

式 (6.20) の第 4 列ブロックに着目すると

$$\begin{bmatrix} A-sI & B \\ C & D \end{bmatrix} \begin{bmatrix} X_f \\ U_f \end{bmatrix} = \begin{bmatrix} V_f \\ W_f \end{bmatrix} [I - sA_f] \tag{6.25}$$

となるが，係数に着目して得られる関係式から V_f および W_f を消去すると，デスクリプタシステムの無限零点モードに関する方程式（式 (4.8), (4.42)）に対応するモード方程式

（無限零点モード）
$$\begin{bmatrix} I & 0 \\ 0 & 0 \end{bmatrix} \begin{bmatrix} X_f \\ U_f \end{bmatrix} = \begin{bmatrix} A & B \\ C & D \end{bmatrix} \begin{bmatrix} X_f \\ U_f \end{bmatrix} A_f \tag{6.26}$$

を得る．このとき，システムは $\mathrm{rank} A_f$ 個の**無限零点**（infinite zero）をもつ．

例題 6.2 （無限零点）
例題 6.1 と同じモデルについて考える．

$$\begin{bmatrix} 1 & 0 & 0 \\ 0 & 1 & 0 \\ 0 & 0 & 0 \end{bmatrix} \begin{bmatrix} 0 & 0 \\ 0 & 1 \\ 1 & 0 \end{bmatrix} = \begin{bmatrix} 0 & 1 & 0 \\ -2 & -3 & 1 \\ 1 & -1 & 0 \end{bmatrix} \begin{bmatrix} 0 & 0 \\ 0 & 1 \\ 1 & 0 \end{bmatrix} \begin{bmatrix} 0 & 1 \\ 0 & 0 \end{bmatrix}$$

となるが,これを式 (6.26) に対応させると,$\mathrm{rank} A_f = 1$ から $G(s)$ は無限零点を一つもつことがわかる.

一般にシステム行列の $L_\varepsilon(s)$, $L_\eta^T(s)$ が**表 6.2** のように空行列になることは,容易に確かめることができる.ここで,$[\ ]_{n \times 0}$, $[\ ]_{0 \times m}$ はそれぞれ列縮退型,行縮退型の空行列である.

表 6.2 $L_\varepsilon(s)$, $L_\eta^T(s)$ に対するモード

	$m = p$	$m > p$	$m < p$
$L_\varepsilon(s)$	$[\ ]_{0 \times 0}$	$[\ ]_{0 \times 0}$	$[\ ]_{(p-m) \times 0}$
X_ε	$[\ ]_{n \times 0}$	$[\ ]_{n \times 0}$	$[\ ]_{n \times 0}$
U_ε	$[\ ]_{m \times 0}$	$[\ ]_{m \times 0}$	$[\ ]_{m \times 0}$
V_ε	$[\ ]_{n \times 0}$	$[\ ]_{n \times 0}$	$0_{n \times (p-m)}$
W_ε	$[\ ]_{p \times 0}$	$[\ ]_{p \times 0}$	$0_{p \times (p-m)}$
$L_\eta^T(s)$	$[\ ]_{0 \times 0}$	$[\ ]_{0 \times (m-p)}$	$[\ ]_{0 \times 0}$
X_η	$[\ ]_{n \times 0}$	$0_{n \times (m-p)}$	$[\ ]_{n \times 0}$
U_η	$[\ ]_{m \times 0}$	$0_{m \times (m-p)}$	$[\ ]_{m \times 0}$
V_η	$[\ ]_{n \times 0}$	$[\ ]_{n \times 0}$	$[\ ]_{n \times 0}$
W_η	$[\ ]_{p \times 0}$	$[\ ]_{p \times 0}$	$[\ ]_{p \times 0}$

6.4 零点とシステム結合

6.4.1 フィードバック不変性

$$\left(\begin{bmatrix} x_0 \\ u_0 \end{bmatrix}, (z - s) \right)$$

を Σ_{ss} の出力零化モードとする.ここで,このシステムに状態フィードバック $u = Fx + v$ を施すと

$$\begin{bmatrix} A-zI & B \\ C & D \end{bmatrix} \begin{bmatrix} x_0 \\ u_0 \end{bmatrix}$$
$$= \begin{bmatrix} A+BF-zI & B \\ C & D \end{bmatrix} \begin{bmatrix} x_0 \\ u_0 - Fx_0 \end{bmatrix} = 0 \quad (6.27)$$

となるので，出力零化モードは

$$\left(\begin{bmatrix} x_0 \\ u_0 - Fx_0 \end{bmatrix}, (z-s) \right)$$

となることがわかる。このように，フィードバックによって零点ベクトルは変化するが，不変零点 z は変化しない。

6.4.2 直列結合と極零相殺

$$\Sigma_1 : \left[\begin{array}{c|c} A_1 & B_1 \\ \hline C_1 & D_1 \end{array} \right], \quad \Sigma_2 : \left[\begin{array}{c|c} A_2 & B_2 \\ \hline C_2 & D_2 \end{array} \right] \quad (6.28)$$

を図 6.2 のように結合規則 $u_1 = y_2$ で直列結合したシステムは

$$\Sigma_1 \cdot \Sigma_2 : \left[\begin{array}{cc|c} A_1 & B_1 C_2 & B_1 D_2 \\ 0 & A_2 & B_2 \\ \hline C_1 & D_1 C_2 & D_1 D_2 \end{array} \right] \quad (6.29)$$

で与えられる。

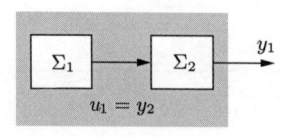

図 6.2 直列結合では極零点相殺が起きる

[1] $\{\Sigma_1 \text{の零点}\} \cap \{\Sigma_2 \text{の極}\} \neq 0$ の場合

ここで，$\lambda \in \mathbf{C}$ が Σ_1 の零点であり，同時に Σ_2 の極であるとすると

$$\begin{bmatrix} A_1 & B_1 \\ C_1 & D_1 \end{bmatrix} \begin{bmatrix} x_1 \\ u_1 \end{bmatrix} = \lambda \begin{bmatrix} I & 0 \\ 0 & 0 \end{bmatrix} \begin{bmatrix} x_1 \\ u_1 \end{bmatrix}$$

$$A_2 x_2 = x_2 \lambda \quad (6.30)$$

を満たす $\lambda \in \mathbf{C}$ が存在する.結合規則 $u_1 = y_2 = C_2 x_2 + D_2 u_2$ に注意すると

$$\begin{bmatrix} A_1 & B_1 C_2 & B_1 D_2 \\ 0 & A_2 & B_2 \\ C_1 & D_1 C_2 & D_1 D_2 \end{bmatrix} \begin{bmatrix} x_1 \\ x_2 \\ 0 \end{bmatrix} = \begin{bmatrix} I & 0 & 0 \\ 0 & I & 0 \\ 0 & 0 & 0 \end{bmatrix} \begin{bmatrix} x_1 \\ x_2 \\ 0 \end{bmatrix} \lambda \quad (6.31)$$

が成り立つ.すなわち,式 (6.16) より $\left(\begin{bmatrix} x_1^T & x_2^T & 0 \end{bmatrix}^T, \lambda \right)$ は $\Sigma_1 \cdot \Sigma_2$ の出力零化(不可観測)モードである.

[2] $\{\Sigma_1 \text{の極}\} \cap \{\Sigma_2 \text{の零点}\} \neq 0$ の場合

つぎに,$\lambda \in \mathbf{C}$ が Σ_1 の極であり,同時に Σ_2 の零点であるとすると

$$A_1 x_1 = x_1 \lambda$$

$$\begin{bmatrix} A_2 & B_2 \\ C_2 & D_2 \end{bmatrix} \begin{bmatrix} x_2 \\ u_2 \end{bmatrix} = \lambda \begin{bmatrix} I & 0 \\ 0 & 0 \end{bmatrix} \begin{bmatrix} x_2 \\ u_2 \end{bmatrix}$$

を満たす $\lambda \in \mathbf{C}$ が存在する.結合規則 $u_1 = y_2 = C_2 x_2 + D_2 u_2$ に注意すると

$$\begin{bmatrix} A_1 & B_1 C_2 & B_1 D_2 \\ 0 & A_2 & B_2 \\ C_1 & D_1 C_2 & D_1 D_2 \end{bmatrix} \begin{bmatrix} x_1 \\ x_2 \\ u_2 \end{bmatrix} = \begin{bmatrix} I & 0 & 0 \\ 0 & I & 0 \\ 0 & 0 & 0 \end{bmatrix} \begin{bmatrix} x_1 \\ x_2 \\ u_2 \end{bmatrix} \lambda \quad (6.32)$$

が成り立つ.すなわち,$\left(\begin{bmatrix} x_1^T & x_2^T & u_2^T \end{bmatrix}^T, \lambda \right)$ は $\Sigma_1 \cdot \Sigma_2$ の出力零化(不可制御)モードである.

このように,直列結合により出力零化モードが生じる現象を**極零相殺**(pole zero cancellation)という(図 **6.2**).

6.4.3 フィードバック結合と零点

前項の Σ_1, Σ_2 ($D_2 = 0$) に対して,図 **6.3** のように Σ_1 をフィードバック要素とする閉ループ系は

$$\Sigma_2/(1 - \Sigma_1 \Sigma_2) : \left[\begin{array}{cc|c} A_1 & B_1 C_2 & 0 \\ B_2 C_1 & A_2 + B_2 D_1 C_2 & B_2 \\ \hline 0 & C_2 & 0 \end{array} \right] \quad (6.33)$$

で与えられる.ここで,Σ_1 の極 λ に対するモードを (x_1, λ),つまり

6. 零点と出力零化モード

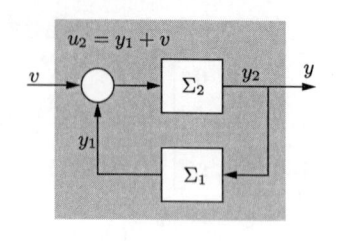

図 6.3 フィードバック要素の極は閉ループ系の零点になる

$$A_1 x_1 = \lambda x_1 \tag{6.34}$$

とすると

$$
\begin{bmatrix} A_1 & B_1 C_2 & 0 \\ B_2 C_1 & A_2 + B_2 D_1 C_2 & B_2 \\ 0 & C_2 & 0 \end{bmatrix} \begin{bmatrix} x_1 \\ 0 \\ -C_1 x_1 \end{bmatrix}
$$

$$
= \begin{bmatrix} I & 0 & 0 \\ 0 & I & 0 \\ 0 & 0 & 0 \end{bmatrix} \begin{bmatrix} x_1 \\ 0 \\ -C_1 x_1 \end{bmatrix} \lambda \tag{6.35}
$$

が成り立つ。式 (6.16) と比較すると、フィードバック要素 Σ_1 の極 λ は閉ループ系の零点であることがわかる。

一般にフィードバック結合においては、フィードバック要素の極は閉ループ系の零点になる。

6.5 内部モデル原理

前節の結果を基に図 6.4 の直並列結合を考える。

Σ_1, Σ_2 からなる閉ループ系の零点は、前節の考察より Σ_2 の零点と Σ_1 の極か

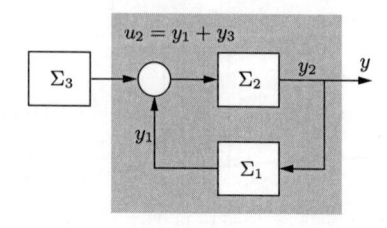

図 6.4 内部モデル原理の説明

らなる．図の系は，この閉ループ系と Σ_3 との直列結合と考えることができるので，この閉ループ系の零点と Σ_3 の極が一致すれば，極零相殺により出力零化が達成できる．このような仕組みを**内部モデル原理**（internal model principle）という．

例題 6.3 （ステップ状外乱と積分動作）

ステップ状の信号は，積分器 $G(s) = \frac{1}{s}$ の自由応答で表現することができる．ステップ状の外乱を入力端に加法的に受けるシステム Σ_2 の**外乱除去問題**（disturbance rejection）を考える（**図 6.5**）．フィードバック制御系によってこの外乱除去を達成するためには，前置補償器 Σ_1 に積分動作（I 動作）を組み込む方法が有効であることがよく知られているが，これは，$\Sigma_3 = \frac{1}{s}$, $\Sigma_1 = \frac{1}{s}C(s)$ のように外乱発生システムのモデルを前置補償器に内部モデルとして組み込んだ構成であると解釈することができる．

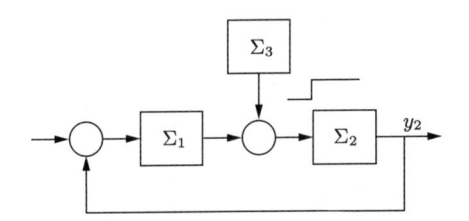

図 6.5 前置補償器 Σ_1 の積分動作はステップ外乱 Σ_3 に対する内部モデル

6.6 逆システムとインタラクタ

6.6.1 逆システムのデスクリプタ表現

入出力数の同じ状態空間表現 Σ_{ss} （$p = m$）の逆システムがつぎのデスクリプタシステムで表現できることは，前に述べた（1.5.7 項）．

$$\begin{bmatrix} I & 0 \\ 0 & 0 \end{bmatrix} \frac{d}{dt} \begin{bmatrix} x \\ u \end{bmatrix} = \begin{bmatrix} A & B \\ C & D \end{bmatrix} \begin{bmatrix} x \\ u \end{bmatrix} + \begin{bmatrix} 0 \\ -I \end{bmatrix} y \qquad (6.36)$$

$$u = \begin{bmatrix} 0 & I \end{bmatrix} \begin{bmatrix} x \\ u \end{bmatrix} \qquad (6.37)$$

このシステムは,一般にインパルスモードをもつ $\Sigma_{\mathrm{dsys-impulse}}$ である。したがって,システム行列のクロネッカ分解 (6.22), (6.26) の記号を用いて

$$P^T \begin{bmatrix} A - sI & B \\ C & D \end{bmatrix} Q = \begin{bmatrix} A_s - sI & 0 \\ 0 & I - sA_f \end{bmatrix} \qquad (6.38)$$

とおくことができる。ここで

$$\left. \begin{array}{l} P^T \begin{bmatrix} 0 \\ -I \end{bmatrix} = \begin{bmatrix} B_s \\ B_f \end{bmatrix} \\ \begin{bmatrix} 0 & I \end{bmatrix} Q = \begin{bmatrix} C_s & C_f \end{bmatrix} \end{array} \right\} \qquad (6.39)$$

とおくと,式 (6.36) は

$$G^{-1}(s) = \left[\begin{array}{cc|c} A - sI & B & 0 \\ C & D & -I \\ \hline 0 & I & 0 \end{array} \right] = \left[\begin{array}{cc|c} A_s - sI & 0 & B_s \\ 0 & I - sA_f & B_f \\ \hline C_s & C_f & 0 \end{array} \right]$$

$$= C_s(sI - A_s)^{-1} B_s - C_f(I - sA_f)^{-1} B_f \qquad (6.40)$$

が得られる。この式の最右辺第 1 項

$$F(s) = C_s(sI - A_s)^{-1} B_s \qquad (6.41)$$

は強プロパ部を,第 2 項

$$N(s) = \left[\begin{array}{c|c} I - sA_f & B_f \\ \hline C_f & 0 \end{array} \right] = -C_f(I - sA_f)^{-1} B_f$$

$$= -C_f(I + sA_f + s^2 A_f^2 + \cdots + s^{\mu-1} A_f^{\mu-1}) B_f \qquad (6.42)$$

は微分項を表している。

6.6.2 逆システムのデスクリプタ表現とプロパ近似

4.2.6 項で紹介したインパルスモードの近似を利用すると，逆システムのプロパ近似モデルが得られる．例えば，式 (6.36) の左辺微分項の係数を

$$\begin{bmatrix} I & 0 \\ 0 & 0 \end{bmatrix} \to \begin{bmatrix} I & 0 \\ 0 & 0 \end{bmatrix} - \varepsilon \begin{bmatrix} A & B \\ C & D \end{bmatrix} \tag{6.43}$$

とおくと

$$\Sigma_{\text{dsys-impulse}} \to \Sigma_{\text{dsys-ss}}$$

となり，プロパ近似した状態空間表現が得られる．

6.6.3 バイプロパシステムとインタラクタ

逆システムのデスクリプタシステム表現 (6.36) において，$\det D \neq 0$ であれば $\Sigma_{\text{dsys-index1}}$ なので，1.3.3 項の手順に従って状態空間表現に変換できる．このように逆システムがプロパ（状態空間表現可能）なシステムを，**バイプロパ**（biproper）**システム**という．

$m \times m$ の多項式行列

$$N(s) = \begin{bmatrix} s^{\nu_1} & & & \\ & s^{\nu_2} & & \\ & & \ddots & \\ & & & s^{\nu_m} \end{bmatrix} \tag{6.44}$$

に対して，伝達関数 $N(s)G(s)$ がバイプロパになるとき，$N(s)$ を**インタラクタ**（interactor）と呼び，整数組 $\{\nu_1, \nu_2, \cdots, \nu_m\}$ を拡張された相対次数と呼ぶことにする．

例題 6.4 SISO 系

$$G(s) = \left[\begin{array}{c|c} A & b \\ \hline c^T & d \end{array} \right] \tag{6.45}$$

は $d \neq 0$ のときバイプロパであり，逆システムは

$$G^{-1}(s) = \left[\begin{array}{c|c} A - \dfrac{bc^T}{d} & \dfrac{b}{d} \\ \hline -\dfrac{c^T}{d} & \dfrac{1}{d} \end{array}\right] \tag{6.46}$$

となる．よって，$G(s)$ の相対次数は 0 である．

例題 6.5 上記の例題で $d=0$, $c^T b \neq 0$ のとき，インタラクタを $N(s) = s$ とおくと

$$sG(s) = \left[\begin{array}{c|c} A & b \\ \hline c^T A & c^T b \end{array}\right] \tag{6.47}$$

なので

$$(sG(s))^{-1} = \left[\begin{array}{c|c} A - \dfrac{bc^T A}{c^T b} & \dfrac{b}{c^T b} \\ \hline -\dfrac{c^T A}{c^T b} & \dfrac{1}{c^T b} \end{array}\right] \tag{6.48}$$

となる．よって，$G(s)$ の相対次数は 1 である．

式 (6.42) で定義した多項式行列 $N(s)$ は，式 (6.40)

$$G^{-1}(s) = F(s) + N(s)$$

に右から $G(s)$ を掛けると

$$I = F(s)G(s) + N(s)G(s)$$

となり，$F(s)$ の強プロパ性および $G(s)$ のプロパ性から $\lim_{s \to \infty} F(s)G(s) = 0$ となるので

$$\lim_{s \to \infty} N(s)G(s) = I$$

となる．つまり，$N(s)G(s)$ はバイプロパであり，$N(s)$ は $G(s)$ のインタラクタである．

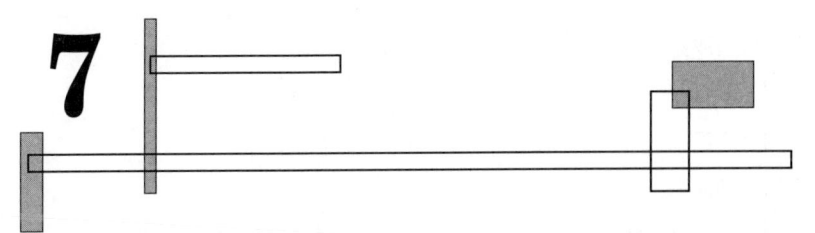

7 制御問題のデスクリプタシステムによる表現

本章では，制御理論や制御系設計における各種の設計問題や解析問題を，デスクリプタシステム表現を用いて定式化する．

7.1 拘束条件としての状態フィードバック

m 入力 n 次の状態空間表現 Σ_ss（式 (1.1)）に，状態フィードバック

$$u(t) = Fx(t) \tag{7.1}$$

を施して得られる閉ループ系は

$$\dot{x}(t) = (A + BF)x(t) \tag{7.2}$$

のオートノマス系となることを 1.5.5 項で述べた．ここで，フィードバック則 (7.1) を状態 x と入力 u の間の拘束条件

$$0 = Fx(t) - u(t) \tag{7.3}$$

と考え，これと状態方程式 (1.1) を合成すると，つぎのデスクリプタシステム Σ_dsys

$$\begin{bmatrix} I & 0 \\ 0 & 0 \end{bmatrix} \frac{d}{dt} \begin{bmatrix} x(t) \\ u(t) \end{bmatrix} = \begin{bmatrix} A & B \\ F & -I \end{bmatrix} \begin{bmatrix} x(t) \\ u(t) \end{bmatrix} \tag{7.4}$$

が得られる．このデスクリプタシステムがインデックス 1 型のオートノマス系であることは容易にわかる．したがって，つぎのようなクロネッカ分解（4.1.2 項）が可能である．

(有限周波数モード)
$$\begin{bmatrix} A-sI & B \\ F & -I \end{bmatrix} \begin{bmatrix} X_s \\ U_s \end{bmatrix} = \begin{bmatrix} I & 0 \\ 0 & 0 \end{bmatrix} \begin{bmatrix} X_s \\ U_s \end{bmatrix} (A_F - sI) \quad (7.5)$$

(無限周波数モード)
$$\begin{bmatrix} A-sI & B \\ F & -I \end{bmatrix} \begin{bmatrix} X_f \\ U_f \end{bmatrix} = \begin{bmatrix} A & B \\ F & -I \end{bmatrix} \begin{bmatrix} X_f \\ U_f \end{bmatrix} \times 0 \quad (7.6)$$

式 (7.5) から

$$AX_s + BU_s = X_s A_F \quad (7.7)$$

を得る。この方程式に対して,以下のような問題を考えることができる。

(1) $A \in \mathbf{R}^{n \times n}$, $B \in \mathbf{R}^{n \times m}$, $A_F \in \mathbf{R}^{n \times n}$ が与えられたとき,式 (7.7) を満たす X_s, U_s の組は存在するか。

(2) (1) の解 X_s, U_s に対して,$U_s = FX_s$ を満たす $F \in \mathbf{R}^{m \times n}$ は存在するか。

A_F を任意の行列とした場合には,状態フィードバックによる極配置問題となる。

また,A_F を (A の安定モード) + ($-A$ の安定モード) として選択すると,スペクトル分解問題となる。

$$P = \begin{bmatrix} X_s & X_f & 0 \\ U_s & U_f & I \end{bmatrix}, \quad Q = \begin{bmatrix} EX_f & AX_f + BU_f & 0 \\ 0 & FX_f - U_f & I \end{bmatrix} \quad (7.8)$$

がともに正則であれば,閉ループ系 (7.2) は可解となる。すなわち,システムは確定する。したがって,このデスクリプタシステムが可解となるべくパラメータ F を決定するのが,状態フィードバック問題であるといえる。

状態フィードバックに関わる問題には以下のようなものがある。

安定化問題

安定行列 A_F が与えられたときに,上記の式 (7.5), (7.6), (7.7) を満足する F を求める問題。A_F が対角行列(共役複素成分からなる)で与えられている

場合には，簡単な線形計算により求めることができる．

スペクトル分解問題

伝達関数
$$G(s) = \left[\begin{array}{c|c} A - sE & B \\ \hline C & D \end{array}\right] \tag{7.9}$$

が与えられたときに
$$G^T(-s)G(s) = H^T(-s)H(s), \quad H(s) = \left[\begin{array}{c|c} A - sE & B \\ \hline F & G \end{array}\right] \tag{7.10}$$

を求める問題．

inner-outer 分解問題

伝達関数
$$G(s) = \left[\begin{array}{c|c} A - sE & B \\ \hline C & D \end{array}\right] \tag{7.11}$$

が与えられたときに
$$G(s) = G_{\mathrm{ap}}(s)G_{\mathrm{mp}}(s), \quad |G_{\mathrm{ap}}(j\omega)| = 1, \quad G_{\mathrm{mp}}: \text{最小位相系} \tag{7.12}$$

を求める問題．

出力零化問題

状態フィードバックを施した伝達関数が
$$G(s) \equiv 0 \tag{7.13}$$

となるようなフィードバック係数を求める問題．

7.2　インパルス除去問題

インパルスモードをもつデスクリプタシステム
$$E\dot{x}(t) = Ax(t) + Bu(t), \quad Ex(0) = Ex_0 \tag{7.14}$$

に対して，状態フィードバック $u(t) = Fx(t)$ によってインパルスモードをもたない閉ループ系を構成する問題を**インパルス除去問題**という．

この問題が可解であるための必要十分条件は，(E, A, B) がインパルス可制

御であること，すなわち

$$\mathrm{rank}\begin{bmatrix} E & A & B \\ 0 & E & 0 \end{bmatrix} = n + \mathrm{rank}\, E \tag{7.15}$$

である．

これは，以下の命題と等価である．

(1) $\mathrm{im}\, B + A\mathrm{ker}\, E + \mathrm{im}\, E = \mathcal{X}$ \hfill (7.16)

(2) $\begin{bmatrix} A - sE & B \end{bmatrix} \sim \begin{bmatrix} A_{11} - sI & A_{12} & B_1 \\ A_{21} & A_{22} & B_2 \end{bmatrix}$ \hfill (7.17)

かつ，$[A_{22}\ B_2]$ が行フルランク．

(3) $\begin{bmatrix} A - sE & B \end{bmatrix}$ \hfill (7.18)

は $s = \infty$ で行フルランク．

7.3 LQR 問題の解析

7.3.1 LQR 問題とリカッチ微分方程式

LQR 問題

m 入力 n 次の状態空間表現 Σ_{ss} に対して，つぎの評価関数

$$J = \frac{1}{2} x^T(T) P(T) x(T)$$
$$+ \frac{1}{2} \int_0^T \begin{bmatrix} x^T & u^T \end{bmatrix} \begin{bmatrix} Q & S \\ S^T & R \end{bmatrix} \begin{bmatrix} x \\ u \end{bmatrix} dt \tag{7.19}$$

を最小にする線形フィードバック則 $u(t) = Fx(t)$ を求める問題を，線形システムに対する 2 次形式評価関数の**最適レギュレータ**問題，あるいは **LQR** (linear quadratic regulator) 問題という．ここで，重み行列 Q, R はつぎの条件を満たす対称行列とする．

$$\begin{bmatrix} Q & S \\ S^T & R \end{bmatrix} \geq 0, \quad R > 0 \tag{7.20}$$

この問題の解はつぎの定理で与えられる。

【定理 7.1】 つぎのリカッチ微分方程式
$$-\dot{P} = A^T P + PA + Q - (PB+S)R^{-1}(B^T P + S^T) \tag{7.21}$$
の正定対称解 $P(t) > 0$ を用いた状態フィードバック則
$$u(t) = -R^{-1}(B^T P(t) + S^T)x(t) \tag{7.22}$$
を適用すると,評価関数 (7.19) は最小値
$$\min_u J = \frac{1}{2} x^T(0) P x(0) \tag{7.23}$$
となる。

証明 (十分条件)

$P(t)$ を式 (7.21) の解,$x(t)$ を状態方程式 Σ_{ss} の解とすると
$$\frac{d}{dt}(x^T(t) P(t) x(t))$$
$$= \dot{x}^T P x + x^T \dot{P} x + x^T P \dot{x}$$
$$= (x^T A^T + u^T B^T) P x + x^T \dot{P} x + x^T P (Ax + Bu)$$
$$= u^T B^T P x + x^T (A^T P + PA + \dot{P}) x + x^T P B u \tag{7.24}$$
ここで式 (7.21) を代入すると
$$= u^T B^T P x + x^T \left((PB+S)R^{-1}(B^T P + S^T) - Q \right) x + x^T P B u$$
$$= \left(u + R^{-1}(B^T P + S^T) x \right)^T R \left(u + R^{-1}(B^T P + S^T) x \right)$$
$$- \begin{bmatrix} x^T & u^T \end{bmatrix} \begin{bmatrix} Q & S \\ S^T & R \end{bmatrix} \begin{bmatrix} x \\ u \end{bmatrix} \tag{7.25}$$
となる。この式の両辺を $t=0$ から $t=T$ まで積分し,J の定義式 (7.19) に注意すると
$$\text{左辺} = x^T(T) P(T) x(T) - x^T(0) P(0) x(0)$$
$$\text{右辺} = \int_0^T \left\| \left(u + R^{-1}(B^T P + S^T) x \right) \right\|_R^2 dt - (2J - x^T(T) P(T) x(T))$$
となるので,左辺 = 右辺 とおくと
$$J = \frac{1}{2} \|x(0)\|_{P(0)}^2 + \frac{1}{2} \int_0^T \left\| u + R^{-1}(B^T P + S^T) x \right\|_R^2 dt \tag{7.26}$$
となる。$R > 0$ なので,J を最小にする状態フィードバック則は式 (7.22) で与

えられ，J の値は最小値 (7.23) となる。　　　　　　　　　　　　△

7.3.2 LQR 問題とハミルトン方程式

標準的な変分法を LQR 問題に適用すると，つぎのようになる。$z \in \mathbf{R}^n$ をラグランジェ乗数とする。

$$
\begin{aligned}
J &= \frac{1}{2}x^T(T)P(T)x(T) \\
&\quad + \frac{1}{2}\int_0^T \left\{x^T Q x + 2x^T S u + u^T R u + 2z^T(Ax + Bu - \dot{x})\right\} dt
\end{aligned}
\tag{7.27}
$$

$$
\begin{aligned}
&= \frac{1}{2}x^T(T)P(T)x(T) \\
&\quad + \int_0^T \left\{\frac{1}{2}(x^T Q x + 2x^T S u + u^T R u) + z^T(Ax + Bu) + \dot{z}x\right\} dt \\
&\quad - z^T(T)x(T) + z^T(0)x(0)
\end{aligned}
\tag{7.28}
$$

ここで J の**変分**（variation）を考えると

$$
\begin{aligned}
\delta J &= x^T(T)P(T)\delta x(T) \\
&\quad + \int_0^T \{x^T Q \delta x + x^T S \delta u + u^T S^T \delta x + u^T R \delta u \\
&\qquad\qquad + z^T A \delta x + z^T B \delta u + \dot{z}^T \delta x\} dt \\
&\quad - z^T(T)\delta x(T) + z^T(0)\delta x(0)
\end{aligned}
\tag{7.29}
$$

$$
\begin{aligned}
&= \{x^T(T)P(T) - z^T(T)\}\delta x(T) + z^T(0)\delta x(0) \\
&\quad + \int_0^T \{(x^T Q + u^T S^T + \dot{z}^T + z^T A)\delta x \\
&\qquad\qquad + (u^T R + x^T S + z^T B)\delta u\} dt
\end{aligned}
\tag{7.30}
$$

となる。最小値に対する第 1 変分の必要条件から

$$
x^T(T)P(T) = z^T(T), \quad z^T(0) = 0 \tag{7.31}
$$

$$
x^T Q + u^T S^T + z^T A + \dot{z}^T = 0 \tag{7.32}
$$

$$
u^T R + x^T S + z^T B = 0 \tag{7.33}
$$

を得るが，式 (1.1), (7.32), (7.33) から，2 点境界条件 (7.31) をもつデスクリ

プタシステム $\Sigma_{\text{dsys-Hamilton}}$ が得られる。

$\Sigma_{\text{dsys-Hamilton}}$
$$\begin{bmatrix} 0 & I & 0 \\ -I & 0 & 0 \\ 0 & 0 & 0 \end{bmatrix} \begin{bmatrix} \dot{z} \\ \dot{x} \\ \dot{u} \end{bmatrix} = \begin{bmatrix} 0 & A & B \\ A^T & Q & S \\ B^T & S^T & R \end{bmatrix} \begin{bmatrix} z \\ x \\ u \end{bmatrix} \quad (7.34)$$

$\det R \neq 0$ に注意すると,$\Sigma_{\text{dsys-Hamilton}}$ のつぎの性質は容易に導かれる。

【補題 7.1】 ($\Sigma_{\text{dsys-Hamilton}}$ の性質)

(1) $\Sigma_{\text{dsys-Hamilton}}$(7.34) はインデックス 1 型であり,$2n$ 個の有限固有値をもつ。

(2) $\lambda = \sigma + j\omega$ がこのシステムの極であれば $\overline{\lambda} = \sigma - j\omega$,$-\lambda = -\sigma - j\omega$,$-\overline{\lambda} = -\sigma + j\omega$ もこのシステムの極である。つまり,$\Sigma_{\text{dsys-Hamilton}}$ の極は,実数軸および虚数軸に関して対称に分布している。

虚軸上に極がないとすると ($\sigma \neq 0$),極分布の対称性から n 個の安定極をもつので,つぎの安定モードに関するモード方程式を導くことができる。

$$\begin{bmatrix} 0 & A & B \\ A^T & Q & S \\ B^T & S^T & R \end{bmatrix} \begin{bmatrix} Z \\ X \\ U \end{bmatrix} = \begin{bmatrix} 0 & I & 0 \\ -I & 0 & 0 \\ 0 & 0 & 0 \end{bmatrix} \begin{bmatrix} Z \\ X \\ U \end{bmatrix} A_{\text{stable}} \quad (7.35)$$

ここで,$A_{\text{stable}} \in \mathbf{R}^{n \times n}$ は安定行列で,$Z, X \in \mathbf{R}^{n \times n}$ は正則である。ここで,$P = ZX^{-1}$ とおくと,前項のリカッチ方程式との関係がつぎのように明らかになる。

(1) P は正定対称行列である。

(2) P はつぎの**代数リカッチ方程式** (algebraic Riccati equation, ARE) を満たす。

$$A^T P + PA + Q - (PB + S)R^{-1}(B^T P + S^T) = 0 \quad (7.36)$$

(3) $\quad UX^{-1} = -R^{-1}(B^T P + S^T)$ (7.37)

(4) $\quad \lambda(A - BR^{-1}(B^T P + S^T)) = \lambda(A_{\text{stable}})$ (7.38)

7.3.3 出力零化問題との関係

ここで

$$\begin{bmatrix} Q & S \\ S^T & R \end{bmatrix} = \begin{bmatrix} C_w^T \\ D_w^T \end{bmatrix} \begin{bmatrix} C_w & D_w \end{bmatrix} \tag{7.39}$$

とおき，さらに評価用の出力信号として $w \in \mathbf{R}^{p_w}$ を

$$w = C_w x + D_w u \tag{7.40}$$

とおく．$R = D_w^T D_w > 0$ より，$D_w \in \mathbf{R}^{p_w \times m}$ は列フルランクであり，$p_w \geqq m$ である．この記号を用いると，LQR問題の評価関数は

$$J = \frac{1}{2} x^T(T) P(T) x(T) + \frac{1}{2} \int_0^T \|w(\tau)\|^2 d\tau \tag{7.41}$$

と書くこともできる．

ここで，Σ_{ss} の**双対システム**（dual system）を

$\Sigma_{\text{ss-dual}}$: Σ_{ss} の双対システム

$$-\dot{z}(t) = A^T z(t) + C^T u(t), \quad z(0) = z_0 \tag{7.42}$$

$$y(t) = B^T z(t) + D^T u(t) \tag{7.43}$$

とする．

双対システムの伝達関数は

$$G(s) = B^T(-sI - A^T)^{-1} C^T + D^T = G^T(-s) \tag{7.44}$$

となる．

これらの記号を用いると，$\Sigma_{\text{dsys-Hamilton}}$ は Σ_{ss}, $\Sigma_{\text{ss-dual}}$ の直列結合系に対する出力零化問題と解釈することが可能である（図 **7.1**）．

$$z = Px \tag{7.45}$$

とおくと，$\dot{z} = \dot{P}x + P\dot{x}$ より，式 (7.34) から

$$u = -R^{-1}(B^T P + S^T)x \tag{7.46}$$

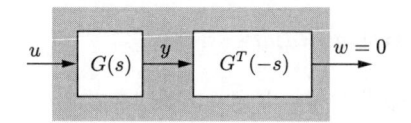

図 7.1 ハミルトン方程式と出力零化問題

$$\dot{x} = Ax + Bu$$
$$= Ax - BR^{-1}(B^T P + S^T)x \tag{7.47}$$

$$-\dot{P}x - P\dot{x} = Qx + A^T Px - SR^{-1}(B^T P + S^T)x \tag{7.48}$$

を得る。式 (7.47) の左から P を掛けると

$$P\dot{x} = PAx - PBR^{-1}(B^T P + S^T)x \tag{7.49}$$

となり，式 (7.48) に代入すると

$$-\dot{P}x = PAx - PBR^{-1}(B^T P + S^T)x + Qx$$
$$+ A^T Px - SR^{-1}(B^T P + S^T)x \tag{7.50}$$

となり

$$-\dot{P}x = PAx + A^T Px - (PB + S)R^{-1}(B^T P + S^T)x + Qx \tag{7.51}$$

より，式 (7.21) を得る。

以上より，J を最小とするための必要条件は式 (7.21) のリカッチ方程式の解 P が存在し，このとき最適フィードバック解は式 (7.46) で与えられ，J の値は

$$J = \frac{1}{2}x^T(0)P(0)x(0) \tag{7.52}$$

となる。

7.3.4 E が正則な場合の例題

ここでは，制御対象が

$$E\dot{x} = Ax + Bu \tag{7.53}$$

というデスクリプタ方程式で記述されている場合を考える。ただし，E は正則とする。

いま，評価関数

$$J = \int_0^T (x^T Q x + u^T R u) dt \tag{7.54}$$

を最小にするような状態フィードバック制御を考える。これは次式で与えられる。

$$u = -Fx \tag{7.55}$$

$$F = R^{-1} B^T P E \tag{7.56}$$

ここで，行列 P はつぎのデスクリプタリカッチ方程式

$$E^T P A + A^T P E - E^T P B R^{-1} B^T P E + Q = 0 \tag{7.57}$$

の正定対称解である。

このリカッチ方程式の解法は，つぎのハミルトン行列

$$G = \begin{bmatrix} 0 & E & 0 \\ -E^T & 0 & 0 \\ 0 & 0 & 0 \end{bmatrix}, \quad H = \begin{bmatrix} 0 & A & B \\ A^T & Q & 0 \\ B^T & 0 & R \end{bmatrix} \tag{7.58}$$

について

$$(sG - H)v = 0 \tag{7.59}$$

という一般化固有値問題に帰着することができる。

以下では，アーム型倒立振子をクレーン装置とした場合の制御結果を示す。

この制御対象は

$$E\dot{x} = Ax + Bu \tag{7.60}$$

$$E = \begin{bmatrix} 1 & 0 & 0 & 0 \\ 0 & 1 & 0 & 0 \\ 0 & 0 & 9.18e-3 & 6.22e-4 \\ 0 & 0 & 6.22e-4 & 5.31e-4 \end{bmatrix}$$

$$A = \begin{bmatrix} 0 & 0 & 1 & 0 \\ 0 & 0 & 0 & 1 \\ -0.134 & 0 & -1.37e-2 & 3.77e-5 \\ 0 & -4.065e-2 & 3.77e-5 & -3.77e-5 \end{bmatrix}$$

$$B = \begin{bmatrix} 0 \\ 0 \\ 0.1171 \\ 0 \end{bmatrix}$$

というデスクリプタ方程式で記述される。このシステムは E が正則であり，4次の安定系である。いま

$$Q = \mathrm{diag}(1, 100, 1, 1), \quad R = 1 \tag{7.61}$$

としてデスクリプタリカッチ方程式を解くと，状態フィードバックゲイン

$$F = \begin{bmatrix} -2.219 & 12.127 & -1.509 & 0.471 \end{bmatrix} \tag{7.62}$$

が得られる。

付　録

A.1　実数・複素数

A.1.1　実　　　数

実数全体の集合を $\mathbf{R} = (-\infty, \infty)$ で表す。$a < b$ である実数に対して**閉区間**（closed interval），**開区間**（open interval）をそれぞれ $[a, b]$, (a, b) のように表し，$a < x \leq b$ を $x \in (a, b]$ のように書く。$x > a$ と $x \in (a, \infty)$ は同じ意味である。

A.1.2　複　　素　　数

虚数単位（imaginary unit）を $j := \sqrt{-1}$ で表す[†]。実数組 $(\sigma, \omega) \in \mathbf{R} \times \mathbf{R}$ に対して $s := \sigma + j\omega$ を**複素数**（complex number）と呼び，$\mathbf{Re}(s) := \sigma \in \mathbf{R}$ を**実数部**（real part），$\mathbf{Im}(s) := \omega \in \mathbf{R}$ を**虚数部**（imaginary part）という。複素数全体の集合 $\mathbf{C} := \{\sigma + j\omega | \sigma, \omega \in (-\infty, \infty)\}$ を**複素平面**（complex plane）という（図 **A.1**）。$\sigma < 0$, $\sigma = 0$, $\sigma > 0$ の領域をそれぞれ**複素開左半平面**（open left half plane, OLHP），**虚軸**（imaginary axis），**複素開右半平面**（open right half plane, ORHP）

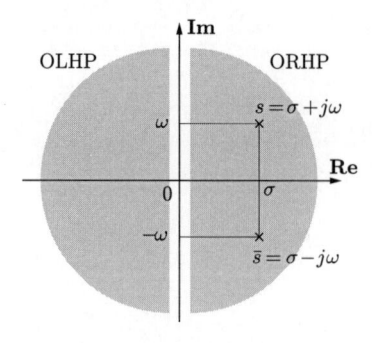

図 **A.1**　複素平面 = OLHP ∪ ORHP ∪ $j\mathbf{R}$

[†] 工学分野では電流の記号 (i) との混同を避けるため，一般に j が用いられる。

と呼び，それぞれ $\mathbf{C}_-$, $j\mathbf{R}$, $\mathbf{C}_+$ と書く．$\overline{\mathbf{C}}_- = \mathbf{C}_- \cup j\mathbf{R}$, $\overline{\mathbf{C}}_+ = \mathbf{C}_+ \cup j\mathbf{R}$ はそれぞれ**閉左半平面** (closed left half plane, CLHP), **閉右半平面** (closed right half plane, CRHP) と呼ばれる．これらの関係は

$$\mathbf{C} = \mathbf{C}_- \cup j\mathbf{R} \cup \mathbf{C}_+ = \overline{\mathbf{C}}_- \cup \mathbf{C}_+ = \mathbf{C}_- \cup \overline{\mathbf{C}}_+ \tag{A.1}$$

である．無限遠点を含む拡張された複素平面を $\mathbf{C} \cup \{\infty\}$ で表す．**共役複素数** (conjugate complex number) は $\bar{s} := \sigma - j\omega$ で表す．

A.1.3 絶対値と偏角

複素数 $s = \sigma + j\omega \in \mathbf{C}$ の**絶対値** (absolute value, modulus) および**偏角** (argument) を

$$r = |s| = \sqrt{\sigma^2 + \omega^2} \tag{A.2}$$

$$\theta = \arg(s) = \tan^{-1}\left(\frac{\omega}{\sigma}\right) \tag{A.3}$$

で表す．これは

$$\sigma = \mathbf{Re}(s) = r\cos(\theta) \tag{A.4}$$

$$\omega = \mathbf{Im}(s) = r\sin(\theta) \tag{A.5}$$

と書くことができる．$s = \sigma + j\omega$ は**直交座標表示** (Cartesian coordinate), $s = r(\cos(\theta) + j\sin(\theta))$ は**極座標表示** (polar coordinate) と呼ばれる (図 **A.2**)．

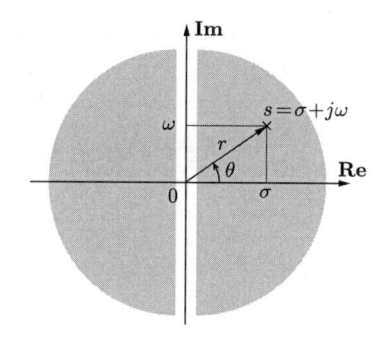

図 **A.2** $\sigma + j\omega = r(\cos(\theta) + j\sin(\theta))$

A.1.4 オイラーの公式

複素数と三角関数の関係式である**オイラーの公式** (Euler's formula) は重要である．

$$e^{j\theta} = \cos(\theta) + j\sin(\theta) \tag{A.6}$$

数学的にはより厳密な議論を必要とするが，式 (A.6) は形式的に高校数学程度の知

識で導出できる。

実数 θ に対して複素数の値をとる関数 $f(\theta)$ を
$$f(\theta) = \cos(\theta) + j\sin(\theta)$$
とおく。ただし, $j^2 = -1$ である。$f(\theta) \neq 0$, $f(0) = 1$ に注意する。$f(\theta)$ を θ で微分すると
$$\frac{df(\theta)}{d\theta} = -\sin(\theta) + j\cos(\theta)$$
$$= j(\cos(\theta) + j\sin(\theta)) = jf(\theta)$$
となる。両辺を $f(\theta)$ で割り, さらに $\theta = 0$ から θ まで定積分すると
$$\ln(f(\theta)) = j\theta$$
を得る。すなわち
$$f(\theta) = e^{j\theta}$$
である。

——証明終わり——

複素数 s の極座標表現は
$$s = r(\cos(\theta) + j\sin(\theta)) = re^{j\theta} \tag{A.7}$$
と書くことができる。また
$$e^s = e^\sigma e^{j\omega} \tag{A.8}$$
であることにも注意されたい。

A.2 ベクトル・ノルム

記号を縦に並べて鍵括弧でくくったものを**列ベクトル** (column vector) と呼び, 小文字のアルファベット $x, y, \cdots$ で表す。

$$x = \begin{bmatrix} x_1 \\ x_2 \\ \vdots \\ x_n \end{bmatrix} \tag{A.9}$$

x_i はベクトルの**要素** (element, component) と呼ばれ, n はベクトルの**次元** (dimension) と呼ばれる。要素が実数ならば**実ベクトル** (real vector), 複素数ならば**複素ベクトル** (complex vector) と呼ばれ, $x \in \mathbf{R}^n$, $y \in \mathbf{C}^n$ のように表す。次元の等しいベクトル全体の集合は**加法** (addition) と**スカラ倍** (scalar multiplication) の演算について閉じているので, **線形空間** (linear space) を構成する (A.4 節参照)。このときの零元は $0 := [0, 0, \cdots, 0]^T$ と表される。ここで T は**転置操作** (transpose) を表す。要素を横に並べたベクトル $x^T := [x_1, x_2, \cdots, x_n]$ は**行ベクトル** (row vector) と呼ば

れ，ここではこのことを明示するために，転置記号 T を付すものとする。

n 次元複素ベクトル x, y の**内積**（inner product）を $\langle x, y \rangle := \bar{x}^T y = \sum_{i=1}^{n} \bar{x}_i y_i$ で定義する．ここで $\bar{x}$ は各要素の共役複素数からなるベクトルを表す．$\langle x, y \rangle = 0$ のとき x と y は**直交する**（perpendicular, orthogonal）といい，$x \perp y$ と書く．

ベクトル組 $\{v_i\}$ とスカラ $\{c_i\}$ から作られるベクトル $v = \sum c_i v_i$ を v_i の**線形結合**（linear combination）と呼ぶ．$0 = \sum c_i v_i$ を満たす c_i が $c_1 = c_2 = \cdots = 0$ 以外にないとき，$\{v_i\}$ は**線形独立**（linearly independent）であるといい，それ以外の場合は**線形従属**（linearly dependent）であるという．

x と x 自身との内積の平方根は，x の**ユークリッドノルム**（Euclid norm）と呼ばれ

$$\|x\|_2 := \sqrt{\langle x, x \rangle} \quad \left(= \sqrt{\sum_{i=1}^{n} |x_i|^2} \right) \tag{A.10}$$

で定義される．一般に，ノルムにはつぎの性質がある．

性質 1： $\|x\| > 0 \ \leftrightarrow \ x \neq 0$

性質 2： $\|x\| = 0 \ \leftrightarrow \ x = 0$

性質 3： $\alpha \in \mathrm{C}$ ，$\|\alpha x\| = |\alpha| \|x\|$

性質 4： $\|x + y\| \leq \|x\| + \|y\|$ （三角不等式）

性質 2 を要求しない場合には**セミノルム**（semi-norm）という．

幾何学的に 2 ベクトル x, y のなす角を θ とすると，その内積は $\langle x, y \rangle = \|x\| \|y\| \cos(\theta)$ である．したがって，$\|e_i\| = 1$ の場合には，$\langle x, e_i \rangle e_i$ はベクトル x の e_i 軸への**射影成分**（projection）を意味している．

A.3 行　　　列

記号（体の元，実数・複素数など）をつぎのように**長方形**（rectangular form）に並べたもの

$$A = \begin{bmatrix} a_{11} & a_{12} & \cdots & a_{1m} \\ a_{21} & a_{22} & \cdots & a_{2m} \\ \vdots & \vdots & \ddots & \vdots \\ a_{n1} & a_{n2} & \cdots & a_{nm} \end{bmatrix} \tag{A.11}$$

を行列と呼び，大文字のアルファベット $A, B, \cdots$ で表す．n, m は**行列のサイズ**（size of matrix）で，それぞれ**行**（row）と**列**（column）の数を表している．$m = 1$ の場合には列ベクトル，$n = 1$ の場合には行ベクトル，$m = n = 1$ の場合にはスカラと

同一視する。a_{ij} は行列の (i,j) 成分と呼ばれ，これが実数の場合には**実行列**（real matrix），複素数の場合には**複素行列**（complex matrix）という。サイズや成分のクラスを明記する場合には，(n,m) 実行列，$n \times m$ 複素行列，$A \in \mathbf{R}^{n \times m}$, $A \in \mathbf{C}^{n \times m}$ のように書き表す。特に $n = m$ の場合は n 次**正方行列**（square matrix）と呼ばれる。

行列を $A = \{a_{ij}\}$ と書くこともある。全成分が零の行列は**零行列**（zero matrix）と呼ばれ，0 または $0(n,m)$ と書く。サイズの等しい行列全体の集合はスカラ倍と加法によって線形空間を構成している。行または列，あるいは両方のサイズが 0 の行列を**空行列**（empty matrix）と呼び，$\mathbf{R}^{0 \times m}$, $\mathbf{R}^{n \times 0}$, $[\,]$ のように書く。

行列の成分を

$$A = \begin{bmatrix} A_{11} & A_{12} & \cdots & A_{1q} \\ A_{21} & A_{22} & \cdots & A_{2q} \\ \vdots & \vdots & \ddots & \vdots \\ A_{p1} & A_{p2} & \cdots & A_{pq} \end{bmatrix} \tag{A.12}$$

のように**部分行列**（submatrix）を成分とする行列 $\{A_{ij}\}$ で表すことがある。ここで，A から $\{A_{ij}\}$ への変換を行列の**分割**（または**分解**）（division, decomposition），$\{A_{ij}\}$ から A への変換を行列の**拡大**（または**併合**，**埋め込み**）（augmentation, composition, embedding）と呼ぶ。特に，式 (A.12) を列ベクトル $v_i \in \mathbf{R}^n$ や行ベクトル $w_i^T \in \mathbf{R}^{1 \times m}$ を用いて

$$A = \begin{bmatrix} \begin{bmatrix} a_{11} \\ a_{21} \\ \vdots \\ a_{n1} \end{bmatrix} & \begin{bmatrix} a_{12} \\ a_{22} \\ \vdots \\ a_{n2} \end{bmatrix} & \cdots & \begin{bmatrix} a_{1m} \\ a_{2m} \\ \vdots \\ a_{nm} \end{bmatrix} \end{bmatrix} = \begin{bmatrix} v_1 & v_2 & \cdots & v_m \end{bmatrix} \tag{A.13}$$

$$A = \begin{bmatrix} \begin{bmatrix} a_{11} & a_{12} & \cdots & a_{1m} \end{bmatrix} \\ \begin{bmatrix} a_{21} & a_{22} & \cdots & a_{2m} \end{bmatrix} \\ \vdots \\ \begin{bmatrix} a_{n1} & a_{n2} & \cdots & a_{nm} \end{bmatrix} \end{bmatrix} = \begin{bmatrix} w_1^T \\ w_2^T \\ \vdots \\ w_n^T \end{bmatrix} \tag{A.14}$$

のようにベクトルの集合に分解することを行列のベクトル成分への分解と呼び，その独立なベクトルの数を行列の**階数**（rank）（$\text{rank}\,A$）という。$\text{rank}\,A = n$ のとき**行フルランク**（row full rank），$\text{rank}\,A = m$ のとき**列フルランク**（column full rank）と

いう．特に $n = m = \mathrm{rank}\, A$ のときは**正則**（nonsingular, regular）であり，それ以外の場合は**特異**（singular）と呼ばれる．

行列 A の列と B の行のサイズが一致する，すなわち
$$A = \{a_{ij}\} \in \mathbf{R}^{n \times l}, \quad B = \{b_{ij}\} \in \mathbf{R}^{l \times m} \tag{A.15}$$
のとき，A と B との積は
$$AB = \left\{ \sum_{k=1}^{l} a_{ik} b_{kj} \right\} \in \mathbf{R}^{n \times m} \tag{A.16}$$
で定義される．

任意の行列 $A \in \mathbf{R}^{n \times m}$ に対して $AX = YA = A$ となる行列 $X \in \mathbf{R}^{n \times n}$, $Y \in \mathbf{R}^{m \times m}$ を**単位行列**（identity matrix）と呼び，I（または I_n, I_m）と表す．これは，成分で表すと
$$I = \begin{bmatrix} 1 & 0 & \cdots & 0 \\ 0 & 1 & \cdots & 0 \\ \vdots & \vdots & \ddots & \vdots \\ 0 & 0 & \cdots & 1 \end{bmatrix} = \{\delta_{ij}\} \tag{A.17}$$
となる．ここで δ_{ij} は**クロネッカのデルタ**（Kronecker delta）である[†]．

行列 $A \in \mathbf{R}^{n \times m}$ に対して $AR = I$（$LA = I$）となる行列 $R \in \mathbf{R}^{m \times n}$（$L \in \mathbf{R}^{m \times n}$）が存在するとき，これを A の**右（左）逆行列**（right (left) inverse matrix）と呼び，A^R（A^L）と表す．右（左）逆行列が存在するための必要十分条件は，A が行（列）フルランク（$\mathrm{rank}\, A = n\,(= m)$）であることである．

特に，行列 $A \in \mathbf{R}^{n \times n}$ が正方行列で正則，つまり
$$\mathrm{rank}\, A = n \quad (\det A \neq 0,\ \min\{\sigma_i(A)\} > 0) \tag{A.18}$$
の場合には，$A^R = A^L = A^{-1}$ となる逆行列 $A^{-1} \in \mathbf{R}^{n \times n}$ がただ一つ存在する．

任意の n 次元複素ベクトル $x, y \in \mathbf{C}^n$ に対して $\langle Ax, Ay \rangle = \langle x, y \rangle$ となる複素行列 $A \in \mathbf{C}^{n \times n}$ を**ユニタリ行列**（unitary matrix）と呼ぶ．この場合，$\bar{A}^T A = I$ が成り立つ．同様に，任意の n 次元実ベクトル $x, y \in \mathbf{R}^n$ に対して $\langle Ax, Ay \rangle = \langle x, y \rangle$ となる実行列 $A \in \mathbf{R}^{n \times n}$ を**正規直交行列**（orthonormal matrix）と呼ぶ．この場合，$A^T A = I$ が成り立つ．

正方行列 A の**行列式**（determinant）は $\det A$ と表し，**余因子行列**（adjoint matrix）は $\mathrm{adj}\, A$ で表す．これらの間では
$$\det A \cdot I = A \cdot \mathrm{adj}\, A \tag{A.19}$$
が成り立つ．

[†] $\delta_{ij} = \begin{cases} 1 & (i = j) \\ 0 & (i \neq j) \end{cases}$

転置行列（transposed matrix）は A^T で表し，その逆行列は A^{-T} で表す。

対角成分以外の要素がすべて零の行列は，**対角行列**（diagonal matrix）と呼ばれ

$$\begin{bmatrix} a_{11} & & & \\ & a_{22} & & \\ & & \ddots & \\ & & & a_{nn} \end{bmatrix} = \mathrm{diag}\{a_{11}, a_{22}, \cdots, a_{nn}\} \tag{A.20}$$

のように略記される。

$A^T = A$ が成り立つ行列は**対称行列**（symmetric matrix）と呼ばれ，$A^T = -A$ が成り立つ行列は**歪対称行列**（skew-symmetric matrix）と呼ばれる。

行列 $A \in \mathbf{R}^{n \times m}$ の左から正則行列 $P^T \in \mathbf{R}^{n \times n}$ を掛けて新しい行列 $P^T A$ を得る変換を**行操作**（row operation）と呼ぶ。特に，$r = \mathrm{rank}\, A$ のとき

$$P^T A = \begin{bmatrix} A_1 \\ 0 \end{bmatrix}, \quad A_1 \in \mathbf{R}^{r \times m} \text{は行フルランク} \tag{A.21}$$

となる行操作を**行圧縮**（row compression）と呼び，右辺の行列を**上圧縮形**（upper compressed form）行列という。同様に，行列 $A \in \mathbf{R}^{n \times m}$ の右から正則行列 $Q \in \mathbf{R}^{m \times m}$ を掛けて新しい行列 AQ を得る変換を**列操作**（column operation）と呼ぶ。特に

$$AQ = \begin{bmatrix} A_1 & 0 \end{bmatrix}, \quad A_1 \in \mathbf{R}^{n \times r} \text{は列フルランク} \tag{A.22}$$

となる列操作を**列圧縮**（column compression）と呼び，右辺の行列を**左圧縮形**（left compressed form）行列という。ただし，$r = \mathrm{rank}\, A$ である。P, Q にユニタリ行列（正規直交行列）を用いるユニタリ変換（正規直交変換）や，**基本操作行列**（elementary operation matrix）を用いる**基本操作**（elementary operation）が，一般的に用いられる。前者は**数値的な安定性**（numerical stability）に優れ，後者は行列の**疎性**（sparsity）を保存する点で優れている。

左右から正則行列を掛けて新しい行列を得る変換

$$A \to P^T A Q$$

は，正則変換と呼ばれる。特に $P^T = Q^{-1}$ の場合，つまり A が正方行列で

$$A \to Q^{-1} A Q$$

の場合は，**相似変換**（similar transform）と呼ばれる。

A.4 線形空間・線形写像

複素数 (**C**) または実数 (**R**) を**スカラ** (scalar) と呼び, **F** と書くことにする。集合 $\mathcal{X}$ の各成分に対して加法 (+) とスカラ倍の 2 つの演算が定義でき, 集合 $\mathcal{X}$ がそれら演算について閉じている, すなわち

$$x_1, x_2 \in \mathcal{X} \rightarrow x_1 + x_2 \in \mathcal{X} \tag{A.23}$$

$$x \in \mathcal{X},\ c \in \mathbf{F} \rightarrow cx \in \mathcal{X} \tag{A.24}$$

であるとき, 集合 $\mathcal{X}$ を **F** 上の**線形空間** (linear space) と呼ぶ。

n 次元複素ベクトル全体の集合は, 複素数 **C** 上の線形空間である。$n \times m$ 実行列全体の集合は, 実数 **R** 上の線形空間である。また, $[0, \infty)$ で定義される実関数全体の集合は, 実数 **R** 上の線形空間である。ベクトル v_i の線形結合の全体が作る集合は, $\text{span}\{v_i\} = \{\sum c_i v_i | c_i \in \mathbf{C}\}$ と書かれ, v_i の**張る空間** (span) と呼ばれる。これも線形空間である。線形空間はスクリプト文字 $\mathcal{S}, \mathcal{T}, \mathcal{U}, \cdots$ で表すものとする。

$\mathcal{X}$ の部分集合 $\mathcal{S} \subset \mathcal{X}$ がやはり線形空間の条件を満たすならば, $\mathcal{S}$ は $\mathcal{X}$ の**部分空間** (subspace) と呼ばれる。零ベクトルのみからなる空間 $\{0\}$ は, すべての空間の部分空間であり, **零空間** (zero subspace) と呼ばれる。

$\mathcal{X}$ の任意の 2 元 x, y に対して内積 $\langle x, y \rangle$ が定義できるとき, $\mathcal{X}$ を内積空間という。また, ノルムが定義できる線形空間は, ノルム空間と呼ばれる。

線形空間 $\mathcal{X}$ から線形独立な要素を取り出す操作が有限回で終了するとき, $\mathcal{X}$ は**有限次元空間** (finite dimensional subspace) であるという。取り出されたベクトルの集合 x_i は**基底** (basis) と呼ばれ, その数は空間の**次元** (dimension) と呼ばれて, $\dim(\mathcal{X})$ と表される。n 次元実ベクトルからなる線形空間は, 基底ベクトルを**基本ベクトル** (elementary vector)

$$x_1 = \begin{bmatrix} 1 \\ 0 \\ \vdots \\ 0 \end{bmatrix},\ x_2 = \begin{bmatrix} 0 \\ 1 \\ \vdots \\ 0 \end{bmatrix},\ \cdots,\ x_n = \begin{bmatrix} 0 \\ 0 \\ \vdots \\ 1 \end{bmatrix} \tag{A.25}$$

のように選択することができるから, n 次元の線形空間である。

3×3 の対称行列は

$$\begin{bmatrix} a_{11} & a_{12} & a_{13} \\ a_{12} & a_{22} & a_{23} \\ a_{13} & a_{23} & a_{33} \end{bmatrix}$$

$$= a_{11} \begin{bmatrix} 1 & 0 & 0 \\ 0 & 0 & 0 \\ 0 & 0 & 0 \end{bmatrix} + a_{12} \begin{bmatrix} 0 & 1 & 0 \\ 1 & 0 & 0 \\ 0 & 0 & 0 \end{bmatrix} + a_{13} \begin{bmatrix} 0 & 0 & 1 \\ 0 & 0 & 0 \\ 1 & 0 & 0 \end{bmatrix}$$
$$+ a_{22} \begin{bmatrix} 0 & 0 & 0 \\ 0 & 1 & 0 \\ 0 & 0 & 0 \end{bmatrix} + a_{23} \begin{bmatrix} 0 & 0 & 0 \\ 0 & 0 & 1 \\ 0 & 1 & 0 \end{bmatrix} + a_{33} \begin{bmatrix} 0 & 0 & 0 \\ 0 & 0 & 0 \\ 0 & 0 & 1 \end{bmatrix}$$
(A.26)

と書けるので,その全体集合は6次の線形空間である.

部分空間の全体集合には

$$\text{和空間} \quad \mathcal{U} + \mathcal{W} := \{u + w \mid u \in \mathcal{U}, w \in \mathcal{W}\} \tag{A.27}$$

$$\text{積空間} \quad \mathcal{U} \cap \mathcal{W} := \{v \mid v \in \mathcal{U} \text{ かつ } v \in \mathcal{W}\} \tag{A.28}$$

が定義でき,代数系(束(lattice)構造)を形成している.その最小要素は零空間0であり,最大要素は**全空間**(whole space)$\mathcal{X}$である.特に,$\mathcal{U} \cap \mathcal{V} = \{0\}$の場合には,その和空間$\mathcal{U} + \mathcal{V}$を$\mathcal{U} \oplus \mathcal{V}$と表し,**直和**(direct sum)と呼んで区別する.

$\mathcal{U}$が与えられたときに$\mathcal{U} \oplus \mathcal{V} = \mathcal{X} =$全空間となる$\mathcal{V}$を,$\mathcal{U}$の**補空間**(complementary subspace)と呼ぶ.$\mathcal{V} = \mathcal{U}^c$と書くことがある.補空間は一意には定まらないが,その次元は

$$\dim(\mathcal{U}) + \dim(\mathcal{U}^c) = \dim(\mathcal{X}) \tag{A.29}$$

で一意に定まる.

任意の$s \in \mathcal{S} \subset \mathcal{X}$に対して$t \perp s$が成り立つとき,ベクトル$t$は部分空間$\mathcal{S}$に直交するといい,$t \perp \mathcal{S}$と書く.また,任意の$s \in \mathcal{S} \subset \mathcal{X}, t \in \mathcal{T} \subset \mathcal{X}$に対して$t \perp s$が成り立つとき,部分空間$\mathcal{T}$は部分空間$\mathcal{S}$に直交するといい,$\mathcal{T} \perp \mathcal{S}$と書く.部分空間$\mathcal{S} \subset \mathcal{X}$に直交するベクトル全体は,$\mathcal{S}$の補空間の一つである.これを**直交補空間**(orthogonal complement)と呼び,$\mathcal{S}^\perp$と書く.すなわち

$$\mathcal{X} = \mathcal{S} \oplus \mathcal{S}^\perp \tag{A.30}$$

が成り立つ.

行列を線形写像と同一視することがある.例えば,実行列$A \in \mathbf{R}^{n \times m}$は$\mathbf{R}^m$から$\mathbf{R}^n$への線形写像

$$A : \mathbf{R}^m \to \mathbf{R}^n \quad (x \mapsto y = Ax) \tag{A.31}$$

と見なせる.この**像空間**(image subspace, range)は

$$\mathrm{im}A := \mathrm{range}A = \{Ax \in \mathbf{R}^n \mid x \in \mathbf{R}^m\} \tag{A.32}$$

零化空間(null subspace, kernel)は

$$\mathrm{ker}A := \mathrm{null}A = \{x \in \mathbf{R}^m \mid Ax = 0\} \tag{A.33}$$

で定義される．前項の線形部分空間 span $\{v_i\}$ は，行列 V を列ベクトル分解して $V = [v_1, v_2, \cdots, v_n]$ で定義したときに，$\mathcal{V} = \mathbf{im}V$ と表すことができる．このとき，行列 V は線形空間 $\mathcal{V}$ の表現行列と呼ばれ，$\mathrm{rank}\, V = \dim \mathcal{V}$ が成り立つ．

像空間と零化空間の次元には，つぎの関係がある．

$$\dim(\mathbf{im}A) + \dim(\mathbf{ker}A) = m \tag{A.34}$$

一般に A が行列であるか写像であるかを厳密に区別する必要はないが，明確に区別しなければならない例として A^{-1} の記号の使い方がある．行列の場合には，A^{-1} は A が正則の場合にしか定義できないが，写像の場合には

$$A^{-1}\mathcal{T} = \{x | Ax \in \mathcal{T}\} \tag{A.35}$$

で定義される**逆像**（preimage / inverse image）の意味で使われる．この記法に従うと，零化空間は $\mathbf{ker}A = A^{-1}\{0\}$ と表すこともできる．

像空間，直交補空間，零化空間などは特異値分解を用いて計算することができる（A.7 節参照）．

A.5 正則ペンシルと一般化固有構造

サイズの等しい二つの行列 $E, A \in \mathbf{R}^{n \times m}$ と変数 s を用いて作られる $[sE - A]$ の形をした $s \in \mathbf{C}$ の 1 次式を成分とする行列を，**ペンシル**（pencil）と呼ぶ．特に，A, E が正方行列で

$$\det[sE - A] \neq 0 \tag{A.36}$$

となる s が存在するとき，これを**正則ペンシル**（regular pencil）という．正方行列 $A \in \mathbf{R}^{n \times n}$ の固有構造（固有値・固有ベクトル）は，$E = I$ とする正則ペンシル $[sI - A]$ の特異点（$\mathrm{rank}\,[sI - A]$ が変化する $s \in \mathbf{C}$）の構造として議論できる．例えば，A の固有値 λ と固有ベクトル v は

$$Av = \lambda v, \ v \neq 0 \tag{A.37}$$

を満たす量で定義されるが，これは

$$[\lambda I - A]v = 0, \ v \neq 0 \tag{A.38}$$

のように書けることから容易に理解できるであろう．このような観点から，ペンシルの固有構造もその階数に基づいて定義される．

A.5.1 $\det E \neq 0$ であるペンシルの固有構造

まず

$$\mathrm{rank}\, E = n \tag{A.39}$$

の場合について考える．

$$\text{rank}[\lambda E - A] < n \tag{A.40}$$

となる $\lambda \in \mathbf{C}$ が l 個存在したとする．この複素数の集合を添え字 $i = 1, \cdots, l$ を用いて $\{\lambda_1, \lambda_2, \cdots, \lambda_l\}$ と表し，行列組 (E, A) の**相対固有値** (relative eigenvalue) または**一般化固有値** (generalized eigenvalue) と呼ぶ．

おのおのの λ_i に対するペンシルの階数が

$$\text{rank}[\lambda_i E - A] = n - \nu_i, \quad \nu_i > 0 \tag{A.41}$$

であるとする．ν_i は一般化固有値 λ_i に対する**幾何学的重複度** (geometrical multiplicity) であり，ν_i だけの**独立なベクトル** (principal vector) を

$$[\lambda_i E - A]v_{ij}^1 = 0, \quad j = 1, 2, \cdots, \nu_i \tag{A.42}$$

を満たすように選ぶことができる．ただし，$\nu_i > 1$ の場合には，一意に定まらない．これは**一般化固有ベクトル** (generalized eigenvector) と呼ばれる．

一般化固有ベクトルを $\{v_{ij}^1\}_j$ としたときに，漸化式（連立 1 次方程式）

$$[\lambda_i E - A]v_{ij}^k = Ev_{ij}^{k-1}, \quad k = 2, 3, \cdots, \mu_{ij} \tag{A.43}$$

を繰り返し解いて得られるベクトルの組 $\{v_{ij}^k\}_k$ は，**拡張固有ベクトル** (extended eigenvector) と呼ばれる．このようにして求まったベクトルの集合 $\{v_{ij}^k\}_{i,j,k}$ は，有限固有値 $\{\lambda_i\}_i$ に対応する線形部分空間の基底を構成しており，その次元は

$$n = \sum_{i=1}^{l} \sum_{j=1}^{\nu_i} \mu_{ij} \tag{A.44}$$

となる．

以上の固有空間の基底を求める手順を Pascal 風に表すと，つぎのようになる．

Proc: evaluate eigen-structure of finite frequency mode
begin
  for $i := 1$ **to** l **do begin**
    find λ_i and ν_i such that $\text{rank}[\lambda_i E - A] = n - \nu_i < n$;
    for $j := 1$ **to** ν_i **do begin**
      find v_{ij}^1 such that $[\lambda_i E - A]v_{ij}^1 = 0$;
      $k := 1$;
      while $(Ev_{ij}^k \in \text{im}[\lambda_i E - A])$ **do begin**
        find v_{ij}^{k+1} such that $[\lambda_i E - A]v_{ij}^{k+1} = Ev_{ij}^k$
        $k := k + 1$;
      end;
      $\mu_{ij} := k$;
    end

end
end.

ここで
$$V_s = \begin{bmatrix} v_{11}^1 & v_{11}^2 \cdots & v_{l\nu_l}^{\mu\nu_l} \end{bmatrix} \tag{A.45}$$
とおくと，モード方程式

$$AV_s = EV_s A_s \tag{A.46}$$

を得る．ただし
$$A_s = \begin{bmatrix} \Lambda_{11} & & & \\ & \Lambda_{12} & & \\ & & \ddots & \\ & & & \Lambda_{l\nu_l} \end{bmatrix} \tag{A.47}$$

$$\Lambda_{ij} = \begin{bmatrix} \lambda_i & 1 & & \\ & \lambda_i & \ddots & \\ & & \ddots & 1 \\ & & & \lambda_i \end{bmatrix} \in \mathbf{R}^{\mu_{ij} \times \mu_{ij}} \tag{A.48}$$

である．

A.5.2　$\det E = 0$ である正則ペンシルの階数

$\det E = 0$ である正則ペンシル $[sE - A]$ の階数は，$|s|$ が有限の場合には
$$[sE - A] = [v_1(s), v_2(s), \cdots, v_n(s)] \tag{A.49}$$
のように分解した列ベクトル $\{v_i(s)\}$ の $\mathbf{C}$ 上の独立性から定義できる．しかし，$s \to \infty$ においては $\{v_i(s)\}$ は一般に発散するので，このままでは定義できない．正則ペンシルの無限遠点の階数は，以下のように定義される[†]．

【定理 A.1】　ペンシルの無限遠点の階数に関する以下の命題は，たがいに等価である．

(a) $\displaystyle \lim_{s \to \infty} \text{rank}[sE - A] = \dim(\mathbf{im}E + A\mathbf{ker}E) \tag{A.50}$

(b) E の列圧縮行列を Q とし，E_1, A_1, A_2 を
$$(sE - A)Q = [sE_1 - A_1 \quad -A_2] \tag{A.51}$$

[†] 文献によっては $\text{rank}\,E$ をペンシルの無限遠点の階数とする定義もあるが，本書では定理 A.1 での定義を用いる．

のように定義すると

$$\lim_{s\to\infty} \text{rank}[sE - A] = \text{rank}[E_1 \quad A_2] \tag{A.52}$$

である.

(c) E の行圧縮行列を P^T とし, E_1, A_1, A_2 を

$$P^T(sE - A) = \begin{bmatrix} sE_1 - A_1 \\ -A_2 \end{bmatrix} \tag{A.53}$$

と定義すると

$$\lim_{s\to\infty} \text{rank}[sE - A] = \text{rank}\begin{bmatrix} E_1 \\ A_2 \end{bmatrix} \tag{A.54}$$

である.

(d) $$\lim_{s\to\infty} \text{rank}[sE - A] = \text{rank}\begin{bmatrix} E & 0 \\ A & E \end{bmatrix} - \text{rank}\, E \tag{A.55}$$

である.

A.5.3　$\det E = 0$ であるペンシルの固有構造

$$\text{rank}\, E < n \tag{A.56}$$

の場合について考える.

$$\text{rank}[\lambda E - A] < n \tag{A.57}$$

となる複素数 $\Lambda \in \mathbf{C}$ が l 個存在したとする. これを, 行列組 (E, A) の一般化固有値という.

$$\text{rank}[\lambda_i E - A] = n - \nu_i, \quad \nu_i > 0, \quad i = 1, \cdots, l \tag{A.58}$$

となる複素数 $\lambda_i \in \mathbf{C}$ に対応する一般化固有値, 一般化固有ベクトル, 一般化固有構造は, 有限の値 $|\lambda_i| < \infty$ という意味で, 有限周波数モードと呼ばれる. これは前項のアルゴリズムで求めることができるが, その次元の総和は

$$n_s = \sum_{i=1}^{l} \sum_{j=1}^{\nu_i} \mu_{ij} < n \tag{A.59}$$

であり, 完全ではない.

これに対して

$$\text{rank}\, E = n - \nu_\infty < n \tag{A.60}$$

ならば

$$E v_{\infty j}^1 = 0, \quad j = 1, 2, \cdots, \nu_\infty \tag{A.61}$$

を満たす ν_∞ だけのベクトルを選択することができる．このベクトルの集合を**相対無限固有ベクトル**（infinite eigenvector）と呼び，ν_∞ を無限固有値に対応する幾何学的重複度という．

このベクトル $\{v_{\infty j}^k\}$ に対して漸化式
$$Ev_{\infty j}^k = -Av_{\infty j}^{k-1}, \quad k = 2, 3, \cdots, \mu_{\infty j} \tag{A.62}$$
によって求まるベクトル $\{v_{\infty j}^k\}_k$ は，**拡張無限固有ベクトル**（extended infinite eigenvector）と呼ばれる．

このようにして求まったベクトル群 $\{v_{\infty j}^k\}_{j,k}$ は，**無限固有値**（infinite eigenvalue，$\lambda = \infty$）に対応する線形部分空間の基底を構成しており，その次元は
$$n_f = \sum_{j=1}^{\nu_\infty} \mu_{\infty j} = n - n_s \tag{A.63}$$
である．これも Pascal 風に手順を示すと以下のようになる．

Proc: evaluate eigen-structure of infinite frequency mode
begin
   find ν_∞ such that $\mathrm{rank}\, E = n - \nu_\infty < n$;
   for $j := 1$ **to** ν_∞ **do begin**
     find $v_{\infty j}^1$ such that $Ev_{\infty j}^1 = 0$;
     $k := 1$;
     while $(Av_{\infty j}^k \in \mathrm{im}\, E)$ **do begin**
       find $v_{\infty j}^{k+1}$ such that $Ev_{\infty j}^{k+1} = Av_{\infty j}^k$;
       $k := k + 1$;
     end;
     $\mu_{\infty j} := k$;
   end
end.

ここで
$$V_f = \begin{bmatrix} v_{\infty 1}^1 & v_{\infty 1}^2 \cdots & v_{\infty \nu_l}^{\mu_{\nu_l}} \end{bmatrix} \tag{A.64}$$
とおくと，無限周波数モードに関するモード方程式

$$EV_f = AV_f A_f \tag{A.65}$$

を得る．ただし

$$A_f = \begin{bmatrix} \Lambda_{\infty 1} & & & \\ & \Lambda_{\infty 2} & & \\ & & \ddots & \\ & & & \Lambda_{\infty \nu_l}(s) \end{bmatrix} \tag{A.66}$$

$$\Lambda_{\infty j} = \begin{bmatrix} 0 & 1 & & \\ & 0 & \ddots & \\ & & \ddots & 1 \\ & & & 0 \end{bmatrix} \in \mathbf{R}^{\mu_j \times \mu_j} \tag{A.67}$$

である.

ペンシル $[sE - A]$ が正則であれば $n_s + n_f = n$ であることが知られており[4], つぎのように正則変換できる.

$$P^T(sE - A)Q = \begin{bmatrix} sI - A_s & 0 \\ 0 & sA_f - I \end{bmatrix}$$

$$P^{-T} = \begin{bmatrix} EV_s & AV_f \end{bmatrix}$$

$$Q = \begin{bmatrix} V_s & V_f \end{bmatrix} \tag{A.68}$$

ここで, A_f は

$$A_f^\mu = 0, \quad A_f^{\mu-1} \neq 0 \tag{A.69}$$

となるべき零行列 (nilpotent matrix) であり, μ はべき零指数 (nilpotency, index) と呼ばれる.

A.6 特異ペンシルと一般化固有構造

$\det[sE - A] = 0$ であったり, E, A が正方行列でなかったりする場合には, $[sE - A]$ は**特異ペンシル** (singular pencil) と呼ばれる. この場合には, 正則行列 $P \in \mathbf{R}^{n \times n}$, $Q \in \mathbf{R}^{m \times m}$ を適切に選択すると

$$Q^T \begin{bmatrix} A - sE \end{bmatrix} P = \mathrm{diag} \begin{bmatrix} L_\varepsilon(s) & L_\eta^T(s) & A_s - sI & I - sA_f \end{bmatrix} \tag{A.70}$$

のように四つのブロックに分解することができる[52]. ここで, $\bullet = \varepsilon$ または η とおくと

$$L_\bullet(s) = \mathrm{diag} \begin{bmatrix} L_{\bullet_1}(s) & L_{\bullet_2}(s) & \cdots & L_{\bullet_l}(s) \end{bmatrix}$$

$$L_{\varepsilon_k}(s) = \begin{bmatrix} 1 & -s & & & \\ & 1 & -s & & \\ & & \ddots & \ddots & \\ & & & 1 & -s \end{bmatrix} \in \mathbf{R}^{n_{\varepsilon_k} \times (n_{\varepsilon_k}+1)}(s)$$

$$L_{\eta_k}^T(s) = \begin{bmatrix} 1 & & & \\ -s & 1 & & \\ & -s & \ddots & \\ & & \ddots & 1 \\ & & & -s \end{bmatrix} \in \mathbf{R}^{n_{\eta_k} \times (n_{\eta_k}+1)}(s)$$

で,A_s は有限周波数モードに対応する正方行列,A_f は無限周波数モードに対応するべき零行列 ($\exists \mu > 0, A_f^\mu = 0$) である.

一般的な線形時不変システム (図 **1.7**) の完全な振る舞い (full behavior) $\mathcal{B}_f$ は,この分解に対応させて

$$\mathcal{B}_f = \mathcal{B}_1 \oplus \mathcal{B}_2 \oplus \mathcal{B}_3 \oplus \mathcal{B}_4$$

とおくことができる.ここで,各集合は

$\mathcal{B}_1 = $ 可制御モード (under determined)
$\mathcal{B}_2 = \{0\}$ 零に拘束されている変数 (over determined)
$\mathcal{B}_3 = t^j e^{\lambda_k t}$ の線形結合からなるモード (exponentially autonomous)
$\mathcal{B}_4 = \delta^{(k)}(t)$ の線形結合からなるモード (impulsively autonomous)

のように特徴付けることができる.これらを手掛かりにシステムを解析・分類することによって,制御系設計への手掛かりが得られる.

この分解に対する具体的な数値計算手法については,特異値分解を用いた方法が Dooren[42] により,また QZ 法を用いたアルゴリズムが Wilkinson[133]~[135] により提案されている.

A.7 特異値分解・行列のノルム

任意の行列 $A \in \mathbf{C}^{n \times m}(\mathbf{R}^{n \times m})$ は,式 (A.71) のように三つの行列 U, V, Σ の積に分解することができる.

$$A = U\Sigma V^T = [U_1 \ U_2] \begin{bmatrix} \tilde{\Sigma} & 0 \\ 0 & 0 \end{bmatrix} \begin{bmatrix} V_1^T \\ V_2^T \end{bmatrix} \tag{A.71}$$

ここで

$$U = [U_1\ U_2],\quad V = [V_1\ V_2],\quad U^T U = I_n,\quad V^T V = I_m \tag{A.72}$$

はユニタリ行列（正規直交行列），Σ は対角行列

$$\tilde{\Sigma} = \mathrm{diag}\{\sigma_1, \sigma_2, \cdots, \sigma_r\} \tag{A.73}$$

$$\sigma_1 \geqq \sigma_2 \geqq \cdots \geqq \sigma_r > 0$$

である．式 (A.71) の左辺から右辺への変換を**特異値分解**（singular value decomposition）と呼び，σ_i を行列 A の**特異値**（singular value）と呼ぶ．

この分解表現は**数値計算的に安定**（numerically stable）に得られるだけでなく，元の行列の構造的特徴量が抽出できるので，応用上非常に重要である．例えば，式 (A.71) が成り立つとき，行列 A の階数は非零の特異値の数であり

$$\mathrm{rank}\,A = r \tag{A.74}$$

である．像空間，零化空間，およびそれらの直交補空間の表現行列は

$$\mathbf{im}A = \mathbf{im}U_1 \tag{A.75}$$

$$\mathbf{ker}A = \mathbf{im}V_2 \tag{A.76}$$

$$(\mathbf{im}A)^\perp = \mathbf{im}U_2 \tag{A.77}$$

$$(\mathbf{ker}A)^\perp = \mathbf{im}V_1 \tag{A.78}$$

である．

また

$$U^T A = \begin{bmatrix} \tilde{\Sigma} V_1^T \\ 0 \end{bmatrix},\quad AV = \begin{bmatrix} U_1 \tilde{\Sigma} & 0 \end{bmatrix} \tag{A.79}$$

のように，U^T は行圧縮行列，V は列圧縮行列として利用できる（それぞれ式 (A.21) の $P^T = U^T$，式 (A.22) の $Q = V$ のように対応する）．

正方行列 A の行列式は

$$\det A = \sigma_1 \times \sigma_2 \cdots \times \sigma_r \cdots \times \sigma_n \tag{A.80}$$

となる．行列 A が正則でない場合（$\mathrm{rank}\,A = r < n$）には，$\sigma_{r+1} = \sigma_{r+2} = \cdots = 0$ なので，行列式の値は零である（$\det A = 0$）．

$A \in R^{n \times m}$ 行列を m 次元ユークリッド空間から n 次元ユークリッド空間への写像と見なしたとき，その写像の大きさ（induced-norm）をユークリッドノルムから誘導することができる．すなわち

$$\|A\|_\infty := \sup_{x \neq 0} \frac{\|Ax\|_2}{\|x\|_2} \tag{A.81}$$

で定義される．これは，最大特異値を用いて

$$\|A\|_\infty = \sigma_1 \ (= \bar{\sigma} = \sigma_{\max}) \tag{A.82}$$

で求められる．

これ以外にも，行列のノルムとしては

$$\|A\|_2 = \sqrt{\operatorname{trace} AA^T}$$
$$= \sqrt{\sum_{i=1}^{n} \sigma_i^2}$$
$$= \sqrt{\sum_{i=1}^{n} \lambda_i^2} \tag{A.83}$$

などがよく用いられる（フロベニウスのノルム）。ここで，trace は正方行列を対角成分の和に対応させる演算子である。このノルムは列ベクトルのユークリッドノルムの拡張になっている点に注意されたい。

A.8　連立1次方程式 $AX = B$ の解法

線形システム理論においてよく用いられる連立方程式の解法について述べる。$A \in \mathbf{R}^{n \times m}$，$B \in \mathbf{R}^{n \times r}$ を既知の行列として
$$AX = B \tag{A.84}$$
を満たす X を求める問題を考える。

(1) $n = m$ かつ $A \in \mathbf{R}^{n \times n}$ が正則の場合

A の逆行列 A^{-1} が存在し，唯一解 $X = A^{-1}B$ が求まる。実際の数値計算では，特異値分解，QR 分解，LU 分解など，正規直交行列や三角行列への分解を用いて，数値計算精度を向上させる工夫がなされている。

(2) $n < m$ かつ $A \in \mathbf{R}^{n \times m}$ が行フルランクの場合

$AY = 0$ を満たす $0 \neq Y \in \mathbf{R}^{m \times (m-n)}$ が必ず存在するので，X を式 (A.84) を満たす一つの解とすると
$$A(X + Y) = AX + AY = AX = B$$
となり，$X + Y$ も式 (A.84) を満たす解である。このように解が不定となるのが特徴である。A の特異値分解を
$$A = U \begin{bmatrix} \Sigma_n & 0 \end{bmatrix} \begin{bmatrix} V_1^T \\ V_2^T \end{bmatrix} \tag{A.85}$$
とすると
$$X = V_1 \Sigma_n^{-1} U^T B + V_2 Y, \quad Y \in \mathbf{R}^{(m-n) \times r} \text{は任意} \tag{A.86}$$
と表すことができる。特に $Y = 0$ のときは，$\|X\|$ を最小にするという意味での最小2乗解になっている。

(3) $n > m$ かつ $A \in \mathbf{R}^{n \times m}$ が列フルランクの場合

$$\mathrm{rank} \begin{bmatrix} A & B \end{bmatrix} = \mathrm{rank} A \tag{A.87}$$

であれば，A の行圧縮行列 $P^T \in \mathbf{R}^{n \times n}$ を用いて

$$P^T A = \begin{bmatrix} A_1 \\ 0 \end{bmatrix}, \quad P^T B = \begin{bmatrix} B_1 \\ 0 \end{bmatrix} \tag{A.88}$$

のように変形できる．したがって，式 (A.84) は

$$X = A^\dagger B = A_1^{-1} B_1 \tag{A.89}$$

のように一意に求まる．

式 (A.87) が成り立たない場合には，A の特異値分解

$$A = \begin{bmatrix} U_1 & U_2 \end{bmatrix} \begin{bmatrix} \Sigma_n \\ 0 \end{bmatrix} V^T \tag{A.90}$$

に対して

$$X = V \Sigma^{-1} U_1^T \tag{A.91}$$

が用いられる．これは $\|AX - B\|$ が最小になるという意味での最小 2 乗解である．

引用・参考文献

1) 足立修一：システム同定入門, システム情報学会編, 朝倉書店 (1994) ほか
2) 汐月哲夫：Implicit System Model への招待, 計測と制御, Vol. 36, No. 7, pp. 496–502 (1997)
3) Thomas Kailath: Linear Systems, Prentice-Hall (1980)
4) Kai-Tak Wong: "The eigenvalue problem $\lambda T_x + S_z$", Journal of differential equations 16, pp. 270–280 (1974)
5) W. Murray Wonham: *Linear multivariable control*, Springer (1979)
6) Milton B. Adams, Bernard C. Levy, Alan S. Willsky: "Linear smoothing for descriptor systems", *Proc. of 23rd CDC*, Las Vegas, WA1, pp. 1–6 (1984)
7) F. A. Aliev, V. B. Larin: "Generalized Lyapunov equation and factorization of matrix polynomials", *Systems and Control Letters*, Vol. 21, pp. 485–491 (1993)
8) Amit Ailon: "Disturbance decoupling with stability and impulse-free response in singular systems", *Systems and Control Letters*, Vol. 19, pp. 401–411 (1992)
9) B. D. O. Anderson, W. A. Coppel, D. J. Cullen: "Strong system equivalence (I)", *J. Australian Mathematical Society*, Ser. B27, pp. 194–222 (1985)
10) Masanao Aoki: "Control of large-scale dynamic systems by aggregation", *IEEE Trans. on Automatic Control*, Vol. AC-13, No. 3, pp. 246–253 (1968)
11) 青木俊久, 細江繁幸, 早川義一：中間標準形で記述されたシステムの構造可制御性, 計測自動制御学会論文集, Vol. 19, No. 8, pp. 628–635 (1983)
12) J. D. Aplevich: "Minimal representation of implicit linear systems", *Automatica*, Vol. 21, No. 3, pp. 259–269 (1985)
13) Vinicius A. Armentano: "The pencil (sE-A) and controllability-observability for generalized linear systems, A geometric approach", *Proc. of CDC*, Las Vegas, FA10, pp. 1507–1510 (1984)
14) A. Banaszuk, M. Kociecki, K. M. Przyluski: "Remark on controllability on implicit linear discrete-time systems", *Systems & Control Letters 10*, pp.

67–70 (1988)

15) Douglas J. Bender, Alan J. Laub: "The linear-quadratic optimal regulator for descriptor systems:discrete-time case", *Automatica* Vol. 23, No. 1, pp. 71–85 (1987)

16) Douglas J. Bender, Alan J. Laub: "The linear quadratic optimal regulators for descriptor systems", *IEEE Trans. on Automatic Control*, Vol. AC-32, No. 8, pp. 672–688 (1987)

17) Pierre Bernhard: "On singular implicit linear dynamical systems", *SIAM J. Control and Optimization*, Vol. 20, No. 5, pp. 612–633 (1982)

18) O. H. Bosgra, A. J. J. van der Weiden: "Realization in generalized state-space form for polynomial system matrices and the definitions of poles, zeros and decoupling zeros at infinity", *INT. J. Control*, Vol. 33, No. 3, pp. 393–411 (1981)

19) Stephen L. Campbell, Carl D. Meyer, Jr., Nicholas J. Rose: "Application of the Drazin inverse to linear systems of differential equations with singular constant coefficients", *SIAM J. of Applied Math.*, Vol. 31, No. 3, pp. 411–425 (1976)

20) Stephen L. Campbell: "Linear systems of differential equations with singular coefficients", *SIAM J. of Mathematical Analysis*, Vol. 6, pp. 1057–1066 (1977)

21) Stephen L. Campbell: "Singular systems of differential equations", Research notes in mathematic 40, Pitman (1980)

22) Stephen L. Campbell: "Singular systems of differential equations II", Research notes in mathematic 61, Pitman (1982)

23) S. L. Campbell: "On using orthogonal functions with singular systems", *IEE Proc.* Vol. 131, Pt-D, No. 6, pp. 267–268 (1984)

24) Stephen L. Campbell: "Nonlinear time-varying generalized state-space systems — An overview", *Proc. of 23rd CDC*, Las Vegas, WA9, pp. 268–273 (1984)

25) Stephen L. Campbell: "Index two linear time varying singular systems of differential equations", *Circuits, Systems, and Signal Processing*, Vol. 5, No. 1, pp. 97–107 (1986)

26) Stephen L. Campbell: "Local realizations of time varying descriptor systems", *Proc. of 26th CDC*, Los Angeles, pp. 1129–1130 (1987)

27) F. R. Chang and H. C. Chen: "The generalized Caly-Hamilton theorem for standard pencils", *Systems and Control Letters*, Vol. 18, pp. 179–182 (1992)

28) Hung-Chou Chen and Fan-Ren Chang: "Chained eigenstructure assignment for constant-ration proportional and derivative (CRPD) control law in controllable singular systems", *Systems and Control Letters*, Vol. 21, pp. 405–411 (1993)

29) L. Chisci and G. Zappa: "Square-root Kalman filtering of descriptor systems", *Systems and Control Letters*, Vol. 19, pp. 325–334 (1992)

30) M. A. Christodoulou, B. G. Mertzios: "Realization of singular systems via Markov parameters", *INT J. Control*, Vol. 42, No. 6, pp. 1433–1441 (1985)

31) J. Daniel Cobb: "Feedback and pole placement in descriptor variable systems", *INT J. Control*, Vol. 33, No. 6, pp. 1135–1146 (1981)

32) J. Daniel Cobb: "On the solutions of linear differential equations with singular coefficients", *Journal of differential equations 46*, pp. 310–323 (1982)

33) J. Daniel Cobb: "Descriptor variable systems and optimal state regulation", *IEEE Trans. on Automatic Control*, Vol. AC-28, No. 5, pp. 601–611 (1983)

34) J. Daniel Cobb: "Controllability, observability, and duality in singular systems", *IEEE Trans. on Automatic Control*, Vol. AC-29, No. 12, pp. 1076–1082 (1984)

35) J. Daniel Cobb: "Slow and fast stability in singular systems", *Proc. of 23rd CDC*, WA9, pp. 280–282 (1984)

36) J. Daniel Cobb: "Global analyticity of a geometric decomposition for linear singular perturbed systems", *Circuits, Systems, and Signal Processing*, Vol. 5, No. 1, pp. 139–152 (1986)

37) W. A. Coppel, D. J. Cullen: "Strong system equivalence (II)", *J. Australian Mathematical Society*, ser. B27, pp. 223–237 (1985)

38) Liyi Dai: "Observers for discrete singular systems", *IEEE Trans. on Automatic Control*, Vol. AC-33, No. 2, pp. 187–191 (1988)

39) Ahmet Dervisoglu, Charles A. Desoer: "Degenerate networks and minimal differential equation", *IEEE Trans. on Circuit and Systems*, Vol. CAS-22, No. 10, pp. 769–775 (1975)

40) S. Shankar Sastry, Charles A. Desoer: "Jump behavior of circuit and systems", *IEEE Trans. on Circuits and Systems*, Vol. CAS-28, No. 12, pp.

1109–1124 (1981)
41) Paul M. Dooren, Patrick Dewilde, Joos Vandewalle: "On the determination of the Smith-Macmillan form of a rational matrix form its Laurent expansion", *IEEE Trans. on Circuits and Systems*, Vol. CAS-26, No. 3, pp. 180–189 (1979)
42) P. van Dooren: "A generalized eigenvalue approach for solving Riccati equations", *SIAM J. SCI. STAT. COMPUT.*, Vol. 2, No. 2, pp. 121–135 (1981)
43) B. Dziurla, R. W. Newcomb: "A example of the continuous method of solving semistate equations", *Proc. of 23rd conference on Decision and control*, Las Vegas, NV, WA9, pp. 274–279 (1984)
44) B. Dziurla, R. W. Newcomb: "Nonregular Semistate systems: Examples and input-output paring", *Proc. of 26th CDC*, Los Angeles, TA11, pp. 1125–1128 (1987)
45) Mohammad El-Tohami, V. Lovass-Nagy, D. L. Powers: "On minimal-order inverses of discrete-time descriptor systems", *INT. J. Control*, Vol. 41, No. 4, pp. 991–1004 (1985)
46) Chun-Hsiung Fang, Fan-Ren Chang: "Analysis of stability robustness for generalized state-space systems with structured perturbations", *Systems and Control Letters*, Vol. 21, pp. 109–114 (1993)
47) Pedro M. G. Ferreira: "On system equivalence", *IEEE Trans. on Automatic Control*, Vol. AC-32, No. 7, pp. 619–621 (1987)
48) Alfred Fettweis: "On the algebraic derivation of the state equations", *IEEE Trans. on Circuit Theory*, Vol. CT-16, No. 2, pp. 171–175 (1969)
49) L. R. Fletcher, J. Kautsky, N. K. Nichols: "Eigenstructure assignment in descriptor systems", *IEEE Trans. on Automatic Control*, Vol. AC-31, No. 12, pp. 1138–1141 (1986)
50) B. A. Francis, K. Glover: "Bounded peaking in the optimal regulator with cheap control", *IEEE Trans. on Automatic Control*, AC-23, No. 4, pp. 608–617 (1978)
51) K. Furuta, A. Sano and D. Atherton: State space variables in automatic control, Wiley (1988)
52) F. R. Gantmacher: The theory of matrices, Chelsea (1959)
53) Gaynor E. Hayton, Paul Fretwell, Clive Pugh: "Fundamental equivalence of generalized state-space systems", *IEEE Trans. on Automatic Control*,

Vol. AC-31, No. 5, pp. 431–439 (1986)

54) 池田雅夫：Descriptor 形式に基づくシステム理論, 計測と制御, Vol. 24, No. 7, pp. 597–604 (1985)

55) Shintaro Ishijima: "On the approximation of inverse systems", *Proc. of DIGITAL TECHNIQUES in Simulation, Communication and Control*, IMACS, pp. 15–20 (1985)

56) N. Karcanias: "Regular state-space realizations of singular system control problems", *Proc. of 26th CDC*, Los Angeles, TA11, pp. 1144–1146 (1987)

57) S. Kawaji, T. Shiotsuki: "Model Reduction by Walsh Function Techniques", *Proc. of IMACS European Meeting on Digital Techniques in Simulation, Communication and Control*, pp. 1–7, Patras, Greece (1984)

58) S. Kawaji, T. Shiotsuki: "Model Reduction by Walsh Function Techniques", *Mathematics and Computers in Simulation*, Vol. 27, No. 5 & 6, pp. 479–484 (1985)

59) 児玉慎三, 池田雅夫：線形ダイナミカルシステムの表現について, 電子通信学会論文誌, Vol. 56-D, No. 10, pp. 553–560 (1973)

60) P. V. Kokotovic, H. K. Khalil, J. O'Reilly: Singular perturbation methods in control: analysis and design, Academic press (1986)

61) Vladimir Kucera: "Stationary LQG control of singular systems", *IEEE Trans. on Automatic Control*, Vol. AC-31, No. 1, pp. 31–39 (1986)

62) Thrasyvoulos Pappas, Alan J. Laub, Nils R. Sandell, Jr: "On the numerical solution of the discrete-time algebraic Riccati equation", *IEEE Trans. on Automatic Control*, Vol. AC-25, No. 4, pp. 631–641 (1980)

63) Frank L. Lewis: "Descriptor systems: Expanded descriptor equation and Markov parameters", *IEEE Trans. on Automatic Control*, Vol. AC-28, No. 5, pp. 523–627 (1983)

64) Frank L. Lewis: "Descriptor systems: Decomposition into forward and backward subsystems", *IEEE Trans. on Automatic control*, Vol. AC-29, No. 2, pp. 167–170 (1984)

65) F. Lewis: "Descriptor systems, Fundamental matrix, reachability and observability matrices, subspaces", *Proc. of CDC*, Las Vegas, WA9, pp. 293–298 (1984)

66) F. Lewis: "Fundamental reachability and observability matrices for discrete descriptor systems", *IEEE Trans. on Automatic control*, Vol. AC-30, pp.

502–505 (1985)
67) F. Lewis: "Preliminary notes on optimal control for singular systems", *Proc. of 24th CDC*, pp. 266–272 (1985)
68) F. L. Lewis: "A survey of linear singular systems", *Circuit Systems Signal Process*, Vol. 5, No. 1, pp. 3–36 (1986)
69) F. L. Lewis, B. G. Mertzios: "Analysis of singular systems using orthogonal functions", *IEEE Trans. on Automatic Control*, Vol. AC-32, No. 6, pp. 527–530 (1987)
70) F. L. Lewis: Recent work in singular systems, ISSS preprint (1987)
71) F. L. Lewis: "Subspace recursions and structure algorithms for singular systems", *Proc. of 26th CDC*, Los Angeles, pp. 1147–1150 (1987)
72) J. J. Loiseau: "Some geometric considerations about the Kronecker normal form", *INT. J. Control*, Vol. 42, No. 6, pp. 1411–1431 (1985)
73) David G. Luenberger: "Dynamic equations in descriptor form", *IEEE Trans. on Automatic Control*, Vol. AC-22, No. 3, pp. 312–321 (1977)
74) David G. Luenberger, Ami Arbel: "Notes and comments singular dynamic Leontief systems", *Econometrica*, Vol. 45, No. 4, pp. 991–995 (1977)
75) David G. Luenberger: "Non-linear descriptor systems", *Journal of Economic dynamics and control 1*, pp. 219–242 (1979)
76) Michel Malare: "More geometry about singular systems", *Proc. of 26th CDC*, Los Angeles, CA, TA11, pp. 1138–1141 (1987)
77) 松本孝裕, 池田雅夫：中間標準形表現に基づく構造可制御性, 計測自動制御学会論文誌, Vol. 19, No. 8, pp. 601–606 (1983)
78) B. G. Mertzios: "Leverrier's algorithm for singular systems", *IEEE Trans. on Automatic Control*, Vol. AC-29, No. 7, pp. 652–653 (1984)
79) B. G. Mertzios, M. A. Christodoulou: "Decoupling and pole-zero assignment of singular systems with dynamic state feedback", *Circuits, Systems, and Signal Processing*, Vol. 5, No. 1, pp. 49–68 (1986)
80) B. G. Mertzios, M. A. Christodoulou: "Decoupling and data sensitivity in singular systems", *IEE Proceedings*, Vol. 135, No. 2, pp. 106–110 (1988)
81) James K. Mills, Andrew A. Goldenberg: "Force and Position Control of Manipulators During Constrained Motion Tasks", *IEEE Trans. on Robotics and Automation*, Vol. 5, No. 1, pp. 30–46 (1984)
82) P. Misra: "Transfer function matrices of singular state space systems",

Proc. on the 27th CDC, Austin TX, pp. 2091–2092 (1988)

83) Marc Moonen, Bart De Moor, Jose Ramos: "A subspace identification algorithm for descriptor systems", Systems and Control Letters, Vol. 19, pp. 47–52 (1992)

84) V. Lovass-Nagy, R. Schilling, H. C. Yan: "A note on optimal control of generalized state-space (descriptor) systems", INT J. Control, Vol. 44, No. 3, pp. 613–624 (1986)

85) K. Nakata, M. Ikeda: ディスクリプタ表現に基づく最適制御, Proc. of the 32nd Annual Conference of Systems and Control, JAACE, pp. 401–402 (1988)

86) Robert W. Newcomb: "The semistate description of nonlinear time-variable circuit", IEEE Trans. on Circuit and systems, Vol. CAS-28, No. 1, pp. 62–71 (1981)

87) Robert W. Newcomb: "Semistate design theory, Binary and swept hysteresis", Circuits, Systems, and Singnal Processing, Vol. 1, No. 2, pp. 203–216 (1983)

88) Kadri Ozcaldiran: "Control of descriptor systems", Doctor thesis presented to Georgia Institute of Technology (1985)

89) Kadri Ozcaldiran: "A geometric characterization of the reachable and the controllable subspaces of descriptor systems", Circuits, Systems, and Signal Processing, Vol. 5, No. 1, pp. 37–48 (1986)

90) K. Oscaldiran, F. Lewis: "A geometric approach to eigenstructure assignment for singular systems", IEEE Trans. on Automatic Control, Vol. AC-32, No. 7, pp. 629–632 (1987)

91) Kadri Oscaldiran: "Geometric notes on descriptor systems", Proc. of 26th CDC, Los Angeles, pp. 1134–1137 (1987)

92) L. Pandolfi: "Controllability and stabilization for linear systems of algebraic and differential equations", Journal of optimization theory and application, Vol. 30, No. 4, pp. 601–620 (1980)

93) P. N. Paraskevopoulos: "Analysis of singular systems using orthogonal functions", IEE Proc., Vol. 131, Pt-D, No. 1, pp. 37–38 (1984)

94) P. N. Paraskevopoulas, M. A. Christodoulou, A. K. Boglu: "An algorithm for the computation of the transfer function matrix for singular systems", Automatica, Vol. 20, No. 2, pp. 259–260 (1984)

95) A. C. Pugh, G. E. Hayton, P. Fretwell: "Transformations of matrix pencils

and implications in linear systems theory", *INT. J. Control*, Vol. 45, No. 2, pp. 529–548 (1987)

96) Nicholas J. Rose: "The Laurent expansion of a generalized resolvent with some applications", *SIAM J. Math. Anal.*, Vol. 9, No. 4, pp. 751–758 (1978)

97) H. H. Rosenbrock: State-space and multivariable theory, Nelson (1970)

98) H. H. Rosenbrock: "Order, degree, and complexity", *INT J. Control*, Vol. 19, No. 2, pp. 323–331 (1974)

99) H. H. Rosenbrock, A. C. Pugh: "Contributions to a hierarchical theory of systems", *INT. J. Control*, Vol. 19, No. 5, pp. 845–867 (1974)

100) H. H. Rosenbrock: "Non-minimal LCR multiports", *INT. J. Control*, Vol. 20, No. 1, pp. 1–16 (1974)

101) H. H. Rosenbrock: "Structural properties of linear dynamical systems", *INT. J. control*, Vol. 20, No. 2, pp. 191–202 (1974)

102) V. R. Saksena, J. O'Reilly and P. V. Kokotovic: "Singular perturbations and timescale methods in control theory: survey 1976–1983", *Automatica*, Vol. 20, No. 3, pp. 273–293 (1984)

103) M. G. Safanov, R. Y. Chiang, D. J. N. Limbeer: "Hankel model reduction without balancing, A descriptor approach", *Proc. of the 26th CDC*, Los Angeles, pp. 112–117 (1987)

104) Mark A. Shayman: "On pole placement by dynamic compensation for descriptor systems", *Proc. of 26th CDC*, Los Angeles, CA, TA11, pp. 1131–1133 (1987)

105) 汐月哲夫, 川路茂保:ディスクリプタシステムにおける逆システムと最小実現, 第9回 Dynamical System Theory シンポジウム, 熊本 (1986)

106) 汐月哲夫, 川路茂保:ディスクリプタ表現された特異摂動系の極配置問題, 計測自動制御学会論文集, Vol. 24, No. 7, pp. 717–722 (1988)

107) 汐月哲夫, 川路茂保:純静的成分に着目したディスクリプタシステムの低次元化アルゴリズム, 計測自動制御学会論文集, Vol. 24, No. 10, pp. 1056–1063 (1988)

108) 汐月哲夫, 川路茂保, 楢橋祥一:ディスクリプタシステムに対するオブザーバの構成可能条件, 計測自動制御学会論文集, Vol. 24, No. 11, pp. 1201–1203 (1988)

109) T. Shiotsuki, S. Kawaji: "On a canonical form of descriptor systems", *Proc. on the 27th CDC*, Austin TX (1988)

110) 汐月哲夫, 川路茂保:ディスクリプタシステムの正準系-1入力可制御系の場合-, 第17回制御理論シンポジウム資料, pp. 31–34 (1988)

111) Richard F. Sincovec, Albert M. Erisman, Elizabeth L. Yip, Michael A. Epton: "Analysis of descriptor systems using numerical algorithms", *IEEE Trans. on Automatic control*, Vol. AC-26, No. 1, pp. 139–147 (1981)

112) Mark W. Spong: "A semistate approach to feedback stabilization of neutral delay systems", *Circuits, Systems, and Signal Processing*, Vol. 5, No. 1, pp. 69–85 (1986)

113) B. Stott: "Power System Response Dynamic Calculation", *Proc. IEEE*, Vol. 67, No. 2, pp. 219–241 (1979)

114) Shaohua Tan, Joos Vandewalle: "Irreducibility and joint controllability observability in singular systems", *Proc. of 26th CDC*, Los Angeles, TA10, pp. 1118–1123 (1987)

115) Shaohua Tan, Joos Vandewalle: "Canonical form under strong equivalence transformations and controllability indexes in singular systems", *IEEE Trans. on Automatic Control*, Vol. AC-35, No. 11, pp. 1438–1441 (1988)

116) G. E. Taylor, A. C. Pugh: "Equivalence of generalized state-space systems", New results Frequency Domain and State Space Methods for Linear Systems, C. I. Byrnes (Ed.), pp. 323–337 (1986)

117) James S. Thorp: "The singular pencil of a linear dynamical system", *INT. J. Control*, Vol. 18, No. 3, pp. 577–596 (1973)

118) Paul M. Van Dooren: "The generalized eigenstructure problem in linear system theory", *IEEE Trans. on Automatic Control*, Vol. AC-26, No. 1, pp. 111–129 (1981)

119) A. I. G. Vardulakis, D. N. J. Limebeer, N. Karcanias: "Structure and Smith-MacMillan form of a rational matrix at infinity", *INT. J. Control*, Vol. 35, No. 4, pp. 701–725 (1982)

120) George C. Verghese, Thomas Kailath: "Impulsive behavior in dynamical systems: Structure and significance", *MTNS preprint*, pp. 162–168 (1979)

121) George C. Verghese, Thomas Kailath: "Eigenvector chains for finite and infinite zeros of rational matrices", *IEEE CDC preprint*, pp. 1–2 (1979)

122) George C. Verghese, Bernard C. Levy, Thomas Kailath: "A generalized state-space for singular systems", *IEEE Trans. on Automatic Control*, Vol. AC-26, No. 4, pp. 811–831 (1981)

123) George C. Verghese: "Further notes on singular descriptions", *JACC '81 preprint*, TA-4B (1981)

124) Yeu-Yun Wang, Song-Jiao Shi, Zhong-Jun Zhang: "A descriptor system approach to singular perturbation of linear regulators", *IEEE Trans. on Automatic Control*, Vol. AC-33, No. 4, pp. 370–373 (1988)
125) A. J. J. van der Weiden, O. H. Bosgra: "The determination of structural properties of a linear multivariable system by operations of system similarity, Non-proper systems in generalized state-space form", *INT J. Control*, Vol. 32, No. 3, pp. 489–537 (1980)
126) Hua Xu and Koichi Mizukami: "Hamilton-Jacobi equation for descriptor systems", *Systems and Control Letters*, Vol. 21, pp. 321–327 (1993)
127) Takeo Yamada, David G. Luenberger: "Generic controllability theorems for descriptor systems", *IEEE Trans. on Automatic Control*, Vol. AC-30, No. 2, pp. 144–152 (1985)
128) Elizabeth L. Yip, Richard F. Sincovec: "Solvability, controllability, and observability of continuous descriptor systems", *IEEE Trans. on Automatic control*, Vol. AC-26, No. 3, pp. 702–707 (1981)
129) Mona Elwakkad Zaghloul, Robert W. Newcomb: "Semistate implementation: Differentiator example", *Circuits, Systems, and Signal Processing*, Vol. 5, No. 1, pp. 171–183 (1986)
130) 張 再雄, 池田雅夫, 汐月哲夫：ディスクリプタ方程式表現されたシステムの極指定, 計測自動制御学会論文集, Vol. 23, No. 3, pp. 314–316 (1987)
131) Zheng Zhou, Mark A. Shayman, Tzyh-Jong Tarn: "Singular systems: A new approach in the time domain", *IEEE Trans. on Automatic Control*, Vol. AC-32, No. 1, pp. 42–50 (1987)
132) Zadeh and Desoer: *Linear System Theory — The state space approach*, McGraw-Hill, Inc. (1963)
133) J.H. Wilkinson: *The Algebraic Eigenvalue Problem*, Oxford university Press (1965)
134) J.H. Wilkinson and C. Reinsch: *Linear Algebra, Vol.II of Handbook for Automatic Computation*, Springer Verlag (1971)
135) Rajni V. Patel, Alan J.Laub and Paul M. van Dooren(Ed.): *Numerical Linear Algebra Techniques for Systems and Control*, IEEE Press (1993)

演習問題の解答

1章

【1】 台車および振子を剛体と見なし，各剛体について運動方程式を立てる．

台車： x 軸方向
$$M\frac{d^2x}{dt^2} = -D_x\frac{dx}{dt} + u - f \tag{1}$$

y 軸方向　省略

振子： x 軸方向
$$m\frac{d^2}{dt^2}(x + l\sin(\theta)) = f \tag{2}$$

y 軸方向
$$m\frac{d^2}{dt^2}(l\cos(\theta)) = k - mg \tag{3}$$

重心まわり
$$J\frac{d^2\theta}{dt^2} = -D_\theta\frac{d\theta}{dt} + l(k\sin(\theta) - f\cos(\theta)) \tag{4}$$

$$\frac{d}{dt}(x + l\sin(\theta)) = \dot{x} + l\cos(\theta)\dot{\theta}$$

$$\frac{d}{dt}(l\cos(\theta)) = -l\sin(\theta)\dot{\theta}$$

$$\frac{d^2}{dt^2}(x + l\sin(\theta)) = \ddot{x} + l\cos(\theta)\ddot{\theta} - l\sin(\theta)\dot{\theta}^2$$

$$\frac{d^2}{dt^2}(l\cos(\theta)) = -l\sin(\theta)\ddot{\theta} - l\cos(\theta)\dot{\theta}^2$$

に注意すると，$(1)+(2)$ から
$$(M+m)\ddot{x} + ml\cos(\theta)\ddot{\theta} = -D_x\dot{x} + ml\sin(\theta)\dot{\theta}^2 + u$$

さらに，$(4) - (3) \times l\sin(\theta) + (2) \times l\cos(\theta)$ より
$$(J + ml^2)\ddot{\theta} + ml\cos(\theta)\ddot{x} = -D_\theta\dot{\theta} + mgl\sin(\theta)$$

これをまとめると，つぎの非線形微分方程式を得る．

$$\begin{bmatrix} M+m & ml\cos(\theta) \\ ml\cos(\theta) & J+ml^2 \end{bmatrix} \begin{bmatrix} \ddot{x} \\ \ddot{\theta} \end{bmatrix}$$
$$= \begin{bmatrix} -D_x & 0 \\ 0 & -D_\theta \end{bmatrix} \begin{bmatrix} \dot{x} \\ \dot{\theta} \end{bmatrix} + \begin{bmatrix} 0 \\ mgl\sin(\theta) \end{bmatrix}$$
$$+ \begin{bmatrix} ml\sin(\theta)\dot{\theta}^2 \\ 0 \end{bmatrix} + \begin{bmatrix} 1 \\ 0 \end{bmatrix} u \tag{A.1}$$

ここで，$(\theta, \dot{\theta}) = (0, 0)$ を平衡点とする線形近似モデルを導出する．平衡

点近傍における近似式 $\dot\theta^2 \approx 0$, $\cos\theta \approx 1$ および $\sin(\theta) \approx \theta$ を代入すると

$$\begin{bmatrix} M+m & ml \\ ml & J+ml^2 \end{bmatrix} \begin{bmatrix} \ddot x \\ \ddot\theta \end{bmatrix}$$
$$= \begin{bmatrix} -D_x & 0 \\ 0 & -D_\theta \end{bmatrix} \begin{bmatrix} \dot x \\ \dot\theta \end{bmatrix} + \begin{bmatrix} 0 & 0 \\ 0 & mgl \end{bmatrix} \begin{bmatrix} x \\ \theta \end{bmatrix} + \begin{bmatrix} 1 \\ 0 \end{bmatrix} u \quad \text{(A.2)}$$

これよりデスクリプタシステム

$$\begin{bmatrix} 1 & 0 & 0 & 0 \\ 0 & 1 & 0 & 0 \\ 0 & 0 & M+m & ml \\ 0 & 0 & ml & J+ml^2 \end{bmatrix} \begin{bmatrix} \dot x \\ \dot\theta \\ \ddot x \\ \ddot\theta \end{bmatrix}$$
$$= \begin{bmatrix} 0 & 0 & 1 & 0 \\ 0 & 0 & 0 & 1 \\ 0 & 0 & -D_x & 0 \\ 0 & mgl & 0 & -D_\theta \end{bmatrix} \begin{bmatrix} x \\ \theta \\ \dot x \\ \dot\theta \end{bmatrix} + \begin{bmatrix} 0 \\ 0 \\ 1 \\ 0 \end{bmatrix} u \quad \text{(A.3)}$$

を得る.一般に $M_x = (M+m)(J+ml^2) - m^2l^2 > 0$ と考えられるので,このシステムは状態空間表現型のデスクリプタシステムである($\Sigma_{\text{dsys-ss}}$).よって,左辺の係数行列の逆行列を左から掛けることにより,つぎの状態空間表現を得る.

$$\begin{bmatrix} \dot x \\ \dot\theta \\ \ddot x \\ \ddot\theta \end{bmatrix} = \begin{bmatrix} 0 & 0 & 1 & 0 \\ 0 & 0 & 0 & 1 \\ 0 & -\frac{m^2 gl^2}{M_X} & -\frac{(J+ml^2)D_x}{M_X} & \frac{mlD_\theta}{M_X} \\ 0 & \frac{(M+m)mgl}{M_X} & \frac{mlD_x}{M_X} & -\frac{(M+m)D_\theta}{M_X} \end{bmatrix} \begin{bmatrix} x \\ \theta \\ \dot x \\ \dot\theta \end{bmatrix}$$
$$+ \begin{bmatrix} 0 \\ 0 \\ \frac{(J+ml^2)}{M_X} \\ -\frac{ml}{M_X} \end{bmatrix} u \quad \text{(A.4)}$$

発展問題 1:台車の質量 M が振子に比べて極端に軽い場合($M \ll m$)には,状態方程式はどのようになるか.

発展問題 2:ラグランジェの運動方程式に基づいて,上記の状態方程式を導出せよ.

[2] 第 1 リンクの重心の位置,速度,加速度:

演習問題の解答

$$\begin{bmatrix} l_1 \sin(\theta_1) \\ l_1 \cos(\theta_1) \end{bmatrix} \xrightarrow{\frac{d}{dt}} \begin{bmatrix} l_1 \cos(\theta_1)\dot{\theta}_1 \\ -l_1 \sin(\theta_1)\dot{\theta}_1 \end{bmatrix}$$

$$\xrightarrow{\frac{d}{dt}} \begin{bmatrix} l_1 \cos(\theta_1)\ddot{\theta}_1 - l_1 \sin(\theta_1)\dot{\theta}_1^2 \\ -l_1 \sin(\theta_1)\ddot{\theta}_1 - l_1 \cos(\theta_1)\dot{\theta}_1^2 \end{bmatrix}$$

第2リンクの重心の位置, 速度, 加速度:

$$\begin{bmatrix} L_1 \sin(\theta_1) + l_2 \sin(\theta_1 + \theta_2) \\ L_1 \cos(\theta_1) + l_2 \cos(\theta_1 + \theta_2) \end{bmatrix}$$

$$\xrightarrow{\frac{d}{dt}} \begin{bmatrix} L_1 \cos(\theta_1)\dot{\theta}_1 + l_2 \cos(\theta_1 + \theta_2)(\dot{\theta}_1 + \dot{\theta}_2) \\ -L_1 \sin(\theta_1)\dot{\theta}_1 - l_2 \sin(\theta_1 + \theta_2)(\dot{\theta}_1 + \dot{\theta}_2) \end{bmatrix}$$

$$\xrightarrow{\frac{d}{dt}} \begin{bmatrix} L_1 \cos(\theta_1)\ddot{\theta}_1 + l_2 \cos(\theta_1 + \theta_2)(\ddot{\theta}_1 + \ddot{\theta}_2) \\ -L_1 \sin(\theta_1)\dot{\theta}_1^2 - l_2 \sin(\theta_1 + \theta_2)(\dot{\theta}_1 + \dot{\theta}_2)^2 \\ -L_1 \sin(\theta_1)\ddot{\theta}_1 - l_2 \sin(\theta_1 + \theta_2)(\ddot{\theta}_1 + \ddot{\theta}_2) \\ -L_1 \cos(\theta_1)\dot{\theta}_1^2 - l_2 \cos(\theta_1 + \theta_2)(\dot{\theta}_1 + \dot{\theta}_2)^2 \end{bmatrix}$$

を用いて各リンクの x 軸方向, y 軸方向および重心まわりの動力学的つり合いを考えると, 以下の運動方程式を得る。

$$m_1(l_1 \cos(\theta_1)\ddot{\theta}_1 - l_1 \sin(\theta_1)\dot{\theta}_1^2) = k_x - f_x \tag{A.5}$$

$$m_1(-l_1 \sin(\theta_1)\ddot{\theta}_1 - l_1 \cos(\theta_1)\dot{\theta}_1^2) = k_y - f_y \tag{A.6}$$

$$J_1\ddot{\theta}_1 = \tau_1 - D_1\dot{\theta}_1 - k_x l_1 \cos(\theta_1) + k_y l_1 \sin(\theta_1)$$
$$-\tau_2 + D_2\dot{\theta}_2 - f_x(L_1 - l_1)\cos(\theta_1) + f_y(L_1 - l_1)\sin(\theta_1) \tag{A.7}$$

$$m_2(L_1 \cos(\theta_1)\ddot{\theta}_1 + l_2 \cos(\theta_1 + \theta_2)(\ddot{\theta}_1 + \ddot{\theta}_2)$$
$$-L_1 \sin(\theta_1)\dot{\theta}_1^2 - l_2 \sin(\theta_1 + \theta_2)(\dot{\theta}_1 + \dot{\theta}_2)^2) = f_x \tag{A.8}$$

$$m_2(-L_1 \sin(\theta_1)\ddot{\theta}_1 - l_2 \sin(\theta_1 + \theta_2)(\ddot{\theta}_1 + \ddot{\theta}_2)$$
$$-L_1 \cos(\theta_1)\dot{\theta}_1^2 - l_2 \cos(\theta_1 + \theta_2)(\dot{\theta}_1 + \dot{\theta}_2)^2) = f_y \tag{A.9}$$

$$J_2(\ddot{\theta}_1 + \ddot{\theta}_2) = \tau_2 - D_2\dot{\theta}_2 - f_x l_2 \cos(\theta_1 + \theta_2) + f_y l_2 \sin(\theta_1 + \theta_2) \tag{A.10}$$

ここで, 記号を $\sin(\theta_1) = s_1$, $\cos(\theta_1) = c_1$, $\sin(\theta_2) = s_2$, $\cos(\theta_2) = c_2$, $\sin(\theta_1 + \theta_2) = s_{12}$, $\cos(\theta_1 + \theta_2) = c_{12}$ と略記し

$$\begin{bmatrix} -c_1 & s_1 \end{bmatrix} \begin{bmatrix} c_{12} & s_{12} \\ -s_{12} & c_{12} \end{bmatrix} = \begin{bmatrix} -c_2 & s_2 \end{bmatrix}$$

に注意すると

$$m_1 l_1 \begin{bmatrix} c_1 \\ -s_1 \end{bmatrix} \ddot{\theta}_1 = m_1 l_1 \begin{bmatrix} s_1 \\ c_1 \end{bmatrix} \dot{\theta}_1^2 + \begin{bmatrix} k_x \\ k_y \end{bmatrix} - \begin{bmatrix} f_x \\ f_y \end{bmatrix} \tag{A.11}$$

$$J_1\ddot{\theta}_1 = \tau_1 - D_1\dot{\theta}_1 + l_1 \begin{bmatrix} -c_1 & s_1 \end{bmatrix} \begin{bmatrix} k_x \\ k_y \end{bmatrix} \quad (A.12)$$

$$m_2 L_1 \begin{bmatrix} c_1 \\ -s_1 \end{bmatrix} \ddot{\theta}_1 + m_2 l_2 \begin{bmatrix} c_{12} \\ -s_{12} \end{bmatrix} \ddot{\theta}_{12}$$

$$= m_2 L_1 \begin{bmatrix} s_1 \\ c_1 \end{bmatrix} \dot{\theta}_1^2 + m_2 l_2 \begin{bmatrix} s_{12} \\ c_{12} \end{bmatrix} \dot{\theta}_{12}^2 + \begin{bmatrix} f_x \\ f_y \end{bmatrix} \quad (A.13)$$

$$J_2\ddot{\theta}_{12} = \tau_2 - D_2\dot{\theta}_2 + l_2 \begin{bmatrix} -c_{12} & s_{12} \end{bmatrix} \begin{bmatrix} f_x \\ f_y \end{bmatrix} \quad (A.14)$$

$$\frac{d}{dt}(x + l\sin(\theta)) = \dot{x} + l\cos(\theta)\dot{\theta}$$

[3] (a)

$$\frac{d}{dt}\begin{bmatrix} x \\ u \end{bmatrix} = \begin{bmatrix} A & B \\ 0 & 0 \end{bmatrix}\begin{bmatrix} x \\ u \end{bmatrix} + \begin{bmatrix} 0 \\ I \end{bmatrix} v$$

$$y = \begin{bmatrix} C & D \end{bmatrix}\begin{bmatrix} x \\ u \end{bmatrix}$$

$$\frac{d}{dt}\begin{bmatrix} x \\ \eta \end{bmatrix} = \begin{bmatrix} A & 0 \\ C & 0 \end{bmatrix}\begin{bmatrix} x \\ \eta \end{bmatrix} + \begin{bmatrix} B \\ D \end{bmatrix} u$$

$$\eta = \begin{bmatrix} 0 & I \end{bmatrix}\begin{bmatrix} x \\ \eta \end{bmatrix}$$

(b)

$$\frac{d}{dt}\begin{bmatrix} x_1 \\ x_2 \end{bmatrix} = \begin{bmatrix} A_1 & 0 \\ 0 & A_2 \end{bmatrix}\begin{bmatrix} x_1 \\ x_2 \end{bmatrix} + \begin{bmatrix} B_1 & 0 \\ 0 & B_2 \end{bmatrix}\begin{bmatrix} u_1 \\ u_2 \end{bmatrix}$$

$$e = \begin{bmatrix} C_1 & -C_2 \end{bmatrix}\begin{bmatrix} x_1 \\ x_2 \end{bmatrix} + \begin{bmatrix} D_1 & -D_2 \end{bmatrix}\begin{bmatrix} u_1 \\ u_2 \end{bmatrix}$$

(c)

$$\frac{d}{dt}\begin{bmatrix} x_1 \\ x_2 \\ \eta \end{bmatrix} = \begin{bmatrix} A_1 & 0 & 0 \\ 0 & A_2 & 0 \\ C_1 & -C_2 & 0 \end{bmatrix}\begin{bmatrix} x_1 \\ x_2 \\ \eta \end{bmatrix} + \begin{bmatrix} B_1 & 0 \\ 0 & B_2 \\ D_1 & -D_2 \end{bmatrix}\begin{bmatrix} u_1 \\ u_2 \end{bmatrix}$$

$$\eta = \begin{bmatrix} 0 & 0 & I \end{bmatrix}\begin{bmatrix} x_1 \\ x_2 \\ \eta \end{bmatrix}$$

(d)
$$\frac{d}{dt}\begin{bmatrix} x_1 \\ x_2 \\ x_3 \end{bmatrix} = \begin{bmatrix} A_1 & 0 & 0 \\ B_2C_1 & A_2 & 0 \\ B_3C_1 & 0 & A_3 \end{bmatrix}\begin{bmatrix} x_1 \\ x_2 \\ x_3 \end{bmatrix} + \begin{bmatrix} B_1 & 0 \\ B_2D_1 & B_2 \\ B_3D_1 & 0 \end{bmatrix}\begin{bmatrix} u \\ w \end{bmatrix}$$

$$\begin{bmatrix} y_1 \\ y_2 \\ y_3 \end{bmatrix} = \begin{bmatrix} C_1 & 0 & 0 \\ D_2C_1 & C_2 & 0 \\ D_3C_1 & 0 & C_3 \end{bmatrix}\begin{bmatrix} x_1 \\ x_2 \\ x_3 \end{bmatrix} + \begin{bmatrix} D_1 & I \\ D_2D_1 & D_2 \\ D_3D_1 & 0 \end{bmatrix}\begin{bmatrix} u \\ w \end{bmatrix}$$

(e)
$$\begin{bmatrix} \dot{x}_1 \\ \dot{x}_2 \\ \dot{x}_3 \end{bmatrix} = \begin{bmatrix} A_1 & 0 & 0 \\ B_2C_1 & A_2 & 0 \\ B_3C_1 & 0 & A_3 \end{bmatrix}\begin{bmatrix} x_1 \\ x_2 \\ x_3 \end{bmatrix} + \begin{bmatrix} B_1 \\ B_2D_1 \\ B_3D_1 \end{bmatrix}u + \begin{bmatrix} 0 \\ B_2 \\ 0 \end{bmatrix}w$$

$$\begin{bmatrix} y_1 \\ y_2 \\ y_3 \end{bmatrix} = \begin{bmatrix} C_1 & 0 & 0 \\ D_2C_1 & C_2 & 0 \\ D_3 & 0 & C_3 \end{bmatrix}\begin{bmatrix} x_1 \\ x_2 \\ x_3 \end{bmatrix} + \begin{bmatrix} D_1 \\ D_2D_1 \\ D_3D_1 \end{bmatrix}u + \begin{bmatrix} I \\ D_2 \\ 0 \end{bmatrix}w$$

(f)
$$\begin{bmatrix} \dot{x}_1 \\ \dot{x}_2 \\ \dot{x}_3 \end{bmatrix} = \begin{bmatrix} A_1 & 0 & 0 \\ 0 & A_2 & 0 \\ 0 & 0 & A_3 \end{bmatrix}\begin{bmatrix} x_1 \\ x_2 \\ x_3 \end{bmatrix} + \begin{bmatrix} B_1 \\ B_2 \\ B_3 \end{bmatrix}u + \begin{bmatrix} B_1 \\ B_2 \\ 0 \end{bmatrix}w$$

$$\begin{bmatrix} y_1 \\ y_2 \\ y_3 \end{bmatrix} = \begin{bmatrix} C_1 & 0 & 0 \\ 0 & C_2 & 0 \\ 0 & 0 & C_3 \end{bmatrix}\begin{bmatrix} x_1 \\ x_2 \\ x_3 \end{bmatrix} + \begin{bmatrix} D_1 \\ D_2 \\ D_3 \end{bmatrix}u + \begin{bmatrix} D_1 \\ D_2 \\ 0 \end{bmatrix}w$$

【4】 解図 1.1 のような RLC 並列回路と対応させると，解表 1.1 のような対応関係が導かれる。

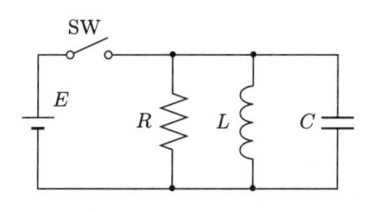

解図 1.1　RLC 並列回路

解表 1.1 電気系と力学系のアナロジー（電流 – 力対応）

電気系	力学系
電流 i 〔A〕	力 f 〔N〕
電圧 v 〔V〕	速度 v 〔m/s〕
誘導性 L 〔H〕	コンプライアンス $\frac{1}{K}$ 〔s^2/kg〕
容量性 $\frac{1}{C}$ 〔F〕	質量 M 〔kg〕
抵抗 R 〔Ω〕	(粘性摩擦)$^{-1}$ $\frac{1}{D}$ 〔s/kg〕

【5】 省略

【6】 1) (a)

$$\begin{bmatrix} u(t) \\ y(t) \end{bmatrix} = \begin{bmatrix} s^2 + 3s + 2 \\ s + 1 \end{bmatrix} \eta(t), \quad \text{ただし,} \quad s = \frac{d}{dt}$$

(b)

$$\begin{bmatrix} 1 & 0 & 0 \\ 0 & 1 & 0 \\ 0 & 0 & 0 \end{bmatrix} \begin{bmatrix} \dot{x}_0 \\ \dot{x}_1 \\ \dot{x}_2 \end{bmatrix} = \begin{bmatrix} 0 & 1 & 0 \\ 0 & 0 & 1 \\ 2 & 3 & 1 \end{bmatrix} \begin{bmatrix} x_0 \\ x_1 \\ x_2 \end{bmatrix} + \begin{bmatrix} 0 \\ 0 \\ -1 \end{bmatrix} u$$

$$y = \begin{bmatrix} 1 & 1 & 0 \end{bmatrix} \begin{bmatrix} x_0 \\ x_1 \\ x_2 \end{bmatrix}$$

(c)

$$\begin{bmatrix} \dot{x}_0 \\ \dot{x}_1 \end{bmatrix} = \begin{bmatrix} 0 & 1 \\ -2 & -3 \end{bmatrix} \begin{bmatrix} x_0 \\ x_1 \end{bmatrix} + \begin{bmatrix} 0 \\ 1 \end{bmatrix} u$$

$$y = \begin{bmatrix} 1 & 1 \end{bmatrix} \begin{bmatrix} x_0 \\ x_1 \end{bmatrix}$$

2) (a)

$$\begin{bmatrix} u(t) \\ y(t) \end{bmatrix} = \begin{bmatrix} s^2 + 3s + 2 \\ s^2 + s + 1 \end{bmatrix} \eta(t)$$

(b)

$$\begin{bmatrix} 1 & 0 & 0 \\ 0 & 1 & 0 \\ 0 & 0 & 0 \end{bmatrix} \begin{bmatrix} \dot{x}_0 \\ \dot{x}_1 \\ \dot{x}_2 \end{bmatrix} = \begin{bmatrix} 0 & 1 & 0 \\ 0 & 0 & 1 \\ 2 & 3 & 1 \end{bmatrix} \begin{bmatrix} x_0 \\ x_1 \\ x_2 \end{bmatrix} + \begin{bmatrix} 0 \\ 0 \\ -1 \end{bmatrix} u$$

$$y = \begin{bmatrix} 1 & 1 & 1 \end{bmatrix} \begin{bmatrix} x_0 \\ x_1 \\ x_2 \end{bmatrix}$$

(c)
$$\begin{bmatrix} \dot{x}_0 \\ \dot{x}_1 \end{bmatrix} = \begin{bmatrix} 0 & 1 \\ -2 & -3 \end{bmatrix} \begin{bmatrix} x_0 \\ x_1 \end{bmatrix} + \begin{bmatrix} 0 \\ 1 \end{bmatrix} u$$

$$y = \begin{bmatrix} -1 & -2 \end{bmatrix} \begin{bmatrix} x_0 \\ x_1 \end{bmatrix} + u$$

3) (a)
$$\begin{bmatrix} u(t) \\ y(t) \end{bmatrix} = \begin{bmatrix} s^2 + 3s + 2 \\ s^3 + s^2 + s + 1 \end{bmatrix} \eta(t)$$

(b)
$$\begin{bmatrix} 1 & 0 & 0 & 0 \\ 0 & 1 & 0 & 0 \\ 0 & 0 & 1 & 0 \\ 0 & 0 & 0 & 0 \end{bmatrix} \begin{bmatrix} \dot{x}_0 \\ \dot{x}_1 \\ \dot{x}_2 \\ \dot{x}_3 \end{bmatrix} = \begin{bmatrix} 0 & 1 & 0 & 0 \\ 0 & 0 & 1 & 0 \\ 0 & 0 & 0 & 1 \\ 2 & 3 & 1 & 0 \end{bmatrix} \begin{bmatrix} x_0 \\ x_1 \\ x_2 \\ x_3 \end{bmatrix}$$

$$+ \begin{bmatrix} 0 \\ 0 \\ 0 \\ -1 \end{bmatrix} u$$

$$y = \begin{bmatrix} 1 & 1 & 1 & 1 \end{bmatrix} \begin{bmatrix} x_0 \\ x_1 \\ x_2 \\ x_3 \end{bmatrix}$$

(c) 状態空間表現に変換不可

【7】省略

【8】省略

2章

【1】2項定理 $(a+b)^n = \sum_{k=0}^{n} \begin{pmatrix} n \\ k \end{pmatrix} a^k b^{(n-k)}$ を式 (2.1) に適用して，簡単な計算により確かめられる．$X = At_1$, $Y = At_2$ とおくと，$XY = YX$ が成り立つので，$\Phi_A(t_1)\Phi_A(t_2) = e^{At_1} e^{At_2} = e^{At_1 + At_2} = e^{A(t_1+t_2)} =$

$\Phi_A(t_1+t_2)$ となる（性質(3)）。$t_1=0$ とおくと，$\Phi_A(0)\Phi_A(t_2)=\Phi_A(0+t_2)=\Phi_A(t_2)$ となるので，$\Phi_A(0)=I$ である（性質(1)）。$t_2=-t_1$ とおくと，$\Phi_A(t_1)\Phi_A(-t_1)=\Phi_A(t_1+(-t_1))=\Phi_A(0)=I$ となるので，$\Phi_A(-t)=\Phi_A^{-1}(t)$ である（性質(2)）。また，$\dfrac{d}{dt}\Phi_A(t)=\lim_{h\to 0}\dfrac{\Phi_A(t+h)-\Phi_A(t)}{h}=\lim_{h\to 0}\dfrac{\Phi_A(h)-I}{h}\Phi_A(t)=A\Phi_A(t)$ となる（性質(4)）。

[2] 省略

[3] 省略

[4] 省略

[5] 省略

[6] 省略

[7] MATLAB による式 (2.44) の計算プログラム例を示す。

```
%%%%%   インパルス応答計算プログラム例：   %%%%%
1:   A = [ <データ> ];                    % システムの定義
2:   B = [ <データ> ];
3:   C = [ <データ> ];
4:   D = [ <データ> ];
5:   t = 0:0.05:10;                      % 時間軸の定義
6:   y = zeros(size(t));
7:   for k=1:length(t),
8:       y(k) = C * expm(A*t(k)) * B ;   % 式 (2.44)
9:   end
10:  plot(t,y)                           % グラフを描く
```

[8] MATLAB による式 (2.48) の計算プログラム例を示す。

```
%%%%   ステップ応答計算プログラム例：   %%%%
% システムパラメータ (A,B,C,D) は定義済みとする。
1:   n = size(A,1);                      % システムの次数
2:   t = 0:0.05:10;                      % 時間軸の定義
3:   u0 = 1;                             % ステップ入力の定義
4:   u = ones(size(t)) * u0;
5:   y = zeros(size(t));
6:   for k=1:length(t),
7:       y(k) = (C*inv(A)*(expm(A*t(k))-eye(n))*B+D)*u0 ;
```

```
 8:                                  % 式(2.48)
 9: end
10: plot(t,y,t,u)                    % グラフを描く
```

3章

【1】 省略

【2】

$$\frac{d}{dt}\left(e^{\sigma t}\begin{bmatrix} \cos(\omega t) & \sin(\omega t) \\ -\sin(\omega t) & \cos(\omega t) \end{bmatrix}\right)$$

$$= \sigma e^{\sigma t}\begin{bmatrix} \cos(\omega t) & \sin(\omega t) \\ -\sin(\omega t) & \cos(\omega t) \end{bmatrix}$$

$$+ \omega e^{\sigma t}\begin{bmatrix} -\sin(\omega t) & \cos(\omega t) \\ -\cos(\omega t) & -\sin(\omega t) \end{bmatrix}$$

$$= \begin{bmatrix} \sigma & \omega \\ -\omega & \sigma \end{bmatrix} e^{\sigma t} \begin{bmatrix} \cos(\omega t) & \sin(\omega t) \\ -\sin(\omega t) & \cos(\omega t) \end{bmatrix}$$

より明らか。

【3】 $0 \leq \zeta \leq 1$, $\omega_n \geq 0$ が与えられた場合の MATLAB による計算プログラム例を示す。

```
        %%%%    単純複素固有値をもつシステムの初期値応答    %%%%
 1: zeta    = 0.8;                   % ダンピング係数
 2: w_n     =  1;                    % 自然固有角周波数
 3: sigma   = -zeta * w_n ;          % 固有値の実数部
 4: omega   = w_n * sqrt(1-zeta*zeta);  % 固有値の虚数部
 5: A = [ sigma omega; -omega sigma ];  % システムの定義
 6: C = eye(2);
 7: sys = ss(A,[],C,[]);
 8: x0 = [ 1 0 ]';                   % 初期状態
 9: t = 0:0.05:10;                   % 時間軸
10: y = initial(sys,x0,t);
11: figure(1)
12: plot(t,y);
13: figure(2)
14: plot(y(:,1),y(:2))
15: axis equal
```

【4】 (a) $V = \begin{bmatrix} 2 & 1 \\ 1 & 1 \end{bmatrix}$, $\Lambda = \begin{bmatrix} -1 & 0 \\ 0 & -2 \end{bmatrix}$

(b) $V = \begin{bmatrix} 1 & 2 & 1 \\ -1 & -4 & -3 \\ -1 & 1 & 3 \end{bmatrix}$, $\Lambda = \begin{bmatrix} -1 & 0 & 0 \\ 0 & -2 & 0 \\ 0 & 0 & -3 \end{bmatrix}$

(c) $V = \begin{bmatrix} 1 & \alpha \\ -1 & 1-\alpha \end{bmatrix}$, $\Lambda = \begin{bmatrix} -6 & 1 \\ 0 & -6 \end{bmatrix}$, ただし α は任意。

(d) $V = \begin{bmatrix} 2 & 0 & 2 \\ 1 & 2 & 0 \\ 1 & 1 & -1 \end{bmatrix}$, $\Lambda = \begin{bmatrix} -3 & 0 & 0 \\ 0 & -3 & 3 \\ 0 & -3 & -3 \end{bmatrix}$

【5】 省略

【6】 省略

4章

【1】 すべて正則ペンシルである。各モードの次数は（指数モード，純静的モード，インパルスモード）の順に

(1) (0,0,2), (2) (1,1,0), (3) (1,1,0), (4) (2,1,0), (5) (1,0,2), (6) (0,0,3)

クロネッカ分解については解答省略。

【2】 省略

5章

【1】 $T = \begin{bmatrix} 1 & 0 \\ -1/b_1 & 1/b_2 \end{bmatrix}$ とおいて，座標変換 (2.61) を施すと

$$(A, B) = \left(\begin{bmatrix} a_1 & 0 \\ 0 & a_2 \end{bmatrix}, \begin{bmatrix} b_1 \\ 0 \end{bmatrix} \right)$$

となり，(F) に帰着する。

【2】 省略

索 引

【あ】

アナロジー
　電気系と力学系の―― 14
安定性
　指数―― 93
　システムの―― 90
　内部―― 88
　――の定量的評価 92
　モードの―― 88

【い】

位　相 58
因果性 46
陰形式 5
インタラクタ 171
インデックス1型 7, 101
インパルス応答 55
インパルス型 9
インパルス的振る舞い 105
インプリシットシステム 5

【お】

応　答
　インパルス―― 55
　過渡―― 57
　強制―― 45
　自然―― 45
　自由―― 45
　周波数―― 56
　ステップ―― 56
　定常―― 57
　零初期値―― 45
　零入力―― 45
オートノマス系 3, 80

【か】

可安定性 131
可観測 136
　――行列 137
　――対 137
　――部分空間 144
　――モード行列 137
可観測性
　グラム行列 137
　――の定義 136
　――の定量的評価 148
拡張固有
　――ベクトル 69
　――モード 69, 123, 141
　――モードの振る舞い 85
可検出性 148
重ね合わせの理 48
可制御
　――行列 119
　――対 119
　――部分空間 126, 151
　――モード 125
　――モード行列 120
可制御性
　完全―― 118
　――グラム行列 119, 134
　状態の―― 118
　――の定義 118
　――の定量的評価 132
可到達性 131
過渡応答 57
空行列 3, 163, 188
干　渉 58
観測器正準系 22, 142

【き】

記述変数 6, 11
逆システム 38, 169, 171
強制応答 45
行　列
　安定―― 90
　可制御―― 119
　空―― 3, 163, 165, 188
　――指数関数 43
　システム―― 162
　正規直交―― 133
　――の固有値 62
　――の固有ベクトル 62
　――の対角化 76
　――のブロック対角化 76
　――のモード分解 77
　反安定―― 90
　不安定―― 90
　フルビッツ―― 90
　べき零―― 101, 162
　リゾルベント―― 53
極配置可能性 128, 145
極零相殺 166

【く】

クロネッカ分解 97, 162, 170, 173

【け】

ゲイン 58
ケーリーハミルトンの公式 54, 120, 122, 138, 140
結　合
　出力注入―― 37

索引

出力フィードバック ―― 30
状態フィードバック ―― 35
直列 ―― 28
ネットワーク ―― 33
並列 ―― 29
厳密プロパ 50

【こ】

固有値 62
固有ベクトル 62
コレスキー分解 153
コンパニオン行列 79

【さ】

最適レギュレータ問題 176
座標変換 59, 77, 96

【し】

時間領域 51
指数安定 93
指数モード 100
システム
　因果的 ―― 46
　―― 行列 162
　厳密にプロパな ―― 50
　時不変 ―― 49
　時変 ―― 49
　線形 ―― 48
　線形時不変 ―― 49
　デスクリプタ ―― 6
　動的 ―― 46
　―― の安定性 90
　―― の次数 2
　―― の動的次数 2, 7
　―― のパラメータ 2
　―― の振る舞い 11
　―― のモデル 11
　非プロパな ―― 50
　プロパな ―― 50
　むだ時間 ―― 47
　有限次元 ―― 54
　有限次元線形時不変 ―― 50
自然応答 45

シヌソイド波 56
シフト不変性 49
時不変システム 49
時不変性 49
自由応答 45
周波数応答 56
　―― 関数 56
周波数領域 51
縮退固有モードの振る舞い 87
縮退モード 72, 123, 141
出力注入 145
出力注入結合 37
出力フィードバック結合 30
出力変数 1
出力方程式 2
出力零化 161, 180
出力零化モード 162
条件数 132, 148
状態空間表現 1
状態空間表現型 7
状態遷移行列 44
状態フィードバック
35, 128, 173
状態変数 1
状態方程式 2
状態方程式の解 44
ジョルダンブロック 69

【す】

ステップ応答 56

【せ】

制御器正準系 20, 124
正準構造定理 151
正則変換 96
正則ペンシル 6
線形行列不等式 90
線形時不変システム 49
線形性 48

【そ】

像空間表現 20
相対次数 171

双対 145
双対システム 180

【た】

代数リカッチ方程式 179
畳み込み積分表現 55
多入出力系 3
単純実固有モード
65, 122, 140
単純実固有モードの振る舞い
82
単純複素固有モード
67, 123, 141
単純複素固有モードの
　振る舞い 83

【ち】

直列結合 28

【て】

定常応答 57
定常ゲイン 56
デスクリプタシステム
6, 96, 173
　インデックス1型の ―― 7
　インパルス型の ―― 9
　オートノマス ―― 99
　状態空間表現型の ―― 7
　特異ペンシル型の ―― 6
　―― のインデックス
101, 116
　―― のインパルス指数 101
　―― のインパルスモード
109
　―― の解 99, 112
　―― の状態遷移行列 108
　―― のワイエルストラス
標準形 98
デスクリプタ変換行列 6, 11
デルタ関数 45, 104
電気系 12
伝達関数行列 51, 79

索引　225

【と】

ドイルの記号	53
動的システム	46
特異値	132, 148
特異値分解	153
特異ペンシル	6, 162
特異ペンシル型	6
特性多項式	53, 78

【な】

内部安定	88
内部モデル原理	168

【に】

入力変数	1

【ね】

ネットワーク結合	33

【は】

ハミルトン方程式	178
バンデルモンド行列	80

【ひ】

非最小実現	161
非線形システム	24
非プロパ	50
微分方程式	
非線形――	24
n 階――	19

【ふ】

ファディーブのアルゴリズム	53
不可観測	136, 142
――部分空間	144, 151
――モード	143, 146, 161
不可制御	118, 124
――部分空間	126
――モード	161
不可到達	131

部分空間

可観測――	144
可制御――	126, 151
不可観測――	144, 151
不変部分空間	81, 127, 144
振る舞い	
安定な――	88
拡張固有モードの――	85
縮退固有モードの――	87
単純実固有モードの――	82
単純複素固有モードの――	83
不連続性	105
ブロック線図	4
プロパ	50
――近似	171
厳密に――	50
バイ――	171
非――	50
分解	
クロネッカ――	97, 162, 170, 173
コレスキー――	153
特異値――	153

【へ】

平衡実現	153
並列結合	29
べき零指数	101
変換	
正則――	96
ペンシル	6
正則――	6
特異――	6, 162
変数	
出力――	1
状態――	1
デスクリプタ――	6
入力――	1

【ほ】

補空間	151

【ま】

マルコフパラメータ	54

【む】

無限周波数モード	98, 174
むだ時間システム	47

【も】

モード	62
拡張固有――	69
可制御――	125
指数――	100
縮退――	72
出力零化――	162
静的――	104
代数的――	104
単純実固有――	65
単純複素固有――	67
――の完備性	63
不可観測――	143, 146
不可制御――	129
――分解	154
――方程式	62, 75
無限周波数――	98, 174
無限零点――	164
有限周波数――	98, 100, 174
有限零点――	163
モード行列	
可制御――	120
モデリング	11
モデルの低次元化	154

【ゆ】

有限次元線形時不変システム	50
有限周波数モード	98, 100, 174

【よ】

余因子行列	53

【ら】

ラプラス変換	51

【り】

リアプノフの安定定理	90
リアプノフ方程式	
	90, 135, 151
リカッチ微分方程式	177
リカッチ方程式	179
力学系	14

【れ】

リゾルベント行列	53
零化空間表現	22
零初期値応答	45
零 点	
伝達——	160
——の定義	158
フィードバック結合と——	167
不変——	161
ブロッキング——	159
——ベクトル	160
有限——	161
零入力応答	45

【ろ】

ローラン級数展開	54, 113

【わ】

ワイエルストラス標準形	98

【A】

ARE	179

【F】

FDLTI	50

【L】

LeVerrier's method	53
LQR 問題	176
LTI	49

【M】

MIMO	3

【S】

SISO	3
SVD 標準形	8

【W】

Wong-Lewis のアルゴリズム	
	107

【数字・記号】

1入力1出力系	3
Σ_{dsys}	6, 96
$\Sigma_{dsysSVD}$	8
Σ_{dsysWS}	99
$\Sigma_{dsys-Hamilton}$	179
$\Sigma_{dsys-impulse}$	9
$\Sigma_{dsys-index1}$	7
$\Sigma_{dsys-singular}$	6
$\Sigma_{dsys-ss}$	7
Σ_{dsys0}	99
Σ_{INV}	38
Σ_{NET}	35
$\Sigma_{outputFB}$	32
$\Sigma_{outputIJ}$	38
Σ_{ss}	2
$\Sigma_{ss-SISO}$	3
Σ_{ss-tv}	49
Σ_{ss0}	3
$\Sigma_{stateFB}$	37
$\Sigma_1 \cdot \Sigma_2$	29
$\Sigma_1 + \Sigma_2$	30

―― 著者略歴 ――

1983年　東京工業大学大学院理工学研究科修士課程修了（制御工学専攻）
1983年　熊本大学助手
1989年　工学博士（東京工業大学）
1990年　熊本大学助教授
2008年　東京電機大学教授
　　　　現在に至る

線形システム解析
Analysis of Linear Systems　　　　　　Ⓒ Tetsuo Shiotsuki 2011

2011年4月18日　初版第1刷発行　　　　　　　　　　　★

検印省略	著　者	汐　月　哲　夫
	発行者	株式会社　コロナ社
	代表者	牛来真也
	印刷所	三美印刷株式会社

112-0011　東京都文京区千石 4-46-10
発行所　　株式会社　コロナ社
CORONA PUBLISHING CO., LTD.
Tokyo Japan
振替 00140-8-14844・電話(03)3941-3131(代)
ホームページ http://www.coronasha.co.jp

ISBN 978-4-339-03319-9　（新宅）（製本：愛千製本所）　G
Printed in Japan

本書のコピー，スキャン，デジタル化等の無断複製・転載は著作権法上での例外を除き禁じられております。購入者以外の第三者による本書の電子データ化及び電子書籍化は，いかなる場合も認めておりません。

落丁・乱丁本はお取替えいたします

システム制御工学シリーズ

(各巻A5判)

■編集委員長　池田雅夫
■編集委員　足立修一・梶原宏之・杉江俊治・藤田政之

配本順			頁	定価
1.（2回）	システム制御へのアプローチ	大須賀公一／足立修二 共著	190	2520円
2.（1回）	信号とダイナミカルシステム	足立修一 著	216	2940円
3.（3回）	フィードバック制御入門	杉江俊治／藤田政之 共著	236	3150円
4.（6回）	線形システム制御入門	梶原宏之 著	200	2625円
5.（4回）	ディジタル制御入門	萩原朋道 著	232	3150円
7.（7回）	システム制御のための数学（1）―線形代数編―	太田快人 著	266	3360円
9.（12回）	多変数システム制御	池田雅夫／藤崎泰正 共著	188	2520円
12.（8回）	システム制御のための安定論	井村順一 著	250	3360円
13.（5回）	スペースクラフトの制御	木田隆 著	192	2520円
14.（9回）	プロセス制御システム	大嶋正裕 著	206	2730円
15.（10回）	状態推定の理論	内田健康／山中一雄 共著	176	2310円
16.（11回）	むだ時間・分布定数系の制御	阿部直人／児島晃 共著	204	2730円
17.（13回）	システム動力学と振動制御	野波健蔵 著	208	2940円
18.（14回）	非線形最適制御入門	大塚敏之 著	232	3150円
19.（15回）	線形システム解析	汐月哲夫 著	240	3150円

以下続刊

6.	システム制御工学演習	足立修一 編著／梶原・杉江・藤田 共著
10.	ロバスト制御の理論	杉江・浅井 共著
	サンプル値制御	早川義一 著
	適応制御	宮里義彦 著
	ロボット制御	横小路泰義 著
	システム制御のための最適化理論	延山・瀬部 共著

8.	システム制御のための数学（2）―関数解析編―	太田快人 著
11.	ロバスト制御の実際	原・藤田・平田 共著
	行列不等式アプローチによる制御系設計	小原敦美 著
	非線形制御理論	三平満司 著
	ネットワーク化制御システム	石井秀明 著
	ハイブリッドダイナミカルシステム入門	潮・井村・増淵 共著

定価は本体価格+税5％です。
定価は変更されることがありますのでご了承下さい。

図書目録進呈◆